Andreas Deutsch

URFORMEN DER SEXUALITÄT

T
N
G

Nathanael Pringsheim im Jahr 1890. *Portrait aus dem frühen Œuvre des bekannten Malers Max Liebermann (1847 – 1935). Die Familien Pringsheim und Liebermann waren eng verwandt. Max Liebermanns Ehefrau Martha Liebermann war eine Nichte von Nathanael Pringsheim.*

Andreas Deutsch

UR FORMEN DER SEX UALI TÄT

WIE NATHANAEL PRINGSHEIM DEN ALGEN DIE UNSCHULD NAHM

Bibliographische Information der Deutschen Nationalbibliothek
Die Deutsche Nationalbibliothek verzeichnet diese Publikation in der Deutschen Nationalbibliografie; detaillierte bibliographische Daten sind im Internet über → <http://dnb.dnb.de> abrufbar.

Verlag:
GNT Publishing GmbH, Lasiuszeile 2,
13585 Berlin, Germany
→ <www.gnt-verlag.de>
Lektorat:
Günther Luxbacher, Berlin
Gestaltung & Satz:
Andreas Töpfer, Berlin
→ <www.andreastoepfer.de>
Druck und buchbinderische Verarbeitung:
Druckerei & Verlag Steinmeier GmbH & Co. KG, Deiningen, Germany

1. Auflage 2024

ISBN 978-3-86225-142-1 (Paperback)
ISBN 978-3-86225-581-8 (E-Book / PDF)
ISBN 978-3-86225-602-0 (E-Book / EPUB)
DOI → <doi.org/10.47261/1581>

English book edition:
DOI → <doi.org/10.47261/1584>

Für meine Eltern

ANDREAS DEUTSCH: URFORMEN DER SEXUALITÄT.
WIE NATHANAEL PRINGSHEIM DEN ALGEN DIE UNSCHULD NAHM.
© 2024 GNT-VERLAG GMBH, BERLIN, GERMANY. →<HTTPS://DOI.ORG/10.47261/1581>.

VORWORT DES AUTORS

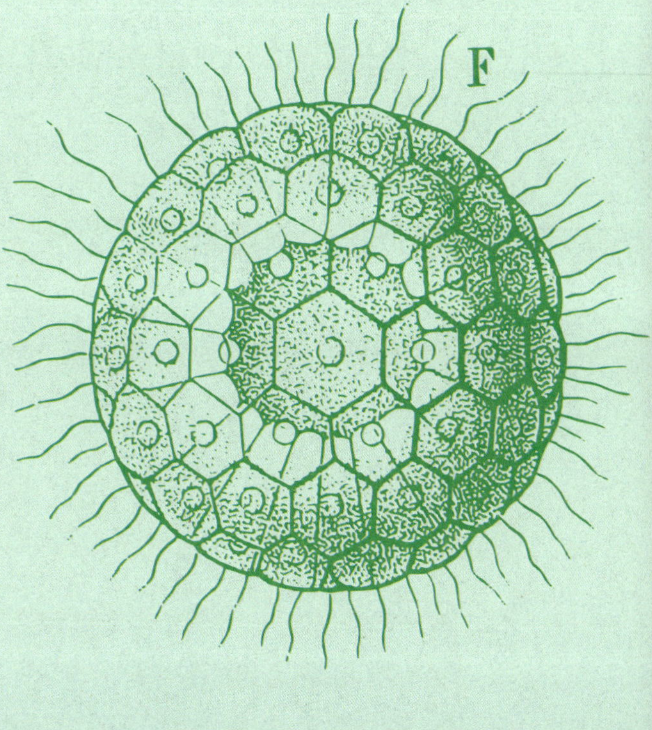

„Der Fortschritt der Wissenschaft beruht nicht nur auf Forschung, sondern auch auf Überlieferung."

— Ernst Georg Pringsheim[1]

ANDREAS DEUTSCH: URFORMEN DER SEXUALITÄT.
WIE NATHANAEL PRINGSHEIM DEN ALGEN DIE UNSCHULD NAHM.
© 2024 GNT-VERLAG GMBH, BERLIN, GERMANY. →<HTTPS://DOI.ORG/10.47261/1581>.

Im Jahr 2023 jährt sich der Geburtstag des bedeutenden Botanikers Nathanael Pringsheim, eines Zeitgenossen Charles Darwins, zum 200. Mal. Dieses Jubiläum hat mich zum Schreiben des vorliegenden Buches motiviert. Pringsheims beeindruckendes Werk und sein spannendes Leben verdienen es, aus dem Schatten der Vergangenheit ins Licht der Gegenwart gerückt und einer breiteren Öffentlichkeit bekannt gemacht zu werden.

Pringsheim war ein Mitglied jener Gruppe von deutschen Botanikern des 19. Jahrhunderts, die einen Paradigmenwechsel in ihrer Wissenschaft bewirkten. Anstelle sich nur auf die Sammlung und Katalogisierung von Pflanzen zu konzentrieren, richteten sie ihre Aufmerksamkeit auf die Entwicklung der Pflanzen. Damit zählte Pringsheim zu den Modernisierern der Botanik. Die von ihm mitgestaltete Bewegung schuf ein neues Verständnis für die Einheit aller Pflanzen und sogar zwischen Pflanzen und Tieren. Die neuen Erkenntnisse waren eng mit der Untersuchung bis dahin vernachlässigter Organismen verknüpft. Bis dato hatten vornehmlich Höhere Pflanzen, insbesondere Blütenpflanzen, im Fokus der Betrachtung gestanden. Mit dem Fortschritt der Mikroskopietechnik wurde es jedoch nun auch möglich, sogenannte Niedere Pflanzen bis hin zur zellulären Ebene zu studieren. Zu diesen zählen Algen und Moose, die sich durch ihre sporenbasierte Fortpflanzung auszeichnen.

Nathanael Pringsheim konnte schließlich in einer unscheinbaren Alge beobachten, wie männliche Geschlechtszellen gezielt auf weibliche Eizellen zuschwammen und sich mit ihnen vereinten. Diese im Jahr 1855 gemachte Entdeckung war eine wissenschaftliche Sensation. Es handelte sich dabei um die erste direkte Beobachtung des Befruchtungsprozesses in einem lebenden Organismus. Bis dahin hatte man Algen als geschlechtslose

— Höhere und Niedere Pflanzen **Traditionelle Pflanzenbezeichnungen. Gefäßpflanzen sind als „Höhere Pflanzen“ von „Niederen Pflanzen“ wie Algen oder Moosen zu unterscheiden, die als weniger komplex in ihrer Struktur angesehen werden.**

— Befruchtung **Verschmelzung von männlichen und weiblichen Geschlechtszellen bei der sexuellen Fortpflanzung.**

— Alge **Organismus, der Sonnenlicht durch Photosynthese nutzt, um Nahrung zu produzieren. Algen haben einen Zellkern und leben in Wasser oder feuchten Landumgebungen. Trotz ihrer ähnlichen Merkmale stammen sie nicht von einem gemeinsamen Vorfahren ab.**

Organismen betrachtet. Pringsheims Entdeckung zeigte jedoch, dass Sexualität ein universelles Lebensprinzip ist. Dies machte ihn über Nacht berühmt und schon als jungen Mann zum Mitglied der angesehenen Preußischen Akademie der Wissenschaften.

Pringsheim, ein führender Botaniker des 19. Jahrhunderts, war nicht nur ein exzellenter Wissenschaftler, sondern auch ein geschickter und erfolgreicher Stratege. Als Mitglied der weitverzweigten jüdischen Pringsheim-Familie, aus der später viele andere renommierte Naturwissenschaftler hervorgingen, stellte er seinerzeit ein Paradebeispiel für einen deutschen Professor dar. Er war liberal, zugleich aber auch patriotisch, und als herausragender Spezialist genoss er eine große internationale Reputation.

Sein Name ist eng mit Berlin, Jena und Helgoland verbunden. In Berlin brachte er die Botanik zur Blüte, in Jena errichtete er eines der weltweit ersten pflanzenphysiologischen Institute, und auf Helgoland initiierte er erfolgreich die erste deutsche Meeresforschungsstation.

Dieses Buch möchte Nathanael Pringsheims vielfältigem Leben und Werk gerecht werden. Um sein Schaffen einzuordnen, beginne ich mit einer Darstellung der Umbrüche im wissenschaftlichen Weltbild des 19. Jahrhunderts. Zudem beleuchte ich die wissenschaftlichen Theorien, die Pringsheims Werk prägten. Im nächsten Schritt widme ich mich seinem wissenschaftlichen Werdegang. Auch seine Familie und seine Gründungsaktivitäten kommen zur Sprache. Dann zeige ich die wissenschaftlichen Pionierleistungen von Nathanael Pringsheim auf. Besonderes Augenmerk liegt dabei auf seiner Forschung zur Sexualität der Algen. Im Anschluss erläutere ich seine Rolle als treibende Kraft bei der Gründung der ersten deutschen meeresbiologischen Forschungsanstalt auf Helgoland. Zum Abschluss präsentiere ich ausgewählte Originalzeichnungen von Nathanael Pringsheim, die seine künstlerische Begabung zeigen.

Bei einem derartigen Vorhaben lässt sich die Verwendung von Fachbegriffen nicht gänzlich vermeiden. Sie werden wie bereits auf der vorangegangenen Seite in Glossaranmerkungen erklärt und können auch über das Sachregister erschlossen werden.

Rudolf Ladenburg, einer der Väter der Quantenmechanik, war ein Enkel von Nathanael Pringsheim. Mein Onkel, der Chemiker Nils Jaeger, war Rudolf Ladenburgs Neffe. Seit ich mich intensiver mit dem faszinierenden Leben und Werk von Nathanael Pringsheim beschäftige, hat es mich in seinen Bann gezogen. Ich hoffe, dass es mir mit diesem Buch gelingt, die Leserinnen und Leser an einigen Facetten teilhaben zu lassen.

Dieses Buch konnte nur durch die tatkräftige Unterstützung vieler Freunde und Kollegen sowie meiner Familie entstehen.

Ich danke für die Bereitstellung von Fotos und Handschriften besonders Thomas Bach vom Ernst-Haeckel-Haus Jena, Stefan Gerber vom Archiv der Friedrich-Schiller-Universität Jena, Gerd Köhn vom Förderverein Museum Helgoland e. V., meiner Tante Ursula Jaeger aus Bremen, Kristof Koreń vom Archiv der Universität Wrocław, Nathanael Pringsheims Ururenkelin Monika von Koss aus São Paulo, Stefan Salewski vom Archiv für deutsche Polarforschung / Alfred-Wegener Institut Bremerhaven, den International Ocean Institute Headquarters in Malta, dem Thomas-Mann-Archiv in Zürich sowie weiteren Personen und Institutionen, die unbürokratisch Bildlizenzen zur Verfügung stellten.

Für biographische Informationen zur Pringsheim- und Ladenburg-Familie danke ich Cristina Herbst aus Frankfurt am Main, Ursula Jaeger aus Bremen, und Monika von Koss aus São Paulo.

Für Informationen zur Nathanael-Pringsheim-Gesellschaft danke ich Uwe Kersten aus Bremerhaven und Karsten Reise aus List / Sylt.

Für die Anfertigung von Grafiken und Reproduktionen bedanke ich mich bei meiner Schwester Anke Deutsch aus Köln sowie Sylvia Starke und Jörn Starruss aus Dresden.

Ich bedanke mich bei meiner Mutter Ingrid Deutsch aus Wiesbaden für die Transkription von in Sütterlin verfassten Originalbriefen.

Für hilfreiche Anmerkungen zu Buch- und Grafikentwürfen bedanke ich mich bei meinen Nichten Nora und Babette Schaab aus Berlin, meinem Neffen Tom Sanchez aus Köln, meiner Schwester Nannette Deutsch aus Wiesbaden, Sibylla Heymann und Dieter Volkmann aus Bonn, Peter Hinow aus Milwaukee / Wisconsin, Uta Gneisse, Michael Kücken und Bernd Schulz aus Dresden, Ada Cavalcanti-Adam aus

Bayreuth, Carmen Meinert aus Bochum sowie Dieter Wolf-Gladrow aus Bremen.

Beim GNT-Verlag gilt mein herzlicher Dank Martin Barth für die Ermöglichung und Vervollkommnung des Buchprojekts und für eine konstruktive, tatkräftige und vertrauensvolle Zusammenarbeit.

Zu guter Letzt bedanke ich mich bei den Mitgliedern meiner Arbeitsgruppe „Innovative Methoden des Computings“ am Zentrum für Informationsdienste und Hochleistungsrechnen der Technischen Universität Dresden und bei seinem Leiter Wolfgang E. Nagel für ein angenehmes und kreatives Forschungsumfeld.

Dresden, Oktober 2023 *Andreas Deutsch*

ANMERKUNGEN

1 Zit. n. Mollenhauer 2003, 157.

1 EINFLÜSSE:

WISSENSCHAFT IM UMBRUCH

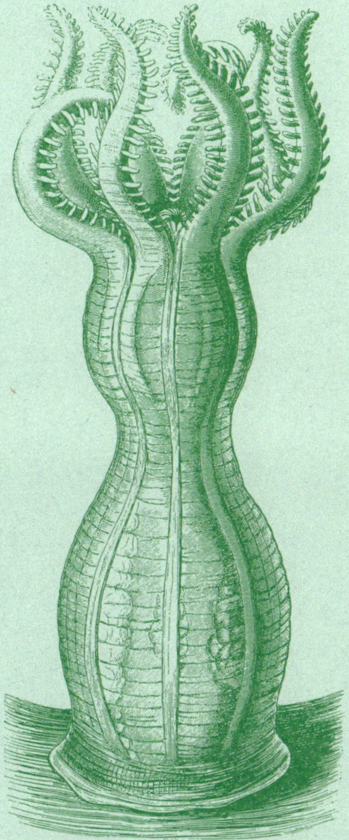

„Die Naturphilosophie gehört zu den ältesten, erhabensten und schönsten Beschäftigungen des menschlichen Geistes, und sie wird auch in der Zukunft immer ihre Anhänger finden. Denn sie vermag nicht nur das Verständnis für die Schönheit und Harmonie der Natur zu wecken, sondern auch tiefe Einsichten in die Struktur und Gesetzmäßigkeiten des Universums zu vermitteln."

— Johann Wolfgang von Goethe, Maximen und Reflexionen (1833)

„Die moderne Naturwissenschaft hat uns gelehrt, dass wir nur dann wahres Wissen erlangen können, wenn wir uns auf die sinnliche Wahrnehmung und die systematische Überprüfung von Hypothesen stützen. Es ist nur durch die sorgfältige Anwendung von Methoden wie Beobachtung, Experiment und Mathematik möglich, unser Verständnis der Natur zu vertiefen und zu erweitern."

— Hermann von Helmholtz, Über die Erhaltung der Kraft (1847)

NATHANAEL PRINGSHEIM wurde in einer Zeit geboren, als sich die modernen Naturwissenschaften gerade formierten. Das 19. Jahrhundert stand im Zeichen eines Paradigmenwechsels, der seine Wurzeln im 18. Jahrhundert hatte und das seit der Antike bestehende statische Weltbild verdrängte. In diesem Kapitel werde ich die Übergangsphase vom statischen zum dynamischen Weltbild beschreiben und die Schlüsseltheorien vorstellen, die Nathanael Pringsheims wissenschaftliche Arbeit prägten (siehe Abb. 1.1.).

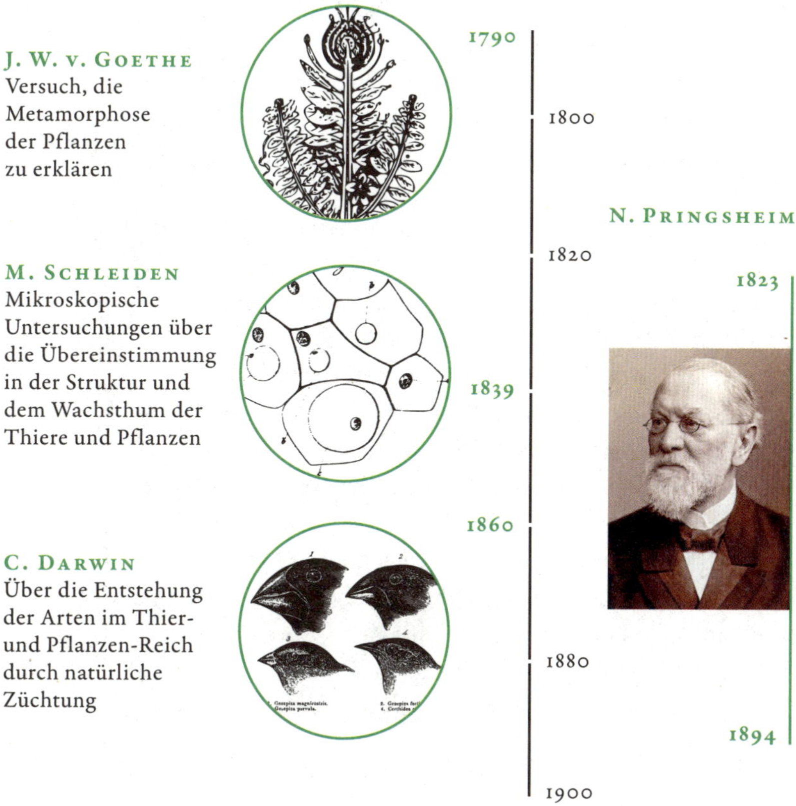

Abb. 1.1. KAPITELÜBERBLICK „EINFLÜSSE“. Wichtige Einflüsse auf das Schaffen von Nathanael Pringsheim, die in diesem Kapitel genauer beschrieben werden.

1.1 VOM STATISCHEN ZUM DYNAMISCHEN WELTBILD

„Am Anfang schuf Gott Himmel und Erde. Und die Erde war wüst und leer, und Finsternis lag auf der Tiefe; und der Geist Gottes schwebte über dem Wasser. Und Gott sprach: Es werde Licht! Und es ward Licht."

— 1. Mose 1, 1 – 3 (Beginn des Alten Testaments, Lutherbibel)

BIS ZUM ANFANG des 19. Jahrhunderts herrschte die Annahme vor, dass der Ursprung allen Lebens auf die Schöpfungsgeschichte des Alten Testaments zurückgeführt werden kann und in der Bibel verlässlich dokumentiert ist. Basierend auf Untersuchungen biblischer Genealogien schätzten Theologen die Epoche der Schöpfung auf rund 4.000 Jahre vor Christus. Dies implizierte, dass sowohl die Erde als auch alle darauf lebenden Organismen seit dieser Zeit unverändert bestehen würden.

Das statische Weltbild manifestiert sich im biologischen Konzept der Präformation. Diese Vorstellung beruht auf der Annahme, dass ein Individuum nicht neu entsteht, sondern aus bereits vorhandenen Strukturen hervorwächst und sich entfaltet (Abb. 1.2.). Die Vorstellung einer im Wesentlichen unveränderten Welt geriet jedoch seit dem späten 18. Jahrhundert durch zahlreiche neue Entdeckungen ins Wanken. So fanden der schottische Geologe Charles Lyell und sein deutscher Kollege Karl Ernst Adolf von Hoff heraus, dass die Erdkruste nicht unveränderlich ist, sondern sich im Verlauf von Jahrtausenden kontinuierlich gewandelt hat.

Abb. 1.2. HOMUNCULUS. In einem statischen Weltbild war kein Platz für die Entwicklung von Neuem. Der Embryo ist im Spermium bereits präformiert und bildet sich durch Ausstülpung. Zeichnung von Nicolas Hartsoeker (1694).

Ebenso wurde das Konzept der Unveränderlichkeit des biologischen Lebens durch Naturforscher aus Frankreich und England in Frage gestellt. Der Franzose Jean-Baptiste Lamarck war einer der frühen Befürworter der Idee, dass sich biologische Organismen im Laufe der Zeit verändern. Seine Theorie, bekannt als Lamarckismus, postulierte, dass Organismen im Verlauf ihres Lebens erlangte Eigenschaften an ihre Nachkommen weitergeben können. Obwohl der Lamarckismus heute weitestgehend abgelehnt wird, markiert er einen wichtigen Meilenstein in der Entwicklung des Evolutionskonzepts. Die britischen Naturforscher Charles Darwin und Alfred Russel Wallace legten schließlich eine Theorie vor, die besagt, dass sich biologische Arten im Laufe der Zeit durch natürliche Selektion verändern und weiterentwickeln (siehe ABSCHNITT 1.3).

Die Entdeckung der Veränderungen in der belebten und unbelebten Natur führte zu einem einschneidenden Paradigmenwechsel hin zu einem dynamischen Weltbild mit ganz neuen Fragen und Herausforderungen. Einer der bekanntesten Naturforscher an der Wende zum 19. Jahrhundert war Alexander von Humboldt, der zahlreiche wissenschaftliche Expeditionen nach Südamerika und in verschiedene europäische Länder unternahm. Humboldt trug dazu bei, die Welt als ein dynamisches und vernetztes System zu verstehen und nicht als eine Sammlung isolierter Elemente.

Einer der ersten historisch denkenden Philosophen war Georg Wilhelm Friedrich Hegel. Im Zentrum seiner Geschichtsphilosophie stand der Gedanke des dialektischen Prozesses. Hegel argumentierte, dass die Welt und alles in ihr einem kontinuierlichen Wandel und einer ständigen Entwicklung unterliegen, und nicht in einem starren, statischen Zustand verharren.[1]

Auch die Biologie erlebte im 19. Jahrhundert einen Paradigmenwechsel, indem Entwicklungsfragen immer stärker in den Vordergrund rückten. Im Zentrum dieses Interesses standen zwei Kernthemen: Die

— PRÄFORMATION **Begriff aus der Geschichte der Entwicklungsbiologie. Er bezieht sich auf die überholte Vorstellung, dass ein Organismus bereits vor der Befruchtung in Miniaturform in der Eizelle oder dem Spermium vollständig vorhanden ist und sich lediglich vergrößert. Diese Ansicht wurde später durch das Konzept der „Epigenese" ersetzt, welches besagt, dass sich ein Organismus aus undifferenziertem Gewebe entwickelt und während der Entwicklung neue Strukturen bildet.**

Entwicklung des einzelnen Individuums, bekannt als Ontogenese, und die Entwicklung der Arten in der sogenannten Phylogenese (Abb. 1.3. – 1.4.). Die Wissenschaftler dieser Zeit machten es sich zur Aufgabe, die Prozesse, die zur Entstehung und Entwicklung von Organismen führen, eingehend und systematisch zu untersuchen. Dies umfasste Fragen zur Zellteilung, zur Bildung von Organen und Geweben sowie zur Artbildung. Hierbei sind zwei Ebenen von Ursachen zu unterscheiden. Auf der einen Seite stehen die unmittelbaren („proximaten") Ursachen, die die Gestaltentfaltung in der Ontogenese erklären. Hierzu zählen physiologische, aber auch genetische Faktoren, die zu dieser Zeit noch weitgehend unbekannt waren. Auf der anderen Seite sind sogenannte letzte oder „ultimate" Ursachen für den evolutiven Wandel verantwortlich. Ultimate Ursachen sind vor allem selektionierende Faktoren wie geographische Barrieren, die auf der Ebene von Populationen wirken. Diese differenzierte Betrachtungsweise ermöglichte es den Wissenschaftlern, einen tieferen Einblick in die komplexen Prozesse des Lebens zu erlangen und ein umfassendes Bild von der Dynamik der Natur zu entwickeln. Das neue Verständnis ging weit über die statischen Vorstellungen der Vergangenheit hinaus und eröffnete völlig neue Perspektiven auf die lebendige Welt.[2]

Bei der Erforschung der unmittelbaren, also proximaten Ursachen der Ontogenese, nimmt die Zelltheorie des Botanikers Matthias Schleiden sowie des Anatomen und Physiologen Theodor Schwann eine zentrale Stellung ein. Diese wird im folgenden ABSCHNITT 1.2 erläutert.

— ONTOGENESE **Entwicklung eines Individuums von der befruchteten Eizelle bis zum erwachsenen Organismus.**

— PHYLOGENESE (STAMMESGESCHICHTE) **Historische Entwicklung von Arten oder Gruppen von Arten im Laufe der Evolution.**

— PROXIMATE UND ULTIMATE URSACHEN **Der Evolutionsbiologe Ernst Mayr prägte die Begriffe „proximate" (unmittelbare) und „ultimate" (letztendliche) Ursachen, um unterschiedliche Ebenen der Erklärung biologischer Phänomene zu charakterisieren. Proximate Ursachen, zu denen genetische, zelluläre, physiologische und Umweltfaktoren gehören, bestimmen die individuelle Entwicklung eines Organismus. Ultimate Ursachen betreffen evolutionäre Prozesse, wobei die natürliche Selektion ein herausragendes Beispiel für Faktoren ist, die die Entwicklungspfade einer Art prägen.**

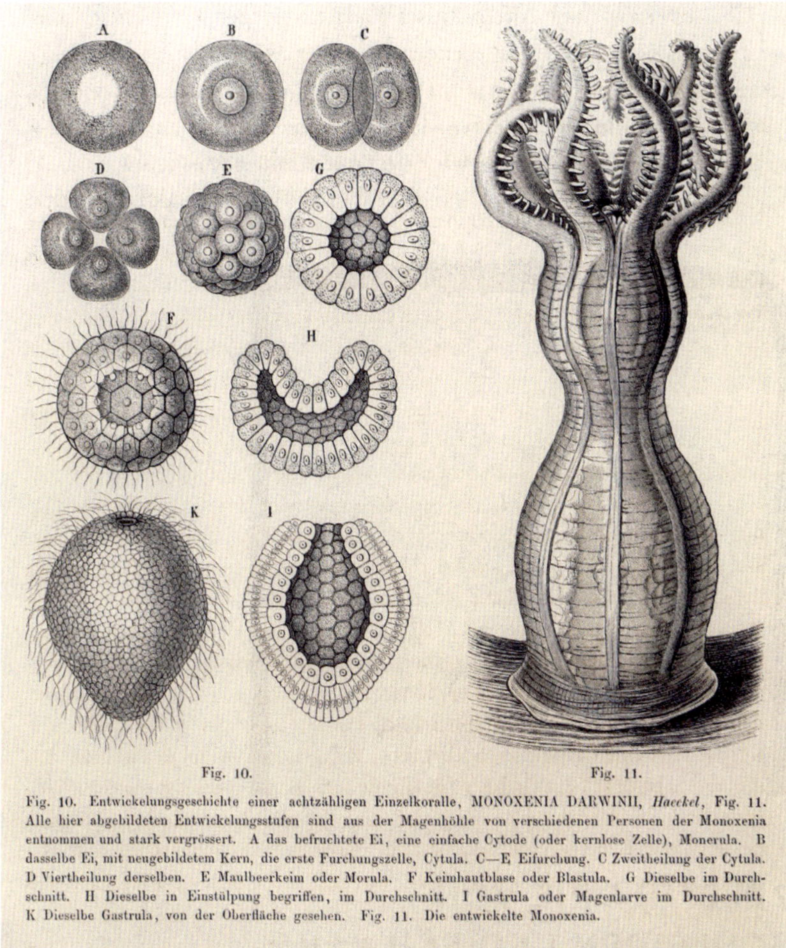

Abb. 1.3. **ONTOGENESE.** Ontogenese der Koralle *Monoxenia darwinii*. Diese Korallenart des Roten Meeres wurde erstmals von Ernst Haeckel beschrieben. Mit dem Zusatz „darwinii" drückte Haeckel seine Verehrung für Charles Darwin aus. Abgebildet sind die ersten Stadien der Entwicklung und die erwachsene Koralle. Originalzeichnungen von Ernst Haeckel.

Charles Darwin und Alfred Russel Wallace hingegen waren entscheidend bei der Aufklärung der grundlegenden ultimaten Mechanismen der Phylogenese beteiligt, ein Thema, das in **ABSCHNITT 1.3** eingehender behandelt wird. Es ist allerdings zu beachten, dass die Biologie des 19. Jahrhunderts – zu Zeiten Pringsheims und Darwins – oft durch eine Vermengung und Verwechslung von proximaten und ultimaten Ursachen charakterisiert war.

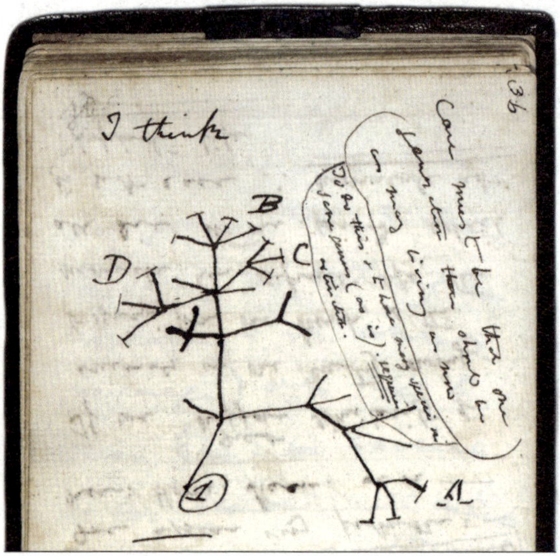

Abb. 1.4. PHYLOGENESE. Skizze eines phylogenetischen Baums aus einem Notizbuch von Charles Darwin.

1.2 ZELLTHEORIE VON SCHLEIDEN UND SCHWANN

ZU BEGINN DES 19. JAHRHUNDERTS wurde die Präformationstheorie widerlegt (Abb. 1.2.). Anstatt dieser stellten Wissenschaftler fest, dass es während der Ontogenese – der individuellen Entwicklung eines Organismus von der Befruchtung bis zur vollständigen Reife – zu einer Neubildung von Form und Gestalt kommt (Abb. 1.3.). Trotz dieses

Durchbruchs benötigte es jedoch noch einige Zeit, um das volle Ausmaß der Rolle biologischer Zellen in diesen Prozessen zu verstehen.

Die Zelle, als Grundelement allen Lebens und Basiskomponente aller Organismen – sowohl im Pflanzen- als auch im Tierreich – stellt die Urform des Lebens dar. Was uns heutzutage geläufig erscheint, war 1838/39, als die Zelltheorie von Matthias Schleiden und Theodor Schwann eingeführt wurde, eine bahnbrechende Hypothese.[3] Schleiden demonstrierte, dass Pflanzen aus Zellen bestehen, während Schwann aufdeckte, dass Zellen auch für die Ontogenese von Tieren essenziell sind (Abb. 1.5.– 1.6.). Heutzutage ist bekannt, dass neue Zellen durch Zellteilung entstehen und dass die Spontanzeugung, das heißt die Bildung von Zellen aus unbelebter Materie, unmöglich ist.

Die Zelltheorie von Schleiden und Schwann (Abb. 1.7.– 1.8.) erlaubte es, biologische Entwicklungsprozesse auf Basis der Interaktionen zwischen Zellen zu beschreiben. Der bedeutende Berliner Mediziner Rudolf Virchow verdichtete 1855 die zentrale Aussage der Zelltheorie auf das Prinzip: „omnis cellula a cellula" – jede Zelle entsteht aus einer bereits bestehenden Zelle. Virchow erweiterte die Theorie zur „Zellularpathologie" in der Medizin und postulierte, dass Krankheiten auf Störungen in Körperzellen basieren.[4] Dies stellte ein revolutionäres Konzept dar, da seit der Antike Krankheiten auf Störungen des Gleichgewichts von Körpersäften zurückgeführt wurden.

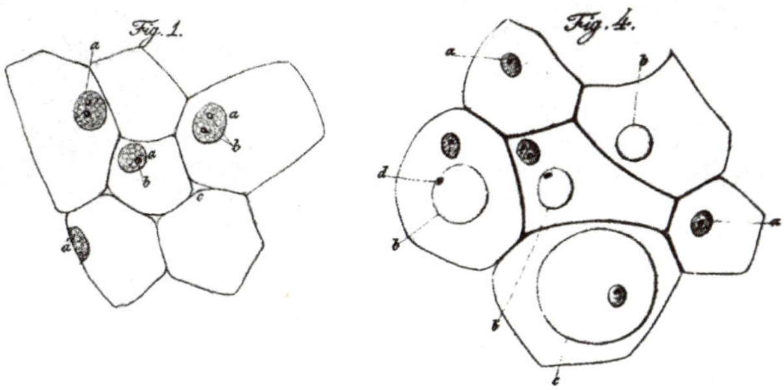

Abb. 1.5. und 1.6. „Elementarteilchen" des Lebens. Zellen sind die „Elementarteilchen" des Lebens. Pflanzen- (**Abb. 1.5., links**) und Tierzellen (**Abb. 1.6., rechts**) weisen große Ähnlichkeiten auf. Beide besitzen einen Zellkern (runde Struktur). Pflanzenzellen haben im Unterschied zu Tierzellen eine Zellwand. Originalzeichnungen von Matthias Schleiden.

Schleiden und Schwann waren tatsächlich nicht die ersten, die durch histologische Untersuchungen – also die mikroskopische Analyse der Struktur von Gewebe – erkannten, dass biologisches Gewebe aus Zellen besteht. Diese Ehre gebührt dem Engländer Robert Hooke, der bereits 1665 mit Hilfe eines einfachen Mikroskops entdeckte, dass Kork aus winzig kleinen Hohlräumen zusammengesetzt ist. Sie erinnerten ihn an die Mönchszellen in einem Kloster und er bezeichnete sie daher als „cellulae". Dieser Ausdruck etablierte sich in der Folge als Bezeichnung für die klar abgegrenzten Gewebebestandteile.

Im selben Jahrhundert konstruierte der Niederländer Antoni van Leeuwenhoek beeindruckende Mikroskope, die bereits eine etwa hundertfache Vergrößerung ermöglichten. Mit ihrer Hilfe entdeckte er nicht nur die Welt der einzelligen Mikroorganismen, sondern auch Zellen, die in tierischen Körperflüssigkeiten schwimmen, wie Spermien und Erythrozyten.

Abb. 1.7. und 1.8. Die Begründer der „Zelllehre". Die Zelllehre von Matthias Schleiden (**links**) und Theodor Schwann (**rechts**) beeinflusste maßgeblich die Arbeiten von Nathanael Pringsheim. Sein Ziel war die Erforschung der Entwicklungsgeschichte von Pflanzen auf der Basis interagierender Zellen.

Abb. 1.7. Matthias Schleiden (1804 – 1881). Lithographie, 1856.

Abb. 1.8. Theodor Schwann (1810 – 1882). Lithographie, 1857.

Ab Ende des 18. Jahrhunderts wurde die Leistungsfähigkeit der Mikroskope durch die Einführung achromatischer Objektive – also solcher Linsen, die Farbverzerrungen minimieren – und die systematische Erforschung der optischen Eigenschaften von Gläsern durch den Physiker Joseph Fraunhofer erheblich verbessert. Diese Weiterentwicklungen führten um 1830 zu einem bedeutenden Durchbruch: der Entdeckung des Zellkerns durch den schottischen Botaniker Robert Brown. Diese Entdeckung war kein Zufall, sondern das direkte Resultat der Verbesserungen in der Mikroskopie, auf denen die Fortschritte in der Histologie fußten.

Das Forschungsfeld der Ontogenese war also klar umrissen: Um die Mechanismen der Ontogenese zu entschlüsseln, musste man die Dynamik interagierender Zellen untersuchen. Diese Forschung orientierte sich im 19. Jahrhundert maßgeblich an den Erfolgen der modernen Physik und Chemie unter Einfluss eines mechanistischen Weltbildes. Das mechanistische Weltbild reduziert die Wirklichkeit auf die Materie und auf Wechselwirkungen der Materie aufgrund (der bekannten) Naturgesetze. Auf der Versammlung der deutschen Naturforscher und Ärzte in Innsbruck im Jahre 1869 definierte der Mediziner, Physiologe und Physiker Hermann von Helmholtz das Ziel naturwissenschaftlicher Forschung wie folgt:

> *„Endziel der Naturwissenschaft ist, die allen Veränderungen zugrunde liegenden Bewegungen und deren Triebkräfte zu finden, also sie in Mechanik aufzulösen".*[5]

EVOLUTIONSTHEORIE VON DARWIN UND WALLACE 1.3

Der reduktionistische Ansatz zur Erforschung der Ontogenese, also der individuellen Entwicklungsgeschichte, ermöglichte eine wissenschaftliche Erfolgsgeschichte und viele bahnbrechende Erkenntnisse. Im Gegensatz dazu hatte die Wissenschaft lange Schwierigkeiten, eine mechanistische Erklärung für die Artenvielfalt zu finden (Abb. 1.4.). Es waren Charles Darwin und Alfred Russel Wallace, die unabhängig voneinander eine Theorie vorschlugen, die die Unterschiede zwischen den Mitgliedern einer Population – auch als individuelle Variation

bezeichnet – und die Rolle der natürlichen Selektion als treibende Kraft der Evolution betont (Abb. 1.9.–1.11.). Diese Evolutionstheorie ist für die Phylogenese das, was die Zelltheorie für die Ontogenese ist.

Charles Darwins bahnbrechendes Werk „Über die Entstehung der Arten" (1860)[6] markiert einen entscheidenden Wendepunkt in der Geschichte der Wissenschaft. Es lieferte erstmals eine umfassende Theorie der biologischen Evolution. Darwins bezog Inspiration für seine Theorie aus den Werken des bereits genannten britischen Geologen Charles Lyell, der eine allmähliche Veränderung der unbelebten Welt beobachtet hatte, sowie aus seiner Kenntnis der Tier- und Pflanzenzüchtung, die von Menschen schon lange erfolgreich praktiziert wurde.[7]

Darwins und Wallaces Theorie wurde später durch den Neodarwinismus modifiziert. Trotzdem bleiben die Grundprinzipien ihrer Theorie unverändert gültig. Der Neodarwinismus erweitert die Theorie der natürlichen Selektion um Erkenntnisse aus der Genetik. Dies sind insbesondere die Mendelschen Vererbungsgesetze, die zur Zeit von Darwin und Wallace noch unbekannt waren.

Abb. 1.9. Charles Darwin (1809 – 1882). Porträt von 1881.

Abb. 1.10. Alfred Russel Wallace (1823 – 1913). Porträt um 1895.

Ernst Haeckel, ein prominenter deutscher Biologe, trug wesentlich zur Verbreitung des „Darwinismus" in Deutschland bei. Seine populären Schriften und Vorträge hatten dabei großen Einfluss. In vielen Aspekten war Haeckel sogar „darwinistischer" als Darwin selbst. Haeckel formulierte das biogenetische Grundgesetz, auch bekannt als Haeckelsche Regel.[8] Diese Regel besagt, dass die Ontogenese eines Organismus eine abgekürzte und beschleunigte Wiederholung seiner Phylogenese, also seiner evolutionären Entwicklungsgeschichte, ist. Mit anderen Worten: Ein Organismus durchläuft während seiner Entwicklung in verkürzter Form die Stadien oder Zustände seiner

Abb. 1.11. „Darwinfinken". Die „Darwinfinken" repräsentieren eine Gruppe von Finkenarten, die für die Galápagos-Inseln charakteristisch sind. Charles Darwin bemerkte während seiner Reisen, dass die Finken auf den verschiedenen Inseln verschiedene Schnabelgrößen und -formen aufwiesen. Dies führte ihn zu der Hypothese, dass alle diese Finkenarten von einem gemeinsamen Vorfahren abstammen könnten, der sich im Laufe der Zeit an die unterschiedlichen Umweltbedingungen auf den verschiedenen Inseln angepasst hat. Dies liefert ein starkes Beispiel dafür, wie natürliche Selektion zur Entstehung neuer Arten beitragen kann.

evolutionären Vorfahren. Diese Regel wurde allerdings aufgrund von Vereinfachungen, Ausnahmen und Fehlinterpretationen stark kritisiert.

Die moderne Entwicklungsbiologie hat zu einem differenzierteren Verständnis der Entwicklung von Organismen geführt. Heute betrachtet man das biogenetische Grundgesetz mehr als historischen Meilenstein denn als gültige wissenschaftliche Regel. Es hat jedoch dazu beigetragen, ein besseres Verständnis für die Verbindung zwischen Ontogenese und Phylogenese zu schaffen.

1.4 DEUTSCHE NATURPHILOSOPHIE UND IDEALISTISCHE MORPHOLOGIE

Das mechanistische Weltbild stieß aufgrund seines Reduktionismus, seines übermäßigen Materialismus und der Vernachlässigung von Zweck und Ziel in der Natur auf starke Kritik. Während des Zeitalters des Klassizismus und der Romantik entstanden vor allem an deutschen Universitäten, darunter Bonn, Breslau und Jena, als Gegenreaktion verschiedene Formen der Naturphilosophie.[9] Die Naturphilosophie legte den Schwerpunkt auf reflektierende Deduktion anstatt auf unvoreingenommene Naturbeobachtung. Sie bot eine konträre Perspektive zum mechanistischen Weltbild, das sich auf die Analyse von Ursache und Wirkung stützte. Die „deutsche Naturphilosophie" wurde von Philosophen, Naturforschern und Literaten wie Johann Gottlieb Fichte, Georg Wilhelm Friedrich Hegel, Johann Wolfgang von Goethe, Christian Gottfried Daniel Nees von Esenbeck und Friedrich Wilhelm Joseph Schelling entwickelt (Abb. 1.12. – 1.13.). Hegel und Schelling lehnten die

dualistische Sichtweise von René Descartes und Galileo Galilei ab, die Natur und Geist (oder Materie und Seele) als getrennte Entitäten ansahen. Stattdessen vertraten sie eine holistische Sichtweise, die Natur und Geist als integrale Aspekte eines selbstorganisierenden Prozesses betrachtete. Diese Perspektive bedeutete eine Überwindung der traditionellen Dualismen und stellte einen konzeptionellen Paradigmenwechsel dar.

Ähnlich fasste Goethe die Natur als organische Einheit auf, deren Formen und Phänomene er als Ausdruck eines tiefen inneren Zusammenhangs betrachtete. Seine naturkundlichen Werke wie „Versuch die Metamorphose

Abb. 1.12. – 1.14. Vorreiter der Naturphilosophie und „Goethepflanze“. Johann Wolfgang von Goethe (linke Seite) und Christian Gottfried Nees von Esenbeck (oben links). Dieser widmete eine neu beschriebene Malvenart Johann Wolfgang von Goethe (oben rechts), was diesen sehr erfreute. Die Blüten entstehen direkt am Stamm. Dieses als Kauliflorie bezeichnete Phänomen beobachtet man auch bei Tropengehölzen wie dem Kakaobaum.

Abb. 1.12. Johann Wolfgang von Goethe (1749 – 1832). Ölgemälde von Karl Joseph Stieler 1828.

Abb. 1.13. Christian Gottfried Daniel Nees von Esenbeck (1776 – 1858). Porträt nach einem Foto von Robert Weigelt 1855.

Abb. 1.14. „Goethepflanze“. *Goethea strictiflora* syn. *Pavonia strictiflora.*

der Pflanzen zu erklären“ (1790) oder „Die Farbenlehre“ (1810) sind Zeugnisse seines ganzheitlichen Ansatzes. Er entwickelte in Jena gemeinsam mit Friedrich Wilhelm Joseph Schelling zentrale Konzepte der „deutschen“ Naturphilosophie. Nathanael Pringsheim kannte „seinen Goethe“ sicherlich sehr gut, insbesondere dessen naturwissenschaftliche Schriften.

Goethe war insbesondere Mitbegründer einer „idealistischen Morphologie“, wonach die Formbildung in der Natur nicht das Ergebnis von äußeren mechanischen Ursachen, sondern von inneren dynamischen Prinzipien sei. Goethe proklamierte eine Urform, aus der sich sämtliche Arten entwickelt hätten.[10] Die Urform entspricht einer Idee, zu der sich die realen Arten verhielten wie einzelne Fälle zu einem Gesetz. Goethes idealistische Morphologietheorie ist tief in Platons „Ideenlehre“ verwurzelt. Für Platon waren veränderliche reale Phänomene Widerspiegelungen einer begrenzten Anzahl von „Ideen“, die unabhängig von den realen Objekten existieren. Entsprechend betrachtete Goethe die „Abweichungen“ realer Formen vom Urtyp als „Metamorphosen“, vergleichbar den Variationen eines musikalischen Themas. So entwarf Goethe eine von ihm so benannte „Urpflanze“, von der sich alle Blütenpflanzen ableiten ließen (Abb. 1.15.). Er schrieb am 17. Mai 1787 aus Italien an seinen Freund Gottfried Herder:

> *„Ferner muß ich Dir vertrauen, daß ich dem Geheimnis der Pflanzenzeugung und -organisation ganz nahe bin und daß es das einfachste ist, was nur gedacht werden kann. Unter diesem Himmel kann man die schönsten Beobachtungen machen. Den Hauptpunkt, wo der Keim steckt, habe ich ganz klar und zweifellos gefunden; alles übrige seh' ich auch schon im ganzen, und nur noch einige Punkte müssen bestimmter werden. Die Urpflanze wird das wunderlichste Geschöpf von der Welt, um welches mich die Natur selbst beneiden soll. Mit diesem Modell und dem Schlüssel dazu kann man alsdann noch Pflanzen ins Unendliche erfinden, die konsequent sein müssen, das heißt, die, wenn sie auch nicht existieren, doch existieren könnten und nicht etwa malerische oder dichterische Schatten und Scheine sind, sondern eine innerliche Wahrheit und Notwendigkeit haben. Dasselbe Gesetz wird sich auf alles übrige Lebendige anwenden lassen.“*[11]

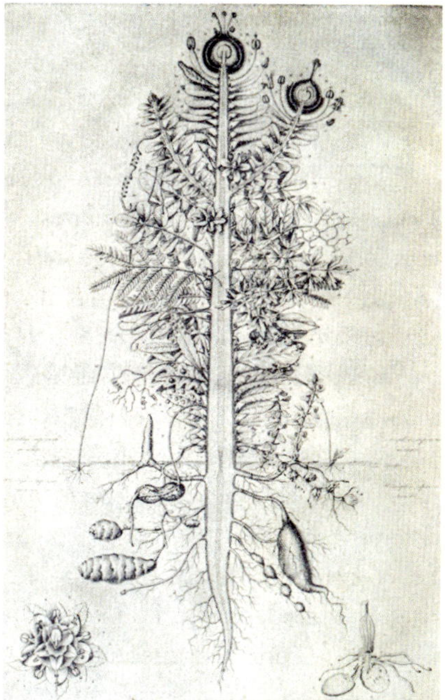

Goethes idealistische Morphologie bildete eine wesentliche Grundlage für die in Deutschland weit verbreitete Naturphilosophie. Deutschland war zu jener Zeit ein Zentrum des philosophischen und wissenschaftlichen Denkens. Die Naturphilosophie beeinflusste maßgeblich alle Disziplinen der Naturforschung. Mit der weiteren Entwicklung der Naturwissenschaften im 19. Jahrhundert und deren Fokus auf strenge Empirie, Mathematik und Mechanismus wurden Goethes intuitive und ästhetische Naturerkenntnisse jedoch als veraltet betrachtet. Eine vorübergehende Renaissance erlebten sie ab 1860 mit der Veröffentlichung von Charles Darwins bahnbrechendem Werk „Über die Entstehung der Arten". Goethes Idee der Metamorphose – die stetige Veränderung der belebten Welt und die Rückführung organismischer Formen auf eine gemeinsame Urform – ließ ihn nun als einen Vordenker der Evolutionstheorie erscheinen. In Goethes Überlegungen fehlte jedoch die Perspektive geologischer Zeitalter. Er leitete die Vielfalt organischer Formen nicht von vergangenen Ahnenzuständen ab, sondern von den Pflanzenarten, die ihm bekannt waren.[12] Seine symbolische „Urpflanze" suchte er als Archetyp aller Blütenpflanzen nicht in der Vorzeit, sondern in der rezenten, also damals existierenden Flora Siziliens

Abb. 1.15. URPFLANZE. Goethe stellte sich darunter eine Pflanze vor, „die den Typus einer Blütenpflanze schlechthin verkörpert und aus der man sich alle Pflanzengestalten hervorgegangen denken kann". Holzschnitt von Pierre Jean François Turpin nach Vorstellungen Johann Wolfgang von Goethes.

(Abb. 1.15.). In Analogie hierzu aber im Unterschied zu Darwin hätte Goethe vermutlich die verschiedenen Arten der Darwinfinken (Abb. 1.11.) als morphologische Variationen eines Urtyps interpretiert, der noch in der gegenwärtigen Fauna der Inseln zu finden ist.

Unter den Naturforschern, die Goethe in seiner Vorstellung einer idealistischen Morphologie folgten, waren Christian Gottfried Nees von Esenbeck und der Zoologe Johannes Müller die enthusiastischsten (Abb. 1.13.). Esenbeck war ein glühender Verehrer Goethes, den er im Jahr 1819 in Weimar auch persönlich traf. Zu Goethes Ehren benannte Esenbeck Pflanzenarten nach dem Geheimrat (Abb. 1.14.). Er formulierte in Anknüpfung an Goethes idealistische Morphologie eine erweiterte „physiologische Metamorphosenlehre". Diese Lehre lenkte den Blick nicht nur auf die äußeren Lebensformen der Pflanzen, sondern auch auf deren inneren Bau und die physiologischen Zusammenhänge, die mit den Lebensfunktionen verbunden sind.[13] Auch Johannes Müller entwickelte ab den 1820er Jahren in Bonn eine naturphilosophisch orientierte „neue Physiologie" und begründete später in Berlin eine darauf aufbauende Schule. Seine Schüler Hermann von Helmholtz und Rudolf Virchow folgten jedoch ihrem Lehrer nicht, sondern vertraten einen ausgeprägten physikalischen Reduktionismus, wodurch sich die Spaltung zwischen Naturhistorikern und Physiologen weiter verstärkte.[14]

Die Naturphilosophie konzentriert sich auf die Untersuchung von Aspekten der Realität, die über das sichtbare und messbare Phänomen hinausgehen und sucht nach tieferen, oft metaphysischen Verbindungen. Im 19. Jahrhundert, einer Zeit der rasanten Entwicklung und Spezialisierung in den Naturwissenschaften, wurde dieser Ansatz zunehmend kritisiert. Die Wissenschaftler jener Zeit legten großen Wert auf Hypothesen, die durch empirische Daten und experimentelle Überprüfungen gestützt werden konnten – eine Vorgehensweise, die scheinbar im Widerspruch zur eher spekulativen Naturphilosophie stand. Trotz dieser Kritik hat die Naturphilosophie bedeutsame Beiträge zur Philosophie und zum allgemeinen Verständnis der Welt und unserer Existenz geleistet. Ihr metaphysischer Charakter, ihre Betonung der Ganzheitlichkeit und der dynamischen Prozesse, ihre interdisziplinäre Herangehensweise und ihr erweiterter Blickwinkel, der über das rein Messbare hinausgeht, haben tiefgreifende Einblicke und neue Perspektiven eröffnet. Diese Beiträge haben zu einem tieferen Verständnis von Komplexität in der Natur und zu wichtigen Debatten über das Verhältnis von Wissenschaft, Philosophie und Metaphysik beigetragen.[15]

PRINGSHEIMS FORSCHUNGSANSATZ 1.5

Pringsheim war mit den vielfältigen Denkströmungen seiner Zeit bestens vertraut. Seine Lehrer an der Universität in Breslau, seinem ersten Studienort, waren Pioniere des mechanistischen Weltbildes, aber auch der Naturphilosophie (siehe ABSCHNITT 2.2).

Pringsheim setzte sich zum Ziel, die Entwicklung von Pflanzen auf der Grundlage der Zelltheorie zu erforschen und orientierte sich hierbei vor allem an Schleiden und Schwann (siehe ABSCHNITT 1.2). Pringsheims Forschungsansatz war mechanistisch. Er betrachtete Organismen als Produkte miteinander interagierender Komponenten, die nach den Gesetzen der Physik und Chemie funktionieren.

Pringsheim kritisierte die Naturphilosophie vehement, die ihm an der Breslauer Universität durch Nees von Esenbeck vermittelt wurde. In seiner Dissertation betonte Pringsheim explizit, dass metaphysische Lehren nicht existieren, die er wie die Naturphilosophie als spekulative Konzepte ansah.[16] Doch hat von Esenbeck Pringsheim auch positiv beeinflusst, denn Esenbeck war einer der ersten Forscher, der sein Augenmerk auf „Niedere Pflanzen“ legte. Die Entwicklung dieser Pflanzen wurde zu Pringsheims Hauptforschungsschwerpunkt (KAP. 3).

Zugleich vertrat Pringsheim aber eine idealistische Evolutionstheorie ganz im Goetheschen Sinne, die die Höherentwicklung von Organismen als morphologische Entfaltung eines Urtyps ansieht (ABSCHNITT 1.4). Diese Entfaltung, so nahm er an, sei unabhängig vom Überlebenskampf und werde von einer „inneren Lenkkraft“ gesteuert. Im Gegensatz dazu geht die moderne Evolutionsbiologie davon aus, dass Ähnlichkeiten zwischen Organismen auf gemeinsame Abstammung und evolutionäre Prozesse hinweisen und nicht auf eine ideelle Formverwandtschaft, wie sie Pringsheim vorschlug.

Pringsheims Forschung stellt somit einen Übergang zwischen älteren, idealistisch geprägten Perspektiven und der modernen, auf empirischen Daten basierenden Biologie dar. Sie illustriert die Veränderung des Verständnisses von Evolution und Entwicklung über die Zeit hinweg und unterstreicht, wie unterschiedliche Denkschulen die wissenschaftliche Praxis beeinflussen können.

Pringsheim zeichnete sich durch exzellente Fertigkeiten in der Mikroskopie und wissenschaftlichen Illustration aus. Dabei zog er Nutzen aus signifikanten technologischen Fortschritten in der Herstellung von Mikroskopen zu Beginn des 19. Jahrhunderts. In dieser Zeit wurden neue Materialien und Fertigungstechniken eingeführt, die die Qualität der Mikroskop-Objektive erheblich verbesserten und eine höhere Auflösung und Vergrößerung der Proben ermöglichten. Diese Fortschritte ebneten den Weg für Pringsheims akribische Studien und bildeten die Grundlage für seine bahnbrechenden Entdeckungen in der Pflanzenbiologie (KAP. 3).

ANMERKUNGEN

1 Mayr 2002, 164.

2 Ebd., 99.

3 Junker 2004, 72 – 74.

4 Virchow 1855.

5 Hermann von Helmholtz, zit. n. Mayr 2002, 148.

6 Darwin 1860. Das englische Original erschien 1859.

7 Junker 2004, 103 – 104.

8 Ebd., 66.

9 Mayr 2002, 441.

10 Goethe 1820.

11 Goethes Werke 1948, Bd. 11., 322 – 323.

12 Mägdefrau 2013, 153 – 154.

13 Hoepfner 1994.

14 Mayr 2002. Virchow war übrigens auch der Patenonkel von Rudolf Ladenburg, einem Enkel Nathanael Pringsheims, der seinen Vornamen zu Ehren Rudolf Virchows erhielt (siehe ABSCHNITT 2.8.2).

15 Karafyllis 2017.

16 „Doctrinae metaphysicae non existunt."

2

WERDEGANG:

DAS LEBEN NATHANAEL PRINGSHEIMS

“His name is inseparably associated with the modern progress of the science, and there must be many, who, like the writer of this notice, can trace their first interest in scientific botany, in no small degree, to the fascination of Pringsheim’s discoveries.”[1]

— Dunkinfield Henry Scott (1895)

NATHANAEL PRINGSHEIM ENTSTAMMT einer jüdischen Familie in Schlesien. Innerhalb der weiteren Verwandtschaft war er der erste Naturwissenschaftler. Er entwickelte sich zu einem der Pioniere der modernen Botanik in Deutschland und weltweit. Seine Bekanntheit und sein Renommee nutzte er, um die Deutsche Gesellschaft für Botanik zu gründen und den deutschen Kaiser davon zu überzeugen, das erste deutsche meeresbiologische Forschungsinstitut auf Helgoland einzurichten. Wer war dieser Mann (Abb. 2.1.) und wie wurde er zu einem überaus erfolgreichen Wissenschaftler, Ideengeber und Organisator?[2]

	1820	1823 Geburt in Wziesko
	1840	1843 Abitur in Breslau
MÄRZREVOLUTION	1848	1848 Promotion in Berlin
		1851 Habil., Hochzeit, Mitgl. d. Leopoldina
	1860	1860 Mitglied der Preuß. Akademie d. Wiss.
		1864 Wechsel an die Universität Jena
GRÜNDUNG des Deutschen Reichs	1871	1868 Privatlabor in Berlin
	1880	1882 Gründung der Deutschen Botanischen Gesellschaft
		1894 Tod in Berlin
	1900	

Abb. 2.1. KAPITELÜBERBLICK „WERDEGANG". Wichtige Stationen im Leben von Nathanael Pringsheim, die in diesem Kapitel genauer beschrieben werden.

2.1 KINDHEIT: SCHWIERIGE SCHULZEIT GEMEINSAM MIT FERDINAND LASSALLE

Nathanael Pringsheim kam am 30. November 1823 in einer wohlhabenden jüdischen Familie nahe Landsberg / Oberschlesien auf die Welt. Sein Geburtsort war das kleine Dorf Wziesko (heute: Guttentag / Dobrodzień), das etwa 130 km südöstlich von Breslau (heute Wrocław) in der damaligen preußischen Provinz Schlesien liegt. Sein Vater Emanuel Mendel Pringsheim und auch sein Großvater waren Eisenhüttenbesitzer.[3]

Nathanael wuchs gemeinsam mit neun Geschwistern auf, was zu dieser Zeit nicht ungewöhnlich war. So lernte es der Junge schon früh, eigene Interessen zu artikulieren und sie gegenüber seinen Geschwistern durchzusetzen. Man kann trotz der Kinderschar von einer behüteten Kindheit ausgehen, denn in großbürgerlichen Familien war es üblich, dass sich Kindermädchen um die Erziehung der Kinder kümmerten und gemeinsam mit Hausdienern und Küchenmädchen den Eltern den Rücken freihielten. Über Nathanaels erste Lebensjahre ist wenig bekannt. In dieser Zeit blickten jüdische Familien hoffnungsvoll in die Zukunft. Das „Edikt betreffend die bürgerlichen Verhältnisse der Juden in Preußen" aus dem Jahre 1812 hatte Juden zu preußischen Staatsbürgern gemacht und bot dieser Volksgruppe somit verlässlichere Rahmenbedingungen. Aus Dankbarkeit trugen viele Juden gerne das Ihre dazu bei, sich als loyale, preußische und später deutsche Staatsbürger besonders auszuzeichnen. So gründeten Juden Unternehmen, engagierten sich in Bildungseinrichtungen und dienten in preußischen und deutschen Streitkräften, um damit ihre Verbundenheit mit dem Staat zu demonstrieren.

Noch während Nathanaels Kindheit zog die Familie in die nahe gelegene Kleinstadt Oppeln (heute Opole). Pringsheim erhielt seinen ersten Unterricht im elterlichen Haus, was damals in großbürgerlichen Familien üblich war. Die Plätze in den überfüllten und schlecht ausgestatteten Volksschulen überließ man gerne den Kindern der niederen Stände, vor allem den Arbeiterkindern. Der Gelehrte Wilhelm von Humboldt, vom preußischen König Friedrich Wilhelm III. persönlich mit der Neuorganisation des preußischen Schulwesens beauftragt, hatte Anfang des 19. Jahrhunderts zwar eine ambitionierte Reformagenda für die Entwicklung einer „neuen Schule" mit dem Ziel einer „allgemeinen Menschenbildung" erarbeitet, die allen gesellschaftlichen Schichten gleichermaßen zur Verfügung stehen sollte. Diese Agenda konnte sich allerdings gegen die „ständische" Auffassung von Bildung nicht durchsetzen, die noch das ganze 19. Jahrhundert beherrschte. Erst im Jahr 1919 gab es in Deutschland eine Schulpflicht, vorher bestand lediglich eine Unterrichtspflicht.

Später besuchte Nathanael zunächst das einzige Gymnasium in seiner Heimatstadt Oppeln. Seinem sich immer deutlicher zeigenden unabhängigen Geist fiel es allerdings schwer, sich der rigiden Schuldisziplin unterzuordnen. Wie viele andere bedeutende Wissenschaftler war auch Nathanael alles andere als ein Musterschüler. Wer seine späteren wissenschaftlichen Veröffentlichungen liest, die sich durch Klarheit der Argumentation und Ästhetik der Formulierung auszeichnen, ist verwundert, dass sein Deutschlehrer seine Schulaufsätze fortwährend bemängelte und dem Primaner sogar die pessimistische Prognose mit auf den Weg gab, es werde wohl nie etwas aus ihm werden.

Scheitern war allerdings in der Familie Pringsheim nicht vorgesehen, so dass die Eltern sich zu einem Schulwechsel an das Maria-Magdalenen-Gymnasium in Breslau entschieden. Wir wissen nicht, ob er dort bei Verwandten oder in einem Internat unterkam. Jedenfalls besuchte er seine Familie von da an nur noch selten – Oppeln war 100 km entfernt und das Reisen in der noch eisenbahnlosen Zeit beschwerlich. Doch auch in Breslau hatte er seine liebe Not mit der Schule. Das Lehrpersonal scheint ihn wenig gefördert zu haben und konfrontierte ihn stattdessen vor allem mit seinen Defiziten. Zähigkeit und Ausdauer ließen ihn diese Zeit überstehen.

Im Gymnasium der schlesischen Hauptstadt drückte Nathanael Pringsheim die Schulbank gemeinsam mit Ferdinand

Abb. 2.2. FERDINAND LASSALLE (1825 – 1864). Lassalle machte sein Abitur in Breslau gemeinsam mit Nathanael Pringsheim.

Lassalle, der ebenfalls aus einer jüdischen Familie stammte (**Abb. 2.2.**). Lassalle wurde später ein prominenter Arbeiterführer und war 1863 Mitbegründer des Allgemeinen Deutschen Arbeitervereins (ADAV), einer Vorläuferorganisation der Sozialdemokratischen Partei Deutschlands (SPD). Sowohl Lassalle als auch Pringsheim hatten mit schulischen Problemen zu kämpfen. Beide bestanden letztendlich das Abitur; jedoch gelang Nathanael Pringsheim dies erst im dritten Anlauf, zu Ostern 1843.

2.2 STUDIUM, WICHTIGE LEHRER UND KAMPF UM DIE PROMOTION

2.2.1 VON DER PHILOSOPHIE ÜBER DIE MEDIZIN ZUR BOTANIK

NACH DER SCHULE stellte sich weniger die Frage, ob, sondern was und wo der Junge studieren sollte. Pringsheim entschied sich für ein Studium an der Universität Breslau. Schließlich lebte er ja nun schon eine Weile in der Stadt, hatte hier zahlreiche Freunde und Bekannte gewonnen und kannte die einschlägigen Lokale und Lokalitäten. Noch im Jahre 1843 begann er an der Philosophischen Fakultät (**Abb. 2.3.**) mit dem Studium der Philosophie bei dem Hegelianer Christlieb Julius B. Braniss. Vielleicht wurde Pringsheim zu seinen philosophischen Studien auch durch seinen ehemaligen Mitschüler Lassalle angeregt, der ein glühender Hegel-Verehrer war.

Doch bereits nach einem Semester wechselte der junge Student an die Medizinische Fakultät. Dabei lässt sich nicht mehr eindeutig rekonstruieren, welche Argumente ihn letztendlich zum Wechsel bewogen. Einerseits benötigte er den Rückhalt des Vaters, der seine Studien finanzierte. Dieser betrachtete die philosophischen Studien seines Filius als „brotlose Kunst", ein „Brotstudium" hielt er hingegen für unerlässlich. Deshalb empfahl er seinem Sohn, sich auf das Studium der Medizin zu konzentrieren. Andererseits lagen die Interessen des Sohnes ohnehin in dieser Richtung. Ihm war mittlerweile klar geworden, dass seine eigentliche Leidenschaft die Biologie war. So erhoffte sich Pringsheim unter dem Deckmantel eines Studiums der Medizin vor allem tiefer in ihre biologischen Grundlagen eindringen zu können.

An der Medizinischen Fakultät waren es besonders die Vorlesungen von Heinrich Robert Göppert, der als einer der Väter der Paläobotanik gilt, die den Studenten beeindruckten. Die Paläobotanik ist eine wissenschaftliche Disziplin, die sich mit fossilen Pflanzen befasst. Ebenso faszinierten ihn die Vorlesungen des Mediziners, Anatomen und Physiologen Jan Evangelista Purkyně. Dieser hatte in Breslau das weltweit erste Institut für Physiologie gegründet und war ein führender Vertreter der exakten experimentellen Naturforschung. In Breslau hatte diese neue Schule der Naturforschung anfangs Schwierigkeiten, sich gegen die zu jener Zeit noch florierende spekulativ-naturphilosophische Schule durchzusetzen. Ein Beispiel für einen Vertreter dieser naturphilosophischen Richtung ist der Mediziner und Naturforscher Christian Gottfried Daniel Nees von Esenbeck. Er wirkte ab 1830 in Breslau und gehörte zu den bedeutendsten Vertretern der Naturphilosophie seiner Epoche (siehe KAP. 1). Pringsheim lernte also schon früh sowohl wichtige Vertreter der „exakten Naturwissenschaften“ als auch der Naturphilosophie kennen.

1844 wechselte Pringsheim an die Universität Leipzig, wo er sein Medizinstudium zwar fortsetzte, sich aber immer stärker Pflanzen und deren Entwicklung zuwandte (Abb. 2.4.). Ein wichtiges Motiv für den Ortswechsel war der international bekannte Botaniker Gustav Kunze, der seit 1835 in Leipzig eine außerordentliche Professor für Botanik bekleidete und 1837 die Leitung des Botanischen Gartens der Universität übernommen hatte. Kunze, der 1845 in Leipzig endlich die begehrte ordentliche Professur für Botanik erhielt, erforschte die Entwicklung von Farnen, die zu den „Niederen Pflanzen“ gehören. Damit wurde er zu Pringsheims Vorbild, denn „Niedere Pflanzen“ sollten später zu einem seiner wichtigsten Forschungsschwerpunkte werden.

Auf Empfehlung Kunzes befasste sich der junge Pringsheim mit dem gerade erschienenen Werk „Grundzüge der wissenschaftlichen Botanik nebst einer methodologischen Einleitung zum Studium der Pflanze“ (1842/43)[4] des Botanikers Matthias Jacob Schleiden. Im Jahr 1838, noch bevor Matthias Schleiden seine Promotion abgeschlossen hatte, gelang ihm eine bedeutende wissenschaftliche Entdeckung. Er erkannte die

Zelle als grundlegendes Strukturelement der Pflanze und wies nach, dass sich Pflanzen aus einzelnen Zellen entwickeln (siehe **KAP. 1**). Diese Erkenntnisse waren zu jener Zeit bahnbrechend und trugen wesentlich zur Weiterentwicklung der Zelltheorie bei. Nur ein Jahr später, 1839, nachdem er erfolgreich promoviert hatte, erhielt Schleiden einen Ruf als außerordentlicher Professor an die renommierte Universität Jena. Seine rasche Berufung in eine solche Position so kurz nach seiner Promotion unterstreicht die Anerkennung seiner Arbeit und seines Talents in der wissenschaftlichen Gemeinschaft. Pringsheim selbst würde später sein Nachfolger an der Universität Jena werden (siehe **ABSCHNITT 2.5**).

Abb. 2.3. Universität Breslau. Nathanael Pringsheim begann sein Studium an der Philosophischen Fakultät der Universität Breslau, wechselte aber bereits nach einem Semester an die Medizinische Fakultät. Hier interessierten ihn vor allem biologische Vorlesungen. Auf dem Bild aus dem 19. Jahrhundert ist das Hauptgebäude der Universität von der Oder aus zu sehen.

Schleidens Botanikbuch gilt als Ausgangspunkt der wissenschaftlichen Botanik in Deutschland und schlug damals wie eine Bombe ein, wenn man einer retrospektiven Schilderung des Botanikers und Mikrobiologen Ferdinand Julius Cohn, einem Schüler Nathanael Pringsheims, Glauben schenken darf:

> *„Heutzutage kann man sich kaum vorstellen, welch mächtigen Eindruck auf die studirende Jugend dieses Buch machte, dessen erste 1843 / 44 erschienene Auflage*[5] *so rasch vergriffen wurde, dass die zweite schon 1845 / 46, die dritte und letzte 1848 / 49 nothwendig wurde. Während die ‚Methodologische Einleitung' des Buches mit zündender Beredsamkeit, im Gegensatz zu den unfruchtbaren Speculationen der Natur-*

Abb. 2.4. UNIVERSITÄT LEIPZIG. An der Universität Leipzig wandte sich Nathanael Pringsheim endgültig der Botanik zu, seiner eigentlichen Leidenschaft. Die Fotografie des Malers und Illustrators Hermann Vogel um 1890 zeigt links den Augustusplatz mit dem Universitätshauptgebäude Augusteum, daneben die Paulinerkirche sowie rechts das Café Français.

philosophie, BACON's inductive, KANT's kritische Methode auf den Schild hob, verhöhnte der Text mit schneidiger Schärfe die damals in Deutschland übliche scholastische Behandlungsweise der Botanik, verspottete Floristen und Systematiker als Heusammler und stellte als oberste Leitsätze der Wissenschaft zwei Maximen fest: Die Erforschung der Entwickelungsgeschichte als Schlüssel für die gesammte Morphologie, und die Erforschung des Baues und Lebens der Zelle als Schlüssel für die Physiologie der Pflanze. Beide Aufgaben konnten nur mit Hülfe des Mikroskopes gelöst werden."[6]

Die Verspottung der Systematischen Botanik lässt sich nur aus dem damaligen historischen Umbruchskontext von der älteren naturphilosophisch orientierten Schule hin zur neuen pflanzenphysiologischen Schule verstehen. Taxonomie und Systematik sind für die Biologie von höchster Bedeutung bis auf den heutigen Tag.

Gemeinsam mit dem Anatomen und Physiologen Theodor Schwann hatte Schleiden die „Zelltheorie" begründet, wonach alle biologischen Organismen sowie ihre Organe, so vielgestaltig sie auch sein mögen, aus Zellen als „biologische Elementarteilchen" zusammengesetzt sind. Schwann und Schleiden erkannten zudem, dass einige Organismen einzellig und andere mehrzellig sind, dass Zellkerne zu den allgemeinen Zelleigenschaften gehören und dass Tier- und Pflanzengewebe viele Gemeinsamkeiten aber auch Unterschiede aufweisen wie bereits in Abb. 1.5. – 1.6. dargestellt.

Abb. 2.5. REKLAME FÜR SCHIECKSCHE MIKROSKOPE, ca. 1884.

Diese Zelltheorie, bald als Faktum anerkannt, sowie die einander ähnlichen, sich aber um Nuancen unterscheidenden Evolutionstheorien von Charles Darwin und Alfred Russell Wallace bildeten zusammen das wohl wichtigste Fundament der Biologie des 19. Jahrhunderts (siehe KAP. 1).

Vor diesem wissenschaftlichen Hintergrund vertiefte sich Pringsheim in Leipzig mit einem Mikroskop in die faszinierende, für ihn neue Welt pflanzlicher Lebenserscheinungen und nahm nebenher Zeichenunterricht. Die Zeichnung bot in der Zeit vor der Fotografie die einzige Möglichkeit, das Beobachtete bildlich wiederzugeben. Pringsheims Familie schien sich mit dem botanikorientierten Lebensweg ihres Sohnes inzwischen abgefunden zu haben, denn sie finanzierte ihm dafür eines der besten und zugleich kostspieligsten Mikroskope seiner Zeit aus der Werkstatt von Friedrich Wilhelm Schieck. Der Berliner Instrumentenbauer Friedrich Wilhelm Schieck[7] hatte 1837 eine eigene mechanische Werkstatt für den Bau von Mikroskopen gegründet, die bald überall prämiert wurden (Abb. 2.5.). Schleiden schrieb 1845 über die ihm bekannten Mikroskophersteller: „Die besten Arbeiten liefern gegenwärtig wohl ohne Zweifel Schieck in Berlin und Plößl in Wien“. Allerdings kostete ein Schiecksches Mikroskop wie in Abb. 2.6. dargestellt mitunter das Jahresgehalt eines außerordentlichen Professors in Berlin.

Abb. 2.6. Schiecksches Mikroskop. Mikroskopieren und Zeichnen waren die wichtigsten Arbeitsmethoden von Nathanael Pringsheim. Die Abbildung zeigt ein Schiecksches Mikroskop um 1850 wie es auch Pringsheim benutzte. Die Mikroskope der Berliner Firma F. W. Schieck genossen im 19. Jahrhundert besonders unter Naturwissenschaftlern hohes Ansehen.

Bald galten die Schieckschen Vergrößerungsinstrumente in Kreisen der Botaniker als die bestgeeigneten für sehr detaillierte Untersuchungen.[8] Die Arbeit mit diesem technischen Hilfsmittel stachelte Pringsheims wissenschaftlichen Ehrgeiz weiter an, warf ihn aber endgültig aus der medizinischen Studienbahn. Schleidens Idee einer induktiven, vergleichend entwicklungsgeschichtlich orientierten Botanik auf Basis der Zelltheorie war fortan der Kompass für die Studien des hart arbeitenden Studenten aus Schlesien. Schleiden forderte nichts weniger als die radikale Zurückweisung der älteren „rein beschreibenden Naturgeschichte". Wie bereits die Physik und die Chemie, so sollte auch die Botanik eine Experimentalwissenschaft werden.

2.2.2 DER KAMPF UM DIE PROMOTION

PRINGSHEIMS NÄCHSTES ZIEL war die Promotion. Dies war damals für preußische Juden ein nicht unproblematisches Ansinnen. Die Verwaltung

Abb. 2.7. BERLINER UNIVERSITÄT. Nathanael Pringsheim promovierte im Revolutionsjahr 1848 an der Universität Berlin. Das Bild zeigt deren Hauptgebäude um 1850, links ist ein Reiterstandbild Friedrichs des Großen zu sehen.

war hier relativ restriktiv und noch restriktiver, was die Habilitation anging. Pringsheim wechselte 1848 an die Königliche Universität Berlin, denn als Jude konnte man zu dieser Zeit in Preußen nur an der Berliner Universität promovieren (**Abb. 2.7.**). Diese 1810 gegründete Hochschule hatte schnell enorme Strahlkraft gewonnen und war von beispielhafter Bedeutung für alle anderen deutschen Universitäten. Ihre Entstehung ist eng mit dem Namen Wilhelm von Humboldt verknüpft. In Berlin hörte Pringsheim neben Chemie und Physik vor allem Botanik bei Karl Sigismund Kunth, einem Neffen des Erziehers der Brüder Alexander und Wilhelm von Humboldt. Im Jahr 1848 wurde Pringsheim, noch keine 25 Jahre alt, an der Universität Berlin mit einer Arbeit zum Wachstum von Erbsensamen promoviert.[9]

In seiner Dissertation analysierte er mit der Erbse eine besonders robuste und einfach zu handhabende Pflanze (**Abb. 2.8.**). Er fokussierte im Unterschied zu vielen seiner Zeitgenossen auf mikroskopische Analytik und brach explizit mit naturphilosophischen Beschreibungen. Die Erbse sollte wenige Jahre später auch bei den bahnbrechenden Vererbungsexperimenten des Augustinermönchs Gregor Mendel aus Mähren eine zentrale Rolle spielen. Pringsheim interessierte sich jedoch, im Gegensatz zu Mendel, nicht für deren Erbeigenschaften, sondern für ihr Wachstum. Konkret untersuchte er in seiner Dissertation die Herausbildung und das Wachstum der Samenschale reifender Erbsen. Die dabei von Pringsheim verteidigten Thesen

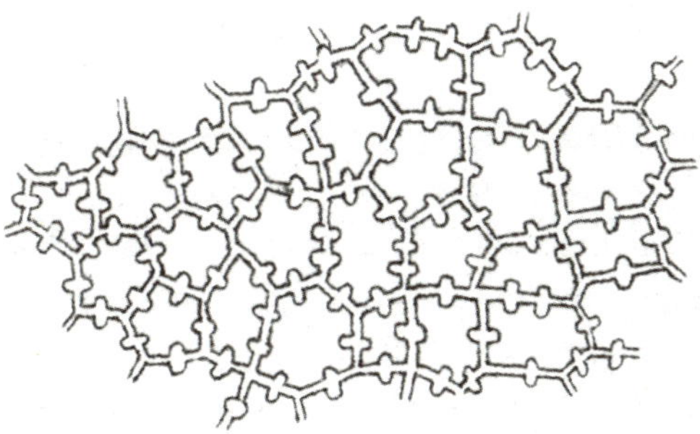

Abb. 2.8. DISSERTATION: ERBSENWACHSTUM. Pringsheim wählte als Dissertationsthema das Wachstum der Samenschalen gewöhnlicher Erbsen (*Pisum sativum*). Die Originalzeichnung aus seiner Dissertation zeigt einen Schnitt parallel zur Samenschale durch die sogenannten Palisadenzellen.

1. Cellula est individuum (die Zelle ist ein Individuum)
2. Microscopium observatorem non fallit (der mikroskopische Beobachter wird nicht getäuscht)
3. Verbis *Contact, Katalytische Kraft* nihil explicatur (mit den Worten *Kontakt* und *Katalytische Kraft* wird nichts erklärt)
4. Doctrinae metaphysicae non existunt (metaphysische Lehren existieren nicht)

charakterisieren sein wissenschaftliches Weltbild (siehe KAP. 1). Einmal mehr verdeutlichte er damit seine Zuwendung zur Zelltheorie Schleidens und Schwanns (These 1) und der „experimentellen Schule" (siehe seinen Lehrer Purkyně, These 2) sowie seine Ablehnung nicht empirisch überprüfbarer Erklärungen (These 3) und metaphysischer Annahmen und Spekulationen, die jenseits der beobachtbaren, physischen Welt liegen (These 4).

Auch den Weg zu seiner Promotion markierten Hindernisse, die Pringsheim letztlich erfolgreich aus dem Wege räumte. Dabei halfen ihm abermals seine Beharrlichkeit und Zielstrebigkeit auch gegen widrige Umstände. Der Chemiker Eilhard Mitscherlich war von der Philosophischen Fakultät zum „fachfremden" Referenten als Gutachter der Pringsheimschen Arbeit bestellt worden. Mitscherlich zweifelte die in der Dissertation vorgestellten Ergebnisse an und verlangte eine Demonstration der Experimente. Pringsheim erklärte schriftlich, er sei jetzt (im Winter 1847 / 48) nicht im Stande, die jugendlichen Entwicklungszustände reifender Erbsen zu beschaffen. Mitscherlich ließ sich nicht erweichen und erwiderte, dass er die Dissertation nicht eher akzeptieren würde, bis ihm alle Experimente vorgeführt worden seien. Nur mit Mühe gelang es Pringsheim dann doch, junge Erbsen zu beschaffen und die verlangten Demonstrationen so durchzuführen, dass auch Mitscherlich überzeugt war. So konnte Pringsheim schließlich seine Dissertation im April 1848 verteidigen. Ob diese erfolgreiche Dissertation an der Philosophischen Fakultät seinen Vater gnädig stimmte, seinen nicht-medizinischen Werdegang weiter zu unterstützen? Wir wissen es nicht. Noch hatte Pringsheim nicht gezeigt, dass sein „botanischer Beruf" keine brotlose Kunst ist.

POLITISCHE AKTIVITÄTEN: MÄRZ 1848 2.3

DIE LETZTEN ARBEITEN AN SEINER DISSERTATION fanden bereits in einer Phase zunehmender politischer Unruhen in Europa, dem sogenannten Vormärz statt. Nach der Februarrevolution und der Absetzung des Königs in Paris wurde die Zweite Französische Republik und der Neffe des ehemaligen Kaisers Napoleon I. zum Staatspräsidenten ausgerufen. Die revolutionäre Stimmung griff noch im Februar auf das

Abb. 2.9. MÄRZREVOLUTION. Die Märzrevolution von 1848 hatte große Auswirkungen auf die politische und gesellschaftliche Entwicklung in Deutschland. Pringsheim beteiligte sich an den Aufständen in Berlin. Das Bild zeigt jubelnde Revolutionäre aus der Stadt.

Großherzogtum Baden über. Am 18. März brach in Berlin die Revolution aus. Dort befahl das Stadtregiment der Kavallerie den Sturmangriff auf das Volk vor dem Berliner Schloss, was in den folgenden Tagen zu Barrikadenbau und Straßenschlachten mit über hundert Toten führte (**Abb. 2.9.**). Diese Ereignisse, die ganz Europa von Grund auf erschütterten und zu einer Vielzahl neuer politischer und sozialer Entwicklungen führten, fanden statt, noch bevor Pringsheim der Termin für seine Doktorprüfung mitgeteilt und die Dissertation gedruckt worden war.

In den Märztagen 1848 begeisterte sich Pringsheim wie viele Wissenschaftler und Künstler, teilweise ebenfalls jüdischen Ursprungs, für den Gedanken eines einigen, freien Deutschlands, wie sein Freund Ferdinand Julius Cohn 1895 schrieb:

> *„Wie alle ideal angelegten Jünglinge in jener Zeit war auch PRINGSHEIM feurig begeistert für den Gedanken eines einigen freien deutschen Vaterlandes. Als Anfang Marz 1848 die politische Erregung in Berlin stärkere Wellen schlug, traten auch bei PRINGSHEIM die botanischen Studien eine Zeitlang in den Hintergrund; er betheiligte sich lebhaft an den Volksversammlungen im Berliner Thiergarten, wo ‚Unter den Zelten' die Forderungen des Volkes zum ersten Male öffentlich discutirt wurden. Am Nachmittage des 18. März befand er sich im Hause der ‚Zeitungshalle', dem damaligen Sammelpunkt der liberalen Geister, das durch Barrikaden vertheidigt wurde. Als das Haus von den Truppen mit leichter Mühe, doch nicht ohne Blutvergiessen gestürmt war, wurde auch PRINGSHEIM als Gefangener fortgeführt; doch kam er unbeschädigt davon, obschon ihm das Bajonett bereits an die Brust gesetzt war. Am frühen Morgen des 19. März, als der Strassenkampf eben beendet war, wurde er an das Lager eines Freundes gerufen, der durch eine Kugel mitten durch die Brust geschossen war; durch aufopfernde Pflege, die ihn wochenlang nicht vom Krankenbett fortliess, gelang es ihm, mit Unterstützung seines Freundes LUDWIG TRAUBE, dem schon fast Aufgegebenen das Leben zu erhalten."*[10]

Pringsheim selbst hat sich zu den Ereignissen nie öffentlich geäußert oder sich in irgendeiner Weise darüber hinaus politisch betätigt. Ein von Ferdinand Julius Cohn überliefertes Zitat aus einem Brief Nathanael Pringsheims legt letztlich sogar eine eher distanzierte Haltung Pringsheims gegenüber der Revolution nahe:

> *„Drei Wochen nach dem 18. März schreibt er [Pringsheim] an seine spätere Gattin: ‚In die politischen Streitigkeiten mische ich mich nicht ein; ich halte es für schändlich, das alte Gebäude, das trotz seiner ungeheuren Mängel doch auch manche gute Seite hat, umzustürzen, und an seine Stelle das Chaos oder die dumme Einfalt und thierische Glückseligkeit wilder Urvölker zu setzen, die weder Industrie oder Wissenschaft kennen'; er vertraut den neuen Ministern, welche die socialen Fragen studirt haben und zur Linderung der socialen Uebel das Mögliche herbeizuführen Willens sind."*[11]

Pringsheim hielt sich wohl eher an die Regel, dass man als Akademiker bzw. Professor loyal zu sein hat und allenfalls systemimmanent auf evolutionäre Verbesserungen anstatt auf revolutionäre Veränderungen hinarbeitet.

WISSENSCHAFTLICHE UND PERSÖNLICHE ERFOLGE 2.4

WEITERE STUDIEN FÜHRTEN PRINGSHEIM 1848/49 nach London und Paris, den damaligen Zentren naturwissenschaftlicher Forschung in Europa, immer in Begleitung seines Schieckschen Mikroskops. Seine Auslandsaufenthalte fielen in eine denkwürdige Epoche, in der die sogenannten „Niederen Pflanzen" ins Zentrum der botanischen Aufmerksamkeit rückten. Plötzlich fiel durch eine Reihe spektakulärer Entdeckungen Licht auf die Entwicklungsgeschichte dieser oft mikroskopisch kleinen Pflanzen, die noch ein Jahrzehnt zuvor im völligen Dunkeln gelegen hatte. Dies verstärkte Pringsheims Interesse an der Erforschung dieser Organismen, die bis dahin wenig Beachtung gefunden hatten. Er vertiefte sich fortan intensiv in das Studium von Algen und Pilzen. Gerade deren vergleichsweise einfacher Aufbau ermöglichte eine gründliche Untersuchung von Wachstum und Entwicklung. Algen und Pilze gehörten später auch zu den Pflanzengruppen, zu denen er seine bedeutendsten Forschungsarbeiten veröffentlichte. Viele dieser Arten wurden durch ihn erstmals professionell analysiert und charakterisiert.

An der Berliner Universität habilitierte Pringsheim sich 1850 als Privatdozent für das Fach Botanik, obwohl er wusste, dass es bis dahin kein Jude auf einen deutschen Lehrstuhl geschafft hatte. Erst 1859 gelang es dem Mathematiker Moritz Stern als erstem Juden in Deutschland, ein Ordinariat an einer Universität, nämlich in Göttingen, zu erlangen.[12] In seiner Habilitationsschrift konnte Pringsheim am Beispiel des Wasserschimmels – einer auf toten Pflanzen und Tieren lebenden Pilzart – erstmals seine Absicht verwirklichen, den gesamten Lebenszyklus eines Organismus von der Keimung bis zu Wachstum und Fortpflanzung sichtbar zu machen. In weiteren beispielhaften Studien an Algen und Pilzen erkannte Pringsheim die Sexualität als allgemeines Lebensprinzip, eine damals völlig neue Erkenntnis, hatte man doch bis dahin den „Niederen Organismen" keine Sexualität zugebilligt (siehe **Abb. 5.1.** in **KAP. 5** sowie **KAP. 3**). Dies nachgewiesen zu haben, darf mit Sicherheit als seine größte wissenschaftliche Leistung bezeichnet werden.

Seine Habilitation verschaffte ihm die Mitgliedschaft in der Deutschen Akademie der Naturforscher, der renommierten Leopoldina. Er wurde vom Leiter der Akademie, Nees von Esenbeck, den Pringsheim bereits seit seiner Breslauer Studienzeit kannte, persönlich in die Leopoldina berufen. Die Mitgliedschaft in der Leopoldina stellt bis heute eine große Ehre für jeden Wissenschaftler dar. Pringsheim wurde diese Anerkennung bereits im jungen Alter von 27 Jahren zuteil.

Die Fertigstellung seiner Habilitationsschrift betrieb der junge Forscher nach den Worten von Cohn aber auch aus sehr persönlichen Gründen mit besonderem Nachdruck:

> *„Wenn Pringsheim mit solchem Eifer den Druck seiner ersten grösseren Arbeit zu beschleunigen suchte, so trieb ihn, stärker noch als der Wunsch, seine akademische Lehrthätigkeit zu beginnen, die Sehnsucht, die neben der wissenschaftlichen Forschung sein Gemüth Jahre lang aufs Tiefste erregt hatte. Nicht weit von seinem väterlichen Hause war ihm das Mädchen aufgeblüht, das er sich seit früher Jugend zur Lebensgefährtin erkoren hatte. Henriette Guradze war die Tochter eines angesehenen Kaufmanns in seiner Heimatstadt Oppeln; sie hatte eine ungewöhnlich tiefe Bildung genossen, sie war gewohnt, ernst über die Aufgaben des Lebens nachzudenken, dabei von ächt weiblicher Anmuth und edler Gesinnung. Als sie 14 Jahre alt war, hatte ihr der damals 22jährige Student in seinem ersten Briefe seine Liebe gestanden; seitdem hatten sie sich heimlich mit einander verlobt, und einen ununterbrochenen Briefwechsel unterhalten, freilich nur unter*

dem Couvert der älteren Schwester; denn die Verwandten, die durch industrielle Unternehmungen zu Reichthum und Grundbesitz gelangt waren, wollten nicht zugeben, dass Henriette, die inzwischen ihren Vater verloren, einem Manne anvertraut werde, der keinen eigenen Erwerb hatte und nur die brotlose Kunst des Mikroskopirens betrieb.“[13]

Nachdem Pringsheim am 20. Dezember 1850 vor der Berliner Philosophischen Fakultät seine Probevorlesung gehalten hatte, schrieb er am Tag darauf an seine Braut: „Seit gestern Abend bin ich mit der hohen Würde eines Privatdocenten bekleidet; für mich heisst das nichts anderes als: ich bin in Kurzem Ihr Gemahl“.[14] Schon vorher hatte er seiner Braut ein recht pathetisches und zugleich reichlich selbstbewusstes Gelübde gegeben:

„Mein Leben ist der angestrengtesten Wirksamkeit, nicht dem Genusse geweiht. Gewiss ist, dass ich nach meinen Fähigkeiten wirken werde, dass mein Leben nicht nutzlos und verloren sein wird. Mein erwähltes Gebiet geistiger Thätigkeit ist die rein theoretische Forschung in der Naturwissenschaft, ein Gebiet, dessen praktische Bedeutung für die Gesellschaft zugleich unermesslich ist. Alles, was ausserhalb dieses Gebietes liegt, kann nur untergeordneter Gegenstand meines Interesses sein, ein anderes als thätiges Interesse aber erkenne ich nicht an. Ich achte nur selbständig productive, die Ausbildung des Menschengeschlechtes fördernde Thätigkeit, die dem Menschen zu sagen gestattet, dass Mit- und Nachwelt ohne sein Dasein einen Verlust gehabt hätten, dass seine Stelle nicht durch einen Anderen ausgefüllt werden könnte“.[15]

Pringsheim hielt nun förmlich bei der Mutter um die Hand seiner Angebeteten an und erhielt ihre Zustimmung, nachdem er versicherte, nun in der Lage zu sein, eine Familie zu versorgen. 1851 fanden sowohl die Verlobung als auch die Hochzeit statt. Zur Verlobung gratulierte sein Kollege und Freund Ferdinand Cohn auf botanisch-poetische Art:

„Zuvörderst meinen herzlichen Glückwunsch zu Ihrer Verlobung – ich kann wohl an Ihrem Glück Theil nehmen, da ich weiß, mit welcher Sehnsucht sie demselben entgegensahen. Docent und Bräutigam – ich fürchte fast, daß die Berliner Studenten vorläufig zu kurz kommen werden. Möge Ihr Glück Ihnen noch tausendfach vergrößert werden, wie bei Ihrem Schieck'schen Mikroskope; möge das Bild Ihrer Zukunft

rosig sein, wie PROTOCOCCUS PLUVIALIS, klar und rein wie die Schieck'sche Vergrößerung von 350; der Quell Ihres Glückes möge Ihnen strömen wie der Lebenssaft von GALACTODENDRON UTILE CUM DULI, unzerstörbar wie Cuticularsubstanz, er möge Ihnen aber nie ausgehen, wie Ihre ACHLYA.“[16]

(PROTOCOCCUS PLUVIALIS ist eine Algenart und Sinnbild für Verjüngung; GALACTODENDRON UTILE CUM DULI: „der Kuhmilchbaum enthält charakteristischen ‚Milchsaft‘“; Cuticularsubstanz ist der wachsartige Überzug vieler Pflanzen; ACHLYA eine Pilzart, die Pringsheim erforschte.)

Ferdinand Cohn war häufiger Gast im Pringsheimschen Hause und intimer Kenner der familiären Verhältnisse:

„Es war eine gesegnete Ehe; wer je das Glück gehabt hat, intimeren Verkehr mit dem PRINGSHEIM'schen Hause zu pflegen, der weiss, welch' schöner Geist in demselben waltete, wie HENRIETTE, die ein volles Verständniss für die idealen Bestrebungen ihres Gatten besass, demselben nicht bloss alle kleinen Sorgen fernhielt, sondern auch mit feinem Takt in ihrem schönen Besitzthum den freundschaftlichen Verkehr mit den erlesensten Kreisen der Residenz aufrecht zu erhalten und durch ihre Herzensgüte und warme Theilnahme auch die jüngere Generation an ihr Haus zu fesseln verstand. Von den drei Töchtern, die dem Ehepaar geboren wurden, starb die mittlere jung, die älteste ist an den Chemiker von Breslau, LADENBURG, die jüngste an einen Gutsbesitzer in der Provinz Posen, Dr. Carst, glücklich verheirathet.“[17]

Unmittelbar nach der Habilitation begann Pringsheim seine Lehrtätigkeit als Privatdozent in Berlin. Obwohl Juden seit der Revolution von 1848 bei der Übernahme akademischer Lehrämter in Preußen formal gleichgestellt waren, wurden sie noch bis zur Novemberrevolution 1918 benachteiligt. Bis 1918 durften Juden hier in der Regel nur außerordentliche Professuren erhalten.

Seine Eltern, milde gestimmt durch seine erfolgreiche Promotion, Habilitation und Hochzeit, entschlossen sich, die wissenschaftliche Karriere ihres Sohnes auch weiterhin finanziell zu unterstützen. Weniger seine Stellung als Privatdozent sondern mehr diese familiäre Hilfe bildete die materielle Basis für Pringsheims weitere wissenschaftliche Karriere, da damals wie bereits bemerkt für jüdische Wissenschaftler an kein Ordinariat zu denken war. So hielt Pringsheim im Sommer 1851 in der eigenen Wohnung mikroskopische Übungen über Anatomie und Entwicklungsgeschichte der Phanerogamen und Kryptogamen ab.[18] Es war zu dieser Zeit nicht unüblich, dass Professoren ihre Hörer in ihren Privatwohnungen um sich sammelten (Abb. 2.10.). Pringsheims botanisches Privatlabor war allerdings etwas sensationell Neues, da er es dank der Unterstützung durch

— **Phanerogamen** **Traditionelle Bezeichnung für Samenpflanzen.**

— **Kryptogamen** **Ursprünglicher Name für Sporenpflanzen. Kryptogamen bilden keine geschlossene systematische Einheit. Zu ihnen zählen u. a. Algen, Moose und Farnpflanzen.**

Abb. 2.10. Biologisches Privatlabor um 1900. Die meisten Forschungsarbeiten führte Pringsheim gemeinsam mit seinen Schülern in seinem privaten Berliner Labor durch, welches er mit hochwertigen Mikroskopen ausgestattet hatte. Die Atmosphäre in seinem Labor dürfte jener ähnlich gewesen sein, die eine Abbildung eines biologischen Laboratoriums im Old Main aus dem 19. Jahrhundert wiedergibt.

seine Eltern mit mehreren hochwertigen Mikroskopen ausstatten konnte. Sein Schüler Karl Moritz Schumann, der spätere Kakteenforscher, schrieb darüber:

„Seine Schulung war eine strenge, aber auch ausserordentlich gründliche und genaue. Er hatte in Verbindung mit seinem Freunde SCHACHT die Mikroskopie zu einer Kunst entwickelt, welche mit Ausdauer und Fleiss geübt werden musste, wenn die Erfolge ihn befriedigen sollten. Pringsheim war einer der subtilsten Arbeiter auf diesem Felde und deshalb gehörte seine Anleitung zu der damals besten Vorbereitung für die selbständige Forschung."[19]

(Schleidens Assistent Hermann Schacht war 1847 der Käufer des ersten von Carl Zeiss hergestellten einfachen Mikroskops.)

Im Jahr 1852 war Nathanael Pringsheim erstmals auf Helgoland, um Proben für seine Forschung zur Fortpflanzung von Algen zu sammeln (s. KAP. 4). In den Jahren danach gelang es ihm aufgrund intensiver mikroskopischer Analysen von Algen zum ersten Menschen zu avancieren, der einen Befruchtungsakt auf zellulärer Ebene unmittelbar beobachtete. Die daraus resultierenden und publizierten Untersuchungsergebnisse machten ihn schlagartig berühmt, und die folgenden Jahre waren dementsprechend ungemein produktiv. So entdeckte er eine Vielzahl neuer Arten und beschrieb auch bei diesen erstmals im Detail deren Fortpflanzung durch Sexualakte (siehe dazu Abb. 5.4. in KAP. 5). Im Sommer 1855 begab er sich erneut nach Helgoland. Sein damals stark angespanntes Seelenleben und sein Arbeitsethos in Verbindung mit einem beachtlichen Selbstbewusstsein, dokumentiert ein Brief an seine mit der sechsjährigen Tochter Margarethe in Berlin zurückgebliebene Gattin:

„Die Grösse meiner Aufgabe hier ist eine ungeheure, wie ich sie so umfassend mir nicht vorgestellt habe. Ich bin angespannt und überbürdet; es thut mir wirklich Abwechselung und Erholung noth; aber ich halte es für die dringendste Pflicht sowohl gegen mich, als gegen die Wissenschaft auszuharren. Ich bin gehetzt wie noch nie; alles brennt unter meinen Fingern vor Angst und Ungeduld, dass mir die Zeit zur Ausführung fehlen würde. Die Wissenschaft ist nun einmal kein Spass: ich bin nicht im Stande, wissenschaftlicher Dilettant zu sein. Will ich

aber der Wissenschaft wirklich dienen, so darf ich auch die Opfer nicht scheuen, die sie verlangt. Es ist mir bitterer Ernst, das, was ich für meine Aufgabe halte, noch in diesem Sommer zu lösen.“[20]

Im Jahre 1860 wurde Pringsheim zum ordentlichen Mitglied der Preußischen Akademie der Wissenschaften gewählt. In seiner Antrittsrede beschrieb er sein Forschungsprogramm. Dieses zielte auf das Studium der Algen, um aus deren vergleichend-morphologischer und entwicklungsgeschichtlicher Betrachtung die Grundprinzipien der Pflanzenfortpflanzung zu extrahieren. Es war letztlich auch genau dieses Feld der botanischen Forschung, das ihm den Nachruhm in der Geschichte seines Faches sichern sollte (siehe KAP. 3). Inzwischen war er 37 Jahre alt, akademisch hatte er – zumindest als jüdischer Bürger in Preußen – bereits alles erreicht.[21] Er war durch die Entdeckung der Algensexualität international bekannt und bereits als junger Mann Mitglied der Leopoldina und der Preußischen Akademie der Wissenschaften, also der renommiertesten deutschen Wissenschaftlernetzwerke geworden.

GRÜNDER EINES DER ERSTEN BOTANISCHEN INSTITUTE 2.5

PRINGSHEIMS GROSSES INTERESSE galt zweifelsohne der Forschung. Dieser ging er in seinem heimischen Privatlabor in Berlin nach sowie auf seinen zahlreichen Exkursionen, die ihn nicht nur nach Helgoland, sondern auch ans Mittelmeer und an den Atlantik führten. Das zweite zentrale Element jeder akademischen Karriere, die Lehre, nahm in seinem Leben keinen nennenswerten Umfang ein. Er war von seiner eigenen Forschung so erfüllt, dass er den Zwang von Vorlesungen als Störung empfand, dem er sich nur mit Widerwillen fügte. Doch aufgrund seiner wachsenden Anerkennung in der botanischen Wissenschaftlergemeinde sowie einer gewissen Aufweichung antijüdischer Ressentiments passierte es dann doch: Pringsheim erhielt einen Ruf an die Universität Jena im Großherzogtum Sachsen-Weimar-Eisenach (Abb. 2.12.). 1865 konnte er dort die Nachfolge des von ihm hochverehrten Begründers der Zelllehre Matthias Jacob Schleiden

antreten (siehe KAP. 1). Pringsheim erhielt die Würde eines ordentlichen Professors der Botanik, was ihm in Preußen zu dieser Zeit noch nicht möglich gewesen wäre, und übernahm zugleich die Direktion des dortigen Botanischen Gartens (Abb. 2.11.). Bereits im Sommer 1865 hielt er Vorlesungen über Allgemeine Botanik und im darauffolgenden Winter über Kryptogamen. In allen Semestern bot er zudem mikroskopische Unterweisungen an.

Die Entstehung des Botanischen Gartens in Jena ist eng mit Johann Wolfgang von Goethe verbunden. Dieser war 1776 von Herzog Carl August von Sachsen-Weimar-Eisenach mit der Oberaufsicht über alle Anstalten für Wissenschaft und Kunst im Großherzogtum betraut worden. Zudem hatte Goethe den Auftrag erhalten, eine Botanische

Abb. 2.11. (oben) BOTANISCHER GARTEN IN JENA. Gewächshäuser in der zweiten Hälfte des 19. Jahrhunderts, wie sie das Bild zu Zeiten von Nathanael Pringsheim als Leiter des Botanischen Gartens prägten.

Abb. 2.12. (rechts) NATHANAEL PRINGSHEIMS LEBENSLAUF. Eigenhändiger, handschriftlicher Lebenslauf in Latein im Dekanatsbuch der Philosophischen Fakultät, welcher Pringsheim als Botaniker angehörte.

chemiae publicus ordinarius nec non laboratorii chemici Director in universitatem literariam Jenensem vocatus, hanc professionem die II. mensis Maii dicta oratione rite auspicatus sum.

Ego Nathanael Pringsheim natus sum in Wziesko, vico Silesiae superioris, anno hujus saeculi vigesimo tertio die XXX mens. Novembr. Testimonium maturitatis in Gymnasio Fridericiano Vratislaviensi anno MDCCCXLII nactus sum. Quo facto primum Vratislaviae, tum Lipsiae, deinde Berolini per quinque annos medicinae et rerum naturalium disciplinis operam dedi. Examine pro doctoris gradu in alma Universitate Literarum Berolinensi rite superato summisque philosophiae honoribus die XIX mens. April. anno MDCCCXLVIII in me collatis Parisios me contuli ibique per annum in studiis botanicis versatus sum. Anno MDCCCLI Berolinum reversus veniam docendi in Universitate Berolinensi impetravi et hic per novem annos Botanices imprimis Anatomiam et Physiologiam plantarum docui. Anno MDCCCLVIII unus fui eorum qui inter sacra secularia Academiae nostrae Jenensis conditae tertium celebrata honoris causa medicinae doctores publice creati sunt, quam honorem gratissimo animo maxime insignem aestimavi. Anno MDCCCLX Academiae Regiae Scientiarum Borussiae socius declaratus per quattuor annos clarissimorum laborum particeps fui quibus celeberrima haec Academia scientiarum progressum tuetur. Tum anno MCCCLXIV Jenam vocatus sum et oratione pro loco in Philosophorum ordine die XXVI mens. Octob. rite habita professoris publici ordinarii et directoris horti magni-Ducalis botanici munera a serenissimis hujus almae literarum Universitatis nutritoribus in me collata sunt.

Anstalt in Jena einzurichten, was allerdings auf den weiteren Ausbau des Botanischen Gartens hinauslief, denn der Garten war ein Symbol für die Herauslösung der Botanik aus der Umklammerung durch die Medizinische Fakultät. Goethe veranlasste die Verlegung einer Wasserleitung sowie den Bau mehrerer Gewächshäuser und des Inspektorenhauses. Viele Stunden verbrachte der Dichter und Geheimrat im Garten mit botanischen Studien und künstlerischer Muse, abgeschieden von den sonstigen administrativen Zwängen seines Ministeramtes. Noch heute erinnert ein mächtiger Ginkgobaum („Goethe-Ginkgo") an diese Zeit (Abb. 2.13.).

Mit der Berufung Pringsheims wurde unter dem Dach der Philosophischen Fakultät ein Pflanzenphysiologisches Institut neu gegründet, während die Medizinische Fakultät bereits über ein eigenes Physiologisches Institut verfügte. Diese Neugründung war Ausdruck der weiteren Loslösung der Botanik von der Medizin und markierte einen Meilenstein auf dem Weg zur eigenständigen naturwissenschaftlichen Disziplin (Abb. 2.14.).[22] Es ist gut möglich, dass die Neugründung der eigentliche Grund für Pringsheims Weggang aus Berlin war, wo er lange vergeblich für ein eigenes Institut gekämpft hatte.[23] In Jena entstand eine lebenslange Freundschaft mit Ernst Haeckel, der dort ebenfalls Mitglied der Philosophischen Fakultät war.[24] Pringsheim, der ordentliche Professor aus jüdischem Haus, konnte nun in Jena ein Universitätsinstitut ganz nach seinen Vorstellungen aufbauen. Eigentlich hätte er es nicht besser treffen können. Es gelang ihm, mit dem Phytophysiologischen Institut etwas grundlegend Neues zu schaffen. Es war das erste pflanzenphysiologische Laboratorium an einer deutschen Universität und wirkte als Vorbild für die Einrichtung ähnlicher Institute an vielen anderen deutschen und europäischen Universitäten. Auch bei deren Einrichtung war Pringsheim später immer wieder als Berater gefragt.

Trotz dieser idealen beruflichen Situation, verließ Pringsheim seine Lehrkanzel schon nach kurzer Zeit und ging zurück nach Berlin. Für diesen nicht alltäglichen Schritt scheint es zwei Gründe gegeben zu haben. Erstens litt er zunehmend an gesundheitlichen Problemen. Schon viele Jahre wurde er von einem Asthma-Leiden geplagt, das regelmäßig wiederkehrte und ihm besonders längere Vorlesungen zur Qual machte. Das Leiden verschlimmerte sich während der Jenaer Zeit. Linderung

der asthmatischen Beschwerden versprachen gelegentliche Besuche in Dresden, wo es eine sogenannte „Glocke" gab, einen Raum mit erhöhtem Luftdruck, der akut erkrankten Asthmatikern vorübergehend Linderung verschaffte. Erleichterung verschafften ihm auch seine häufigen Aufenthalte am Meer. Zweitens konnte er 1868 die Erbschaft seines kurz zuvor verstorbenen, recht wohlhabenden Vaters antreten, der Inhaber eines Eisenwerkes in Schlesien gewesen war. Hinzu kamen dessen Anwesen in Schlesien und ausreichende weitere Mittel, mit denen Pringsheim seine Forschungen frei finanzieren konnte. Dies ermöglichte es ihm, außerhalb des von ihm ohnehin nicht sonderlich geschätzten Vorlesungsbetriebes als Privatgelehrter ausschließlich seinen eigenen Forschungsinteressen nachzugehen.

Der Jenaer Universität blieb er aber auch weiterhin verbunden. Seinen Assistenten Eduard Strasburger empfahl er als seinen Nachfolger. Dieser trat dann, nicht zuletzt auch auf Betreiben von Freund Haeckel, als ordentlicher Professor in Pringsheims Fußstapfen.[25] Strasburger, Verfasser des Klassikers und Standardwerks der Botanik „Lehrbuch der Botanik" (bzw. seit der 37. Auflage „Pflanzenwissenschaften"), das in erweiterter Form immer wieder neu aufgelegt wird,[26] arbeitete in Jena an Untersuchungen zur Zellteilung und anderen entwicklungsphysiologischen Fragen und wechselte schließlich 1880 an die Universität Bonn. Auch bei der Suche nach potentiellen Nachfolgern für Strasburger holte Haeckel noch den Rat von Pringsheim ein, der die Jenaer Verhältnisse von Berlin aus interessiert verfolgte.

Abb. 2.13. GINKGOBLATT. In seinem Gedicht „Ginkgo biloba" zieht Goethe einen Vergleich zwischen den zweigeteilten Blättern des Ginkgos und der Dualität der menschlichen Natur. Diese Dualität zeige, wie scheinbar widersprechende Aspekte dennoch ein harmonisches Ganzes bilden können. Dies könnte beispielsweise rationale und emotionale Elemente oder männliche und weibliche Attribute betreffen. Besonders interessant ist die sexuelle Fortpflanzung des Ginkgos: Er produziert das für die Fortbewegung der männlichen Geschlechtszellen notwendige Wasser selbst (Pollinationströpfchen, siehe KAP. 3).

2.6 DIE LETZTEN JAHRE IN BERLIN

PRINGSHEIM STAND NACH SEINER RÜCKKEHR nach Berlin im Jahre 1868 im Zenit seines Forscherlebens. Er war zu einem angesehenen Wissenschaftler gereift, dessen Rat national und international gefragt war, und zählte zu den Pionieren, die die Botanik als eigenständige wissenschaftliche Disziplin aus der Taufe gehoben hatten. Wegen seiner Krankheit war er allerdings immer wieder ans Bett gefesselt. Reisen nach Helgoland, an die Riviera sowie an die Nordküste Frankreichs brachten

Abb. 2.14. PHYTOPHYSIOLOGISCHE ANSTALT. Gebäude des ehemaligen Botanischen Instituts, das 1865 – 1867 als „Phytophysiologische Anstalt" auf Initiative Pringsheims gebaut wurde (vorderer Teil).

vorübergehende Verbesserungen für seine Gesundheit ebenso wie Ergänzungen seiner botanischen Sammlungen.

Ungefähr die Hälfte seines Forscherlebens lag nun bereits hinter ihm. Die verbleibenden 26 Jahre nutzt er zur „Konsolidierung" des Begonnenen und Geschaffenen. So führte er in Berlin zunächst eine Reihe unvollendeter wissenschaftlicher Arbeiten zu Ende. Gleichzeitig begann er damit, sein Renommee, seine Reputation und seinen großen wissenschaftlichen und auch politischen Einfluss dafür zu nutzen, um in Deutschland die Botanik und **Pflanzenphysiologie** auch institutionell voranzubringen. 1882 war er maßgeblich an der Gründung der Deutschen Gesellschaft für Botanik beteiligt, deren erster Präsident er wurde. Diese Position behielt er bis zu seinem Tod 1894 (siehe ABSCHNITT 2.7.2). Bereits 1857 hatte er sich mit der Gründung der *Jahrbücher für Wissenschaftliche Botanik* große Verdienste erworben. Des Weiteren ist es Pringsheim zu verdanken, dass 1892 auf Helgoland das erste meeresbiologische Institut in Deutschland gegründet werden konnte (siehe KAP. 4).

Finanziell unabhängig ließ er für sich und seine Familie am Rande des Tiergartens in der Bendlerstraße (heute: Stauffenbergstraße) eine Villa erbauen. Die Straße zählte zu den exklusivsten Adressen Berlins. Der Landwehrkanal mit seinen breiten begrünten Alleen auf beiden Seiten des Ufers und der Landschaftsgarten im Tiergarten – gestaltet durch den bekannten Gartenarchitekten Peter Joseph Lenné – machten die Gegend attraktiv für wohlhabende Berliner, die in diesem neuen Viertel genügend Platz für ihren repräsentativen Wohn- und Lebensstil fanden. Darüber hinaus entwickelte sich das Tiergartenviertel in der zweiten Hälfte des 19. Jahrhunderts zu einem kulturellen Zentrum (**Abb. 2.15.**).

In seiner Villa richtete Pringsheim ein Privatlabor ein, in dem eine Vielzahl später namhafter Botaniker wie Wilhelm Pfeffer, Johannes Reinke und Alexander Tschirch als Assistenten forschten. Der Botaniker Ernst Wunschmann beschrieb Pringsheims Privatleben 1907 rückblickend mit den Worten:

— **PFLANZENPHYSIOLOGIE Auch Phytophysiologie genannt. Teilbereich der Biologie, der sich mit den Lebensprozessen von Pflanzen befasst.**

> *„Im übrigen führte er ein gleichmäßiges, geräuschloses Gelehrtenleben in einer infolge günstiger Vermögenslage unabhängigen Stellung und unter angenehmen häuslichen Verhältnissen, die er in Gemeinschaft mit seiner geistig ebenbürtigen Gattin durch edle Geselligkeit zu verschönern wußte".*[27]

Die gesellige Art der Pringsheims ließ ihr Haus in den Rang eines Salons aufsteigen, wie es damals in Berlin mehrere gab. In ihrer Villa verkehrten prominente Wissenschaftler, aber auch Politiker und Industrielle. Regelmäßige Gäste waren etwa der Mediziner Rudolf Virchow, der Industrielle Werner von Siemens, die Biologen Emil Heinrich du Bois-Reymond und Ferdinand Cohn sowie der Physiker Hermann von Helmholtz. Zu den häufig im Pringsheimschen Hause stattfindenden

Abb. 2.15. Repräsentative Villa in der Nachbarschaft von Nathanael Pringsheim im Berliner Tiergarten. Pringsheim wohnte mit seiner Familie in einer der vornehmsten Gegenden Berlins. Kupferstich aus dem 19. Jahrhundert.

Bällen mit Tanz und Musik wurden nicht nur Koryphäen eingeladen, sondern auch „Newcomer". Diese konnten so zwanglos erste Verbindungen zu den Berühmtheiten ihres Faches knüpfen. Einen guten Eindruck von diesen Veranstaltungen vermitteln die Erinnerungen des damals jungen Botanikers Alexander Tschirch von 1921:

> *„Denn bald merkte ich, daß es keine leere Redensart war, wenn man von der Ehre sprach, in diesem Haus zu weilen. Es war wirklich eine solche. Denn Pringsheim war Mitglied der Königlich Preußischen Akademie der Wissenschaften, wie der ausführliche Titel dieser würdigen Körperschaft lautete, und machte ein großes Haus. Schon gleich bei dem ersten Diner, zu dem der junge Assistent ... gebeten worden war, lernte ich Helmholtz und den Astronomen Auwers kennen, bei einer bald folgenden großen Tanzgesellschaft, zu der besonders meine Beine geladen waren, auch Frau Helmholtz, bei der der Mensch erst beim ordentlichen Professor anfing (mich würdigte sie keines Blickes, als mich Frau Pringsheim präsentierte). ... Helmholtz erschien bei diesen Bällen meist ziemlich spät, erst so um Mitternacht und blieb selten lange. Sie begannen überhaupt erst in später Stunde. Ich erinnere mich, daß ich einmal erst nach dem Theater hinging und doch noch zum Souper zurecht kam, das übrigens in allen diesen Professorenfamilien sehr einfach war: Fisch, Braten und Eis (‚Fisch, Pute, Pückler') und meist nur ein Wein. Ich habe in diesen Jahren die Töchter aller geistigen Größen Berlins im Tanze geschwenkt. Es war nicht immer ein Vergnügen; denn nicht alle tanzten gut und einige waren ziemlich umfangreich, aber es waren auch sehr feine und graziöse Erscheinungen darunter, einige freilich ganz vom Typus des ‚Professorenjöhre', arrogant und anmaßlich, ohne so gescheit zu sein wie der Papa. ... Natürlich traf man auch die Berliner Botaniker in diesen Abendgesellschaften bei Pringsheims, obwohl nicht gerade alle eine gute Figur machten".*[28]

„Networking" ist also keine Erfindung unserer Zeit, sondern wurde in den Salons des 19. Jahrhunderts regelrecht institutionalisiert.

Nathanael Pringsheim stellte ein Paradebeispiel eines deutschen Professors im neunzehnten Jahrhundert dar. Er war liberal, aber auch patriotisch, einflussreich, herausragender Spezialist mit großer internationaler Reputation, und – in den Worten Cohns – hart arbeitend und mit großem Verständnis für den wissenschaftlichen Nachwuchs, den er nach Kräften förderte:[29]

„Es hat wohl selten einen Mann gegeben, der so anhaltend und ununterbrochen arbeitete, so wenig das Bedürfniss nach Ruhe und Erholung kannte, wie Pringsheim. Bis in seine letzten Tage war sein Geist von den wissenschaftlichen Problemen, mit deren Lösung er sich beschäftigte, so ganz gefangen genommen, dass es ihm unmöglich war, seine Gedanken auf etwas anderes abzulenken, und dass er buchstäblich darüber Essen und Trinken vergass; er hat wochenlang von früh Morgen bis 6 Uhr Abend nichts gegessen, um keine Minute von seiner Arbeitszeit zu verlieren."[30]

„Der schwerste Schlag traf Pringsheim, als ihm am 12. Februar 1893 seine Gattin, mit der er 42 Jahre in glücklicher Ehe gelebt, an den Folgen eines Herzleidens entrissen wurde. Nun war sein Haus verödet, in welchem sie durch so lange Jahre die edelste Geselligkeit gepflegt hatte, in welchem neben den Vertretern der verschiedensten Wissenschaften auch fast alle Botaniker des In- und Auslandes gastfreundliche Aufnahme gefunden batten. Denn von jeher hatte Pringsheim seine liebste Erholung im geselligen Verkehr mit geistig hervorragenden Menschen, insbesondere mit Fachgenossen gefunden, den er durch Heiterkeit und Witz belebte. Wenn auch Jeder von ihm den Eindruck eines Mannes von hohem Geistesadel und ungewöhnlicher Bedeutung empfand, so wusste er doch durch seine Liebenswürdigkeit und Güte selbst jungen Anfängern herzliche Verehrung einzuflössen; solche, wenn er an ihnen Befähigung und ernstes Streben erkannt, zu fördern, gereichte ihm zur grössten Freude."[31]

Pringsheim starb am 6. Oktober 1894 in Berlin an einer Lungenentzündung. Bei der Trauerfeier sprachen ein Prediger, Rudolf Virchow im Namen der Freunde sowie seine beiden Schüler Ferdinand Cohn im Namen der Fachkollegen und Wilhelm Pfeffer im Namen der Deutschen Botanischen Gesellschaft. Sein Grab befindet sich auf dem Jüdischen Friedhof in der Schönhauser Allee in Berlin (**Abb. 2.16.** und **2.17.**).[32]

Pringsheim war ein führender Botaniker seiner Zeit, Zeitgenosse von Charles Darwin und wie dieser ein Wegbereiter der exakten Biologie, die sich im 19. Jahrhundert so rasant entwickelte. Dabei halfen Pringsheim seine Fähigkeit zur klaren Darstellung, präzis gewählte Fragestellungen und eine äußerst sorgfältige Untersuchungsmethodik, wie sein Schüler Schumann 1895 vermerkte:

> *„Keiner aber von allen Botanikern verstand seine Gedanken in einer so klaren und fesselnden Weise darzustellen und noch heute machen die Präcision der Fragestellung, die Straffheit und die Gefälligkeit seiner Diction, die durchsichtige Gliederung der Rede, seine Arbeiten zu wahrhaft künstlerischen Werken. Die Sorgfalt seiner Untersuchungen grenzte an das Unglaubliche; am meisten fürchtete er die Selbsttäuschung und er konnte ein und dasselbe Präparat mehrere Dutzend Male anfertigen und immer von neuem prüfen, ehe er den Thatbestand feststellte und mit der grössten Vorsicht die Deutung vollzog.“*[33]

Abb. 2.16. und 2.17. FAMILIENGRAB. Grabanlage auf dem Jüdischen Friedhof Schönhauser Allee, Berlin, für Nathanael Pringsheim, seine Ehefrau Henriette und ihre Tochter Elisabeth (**Abb. 2.16. (linke Seite)**). Inschrift auf Nathanael Pringsheims Grabstätte (**Abb. 2.17. (oben)**). Nathanael Pringsheims wurde am 30. November 1823 geboren. Fälschlicherweise steht auf seinem Grabstein der 3. November.

2.7 ANDERE GRÜNDERAKTIVITÄTEN

NATHANAEL PRINGSHEIM WAR NICHT NUR ein renommierter Botaniker des 19. Jahrhunderts, bekannt durch seine Entdeckung der Algensexualität. Als engagierter Wissenschaftler war er darüber hinaus sehr daran interessiert, die botanische Forschung in Deutschland zu fördern und zu organisieren. Im Folgenden wird die Rolle von Nathanael Pringsheim als Wissenschaftsorganisator beleuchtet, insbesondere seine Rolle bei der Gründung der *Jahrbücher für Wissenschaftliche Botanik* und der Deutschen Botanischen Gesellschaft. Dabei wird deutlich, wie Pringsheims Engagement und Leidenschaft für Wissenschaft und Forschung, aber auch seine Beharrlichkeit maßgeblich zur Weiterentwicklung der Botanik beitrugen.

2.7.1 JAHRBÜCHER FÜR WISSENSCHAFTLICHE BOTANIK

BEREITS 1857 ALS BERLINER PRIVATDOZENT und noch vor seinem Ruf nach Jena gründete Pringsheim die *Jahrbücher für Wissenschaftliche Botanik*, beflügelt von seiner Arbeit über Algensexualität, die 1855 veröffentlicht worden war und ihn schlagartig berühmt gemacht hatte.[34] Auch hier zeigten sich Pringsheims Engagement und Unbeirrbarkeit. Er war fest davon überzeugt, dass es in Deutschland eine hochwertige botanische Fachzeitschrift geben müsse und setzte sich dafür ein, dass die *Jahrbücher* ins Leben gerufen wurden. Die Zeitschrift etablierte sich schnell als eines der weltweit führenden Fachjournale in der Botanik und blieb es über viele Jahrzehnte hinweg.

Als Herausgeber des Periodikums setzte Pringsheim hohe Standards in Bezug auf wissenschaftliche Qualität und Originalität. Er förderte junge Talente und engagierte sich für eine Vielfalt an botanischen Themen und Forschungsrichtungen. Sein Erbe lebte nach seinem Tod durch seine Schüler und Nachfolger fort, die die Zeitschrift weiterentwickelten und -prägten. Zu seinen Lebzeiten erschienen unter seiner Redaktion 26 Bände. Nachfolger als Herausgeber waren seine Schüler Wilhelm Pfeffer und Eduard Strasburger. Ein Vorläufer der von Pringsheim herausgegebenen Zeitschrift waren die von 1844 bis 1846 erschienen vier Hefte der *Zeitschrift für wissenschaftliche Botanik*, herausgegeben von Matthias Jacob Schleiden und seinem Schüler Carl Wilhelm von Nägeli. Diese Zeitschrift hatte den Anspruch in der Entwicklungsgeschichte der Botanik ein „bewegendes Moment" einzunehmen und eine „wissenschaftlich-induktive" Botanik zu fördern.

DEUTSCHE BOTANISCHE GESELLSCHAFT 2.7.2

DIE GRÜNDUNG DER DEUTSCHEN BOTANISCHEN GESELLSCHAFT – heute Deutsche Botanische Gesellschaft (DBG) e.V. – hat ihre Wurzeln in Berlin. Bereits Mitte des 19. Jahrhunderts war hier eine Reihe eigenständiger naturwissenschaftlicher Vereinigungen ins Leben gerufen worden. Man denke etwa an die Physikalische Gesellschaft (1845) oder an den Botanischen Verein für die Provinz Brandenburg und die angrenzenden Länder (1859). Im Botanischen Verein trafen sich die Liebhaber der Disziplin, so etwa Volksschullehrer oder Apotheker, in einer Zeit, als die Botanik noch als eine Art Volkssport betrieben wurde. Trotz mehrerer Anläufe der „Jungen", den Verein zu professionalisieren, etwa durch Ausdehnung seiner Wirkung auf das gesamte Reich vor allem ab 1871, behielt er doch hartnäckig seine ursprüngliche Prägung bei.[35] Heute firmiert er unter der Bezeichnung Botanischer Verein von Berlin und Brandenburg, gegr. 1859 e.V.

Pringsheim war dem Brandenburger Verein 1869 beigetreten, hatte sich dort aber – von einzelnen Vorträgen abgesehen – eher im Hintergrund gehalten. Im Salon der Pringsheim-Familie verkehrte auch der Chemiker August Wilhelm Hofmann, dessen Initiative die Gründung der Deutschen Chemischen Gesellschaft im Jahre 1867 zu verdanken ist. Das brachte Pringsheim auf die entscheidende Idee: Er wollte den regionalen Verein dazu nutzen, um eine Vereinigung der Botaniker im gesamten deutschsprachigen Raum, ähnlich der Deutschen Chemischen Gesellschaft zu gründen! Mit den von ihm begründeten und herausgegebenen *Jahrbüchern für Wissenschaftliche Botanik* (siehe ABSCHNITT 2.7.1) meinte er, über ausreichend Aufmerksamkeit in allen deutschsprachigen Ländern zu verfügen, um diese Idee zu verbreiten.

1881 unternahm Pringsheim mit Vorstandsmitgliedern des Brandenburger Botanischen Vereins einen erneuten Anlauf zur Professionalisierung des Zusammenschlusses. Der Vorstand legte der Versammlung einen Vorschlag zur Umbenennung in Deutsche Botanische Gesellschaft vor. Doch tauchten bei den konservativ eingestellten Mitgliedern Zweifel an der Integrität des Abstimmungsverfahrens auf, was Pringsheim und andere Progressive dazu bewegte, einen neuen Verein dieses Namens zu gründen. Das neue, außerhalb des Regionalvereins stehende Vorbereitungskomitee ernannte Pringsheim zu seinem Vorsitzenden und berief dreißig Forscher aus dem gesamten deutschen Sprachraum, deren Arbeitsgebiete ein breites fachliches Spektrum abdeckten. Anfang Juni 1882 veröffentlichte das Komitee einen Aufruf „An die deutschen Botaniker" und lud zur Gründungssitzung nach Eisenach ein. Im September 1882 kam man im Hotel zum Mohren am Fuße der Wartburg in Eisenach zusammen, strategisch geschickt platziert unmittelbar vor dem Beginn des dortigen Jahrestreffens der prominenten Versammlung (heute: Gesellschaft) Deutscher Naturforscher und Ärzte. (ABB. 2.18.). Bemerkenswerterweise war dieses Hotel auch Schauplatz eines wichtigen Moments der politischen Geschichte Deutschlands. In ihm hatte 1869 der Gründungskongress der Sozialdemokratischen Arbeiterpartei (SDAP) stattgefunden. Die SDAP fusionierte im Jahr 1875 mit dem Allgemeinen Deutschen Arbeiterverein, der von Nathanael Pringsheims Schulfreund Ferdinand Lassalle gegründet worden war, zur Sozialistischen Arbeiterpartei Deutschlands (SAP). Diese benannte sich schließlich 1890 in SPD um. Das Hotel existiert heute allerdings nicht mehr.

Pringsheim konnte bei der Gründungssitzung der Deutschen Botanischen Gesellschaft verkünden, dass 281 Botaniker dem neuen Verein beizutreten beabsichtigten. Die 36 Anwesenden wählten daraufhin Pringsheim zum Vorsitzenden und – wohl als bekräftigendes Zeichen für das grenzübergreifende Tätigkeitsfeld – den österreichischen Botaniker, Pflanzenanatomen sowie -physiologen Hubert Leitgeb zum Vizepräsidenten. Pringsheim erwies sich demnach als enorm durchsetzungsstark und verhandlungsmächtig. Dieses Geschick nutzte ihm auch an vielen anderen Stellen, so bei der Gründung der Biologischen Forschungsanstalt Helgoland (siehe KAP. 4). Er verfügte über ein enormes Ansehen und war damit über die Verdächtigung erhaben, als Berliner Forscher seine eigenen

bzw. „Berliner Interessen" zu verfolgen. Pringsheim wurde nicht nur erster Präsident der Botanischen Gesellschaft, sondern behielt dieses Amt bis zu seinem Tod. Meist fehlte einfach ein ebenbürtiger Kandidat, der bereit war, die Bürden dieses Amtes auf sich zu nehmen. So überredete man ihn immer wieder erfolgreich, im Amt zu bleiben.

Die Frage, ob der ältere Brandenburger Verein sich der neuen Gesellschaft anschließen sollte, führte zu Konflikten. Der damit verbundene erhöhte Mitgliedsbeitrag und der Verlust der Stimmrechte für nichtprofessionelle Botaniker verursachten Unstimmigkeiten. Robert Caspary, ein renommierter Botaniker aus Königsberg, argumentierte, dass ein nationaler Verein nicht die regional spezifischen Aspekte der Botanik abdecken könne. Eine Abstimmung im Oktober 1882 ergab, dass der

Abb. 2.18. Die Wartburg in Eisenach. Am Fuße der Wartburg wurde 1882 auf Initiative Nathanael Pringsheims die Deutsche Botanische Gesellschaft gegründet.

Verein auf regionaler Basis weitermachen sollte, allerdings hauptsächlich im Bereich der Floristik. Die Möglichkeit einer Zusammenarbeit zwischen professionellen Pflanzenphysiologen und regionalen Botanik-Amateuren ging verloren, und der Regionalverein konzentrierte sich fortan auf die Popularisierung botanischer Kenntnisse.[36]

Ähnlich wie beim Verhältnis zwischen dem Brandenburgischen Regionalverein und der Deutschen Gesellschaft für Botanik, so existierte auch zwischen der Gesellschaft und der Naturforscherversammlung eine gewisse Abhängigkeit. Die Versammlung Deutscher Naturforscher und Ärzte war 1822 auf Initiative des deutschen Naturforschers, Mediziners und Biologen Lorenz Oken gegründet worden. Die Gesellschaft ist die älteste und größte interdisziplinäre Wissenschaftsvereinigung im deutschsprachigen Raum, entwickelte sich schnell zum zentralen Präsentationsforum neuester Ergebnisse aus der naturwissenschaftlichen

Abb. 2.19. Impressionen einer Naturforscher-Versammlung. Die jährlichen Treffen waren ein gesellschaftliches Ereignis für die ganze Familie. Im Bild Teilnehmer der 50. Jahresversammlung 1877 in der damals typischen Kleidung.

und medizinischen Forschung und wurde zum Vorbild für ähnliche Gesellschaften auch in anderen Ländern. Die Versammlung erlangte rasch einen derart positiven Ruf, dass jede Stadt stolz darauf war, sie zu beherbergen. Auch internationale Wissenschaftler wurden angezogen, die entweder persönlich teilnahmen oder zumindest wissenschaftliche Mitteilungen sandten.

Bereits Gründungsort und -datum wiesen auf die angestrebte enge Verbindung zwischen der neu gegründeten Deutschen Botanischen Gesellschaft zur größeren und altehrwürdigen Versammlung Deutscher Naturforscher und Ärzte hin. In den Folgejahren forderten manche der Botaniker wiederholt die Loslösung von den Versammlungen des als „Muttergesellschaft" bezeichneten Großvereins aus sachlichen und psychologischen Gründen. Alle konkreten Trennungsversuche blieben jedoch erfolglos, da die Beibehaltung der Allianz den Botanikern zwei Vorteile bot. Auf den Versammlungen konnten nämlich die nun zumeist akademisch tätigen Botaniker Berühmtheiten sämtlicher naturwissenschaftlicher und medizinischer Fachrichtungen kennenlernen, was sich nicht zuletzt positiv auf Karrierewege und Reputation auswirkte.[37] Zudem nahmen die Botaniker gerne ihre Ehefrauen und Töchter mit (**Abb. 2.19.**), für welche die Treffen der „Muttergesellschaft" samt dem zugehörigen attraktiven Damenprogramm einen gesellschaftlichen Höhepunkt eines jeden Jahres darstellte.

BERICHTE DER DEUTSCHEN BOTANISCHEN GESELLSCHAFT 2.7.3

EINE WICHTIGE FUNKTION bei der Verbreitung botanischer Forschungsergebnisse erhielten die *Berichte der Deutschen Botanischen Gesellschaft* (**Abb. 2.19.**). Die Herausgabe dieser Berichte, die 1883 das erste Mal erschienen, war Pringsheim ein besonderes Anliegen. Sie erschienen regelmäßig über mehr als ein Jahrhundert bis 1987 und wurden danach durch die Zeitschrift *Botanica Acta* abgelöst. Somit konnte Pringsheim zwei botanische Zeitschriften, die *Berichte der Deutschen Botanischen Gesellschaft* und die *Jahrbücher für Wissenschafitliche Botanik*, auch zur

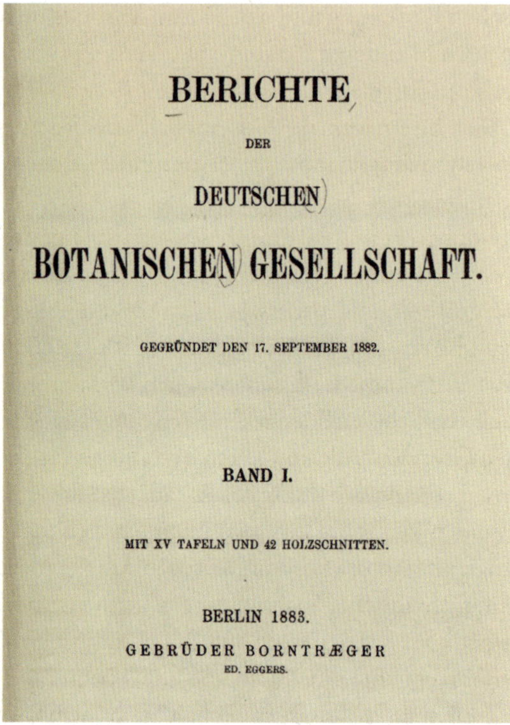

BERICHTE

DER

DEUTSCHEN

BOTANISCHEN GESELLSCHAFT.

GEGRÜNDET DEN 17. SEPTEMBER 1882.

BAND I.

MIT XV TAFELN UND 42 HOLZSCHNITTEN.

BERLIN 1883.

GEBRÜDER BORNTRÆGER

ED. EGGERS.

Veröffentlichung eigener Forschungsergebnisse nutzen. Die überwiegende Mehrzahl der Arbeiten, die in diesen und anderen wissenschaftlichen Zeitschriften und Büchern veröffentlicht wurden, stammte noch bis ins 20. Jahrhundert hauptsächlich von Einzelautoren. Dies stellt heute, im Zeitalter der Forschergruppen, eine Ausnahme dar. Dies gilt auch für die Arbeiten von Nathanael Pringsheim. Das von dem Pringsheim-Schüler Eduard Strasburger begründete „Lehrbuch der Botanik", das als „Viermännerbuch" bekannt ist, war damals eine große Ausnahme.[38]

Abb. 2.20. Berichte der Deutschen Botanischen Gesellschaft. Titelblatt der Erstausgabe der von Nathanael Pringsheim gegründeten und herausgegebenen Zeitschrift.

WEITERE MITGLIEDER DER PRINGSHEIM-FAMILIE 2.8

NATHANAEL PRINGSHEIM WAR MITGLIED einer sich in viele Linien verzweigenden jüdischen Familie aus Schlesien. Alle Pringsheims sind Nachfahren des Schankpächters Chajim Jochem, der um 1700 nach Schlesien kam (Abb. 2.21.). Die ersten Pringsheim-Generationen ließen sich vorwiegend in kleineren Landgemeinden nieder. Die Niederlassung von Juden als Kaufleute und Handwerker in Städten wurde zu dieser Zeit noch durch deutsche Kaufmannsgilden und Handwerkerzünfte erschwert.[39]

Erst in der dritten Generation zogen einige Pringsheims in größere Städte, insbesondere in die schlesische Hauptstadt Breslau. In der vierten Generation, zu der auch Nathanael Pringsheim gehört, fand man erstmals Pringsheims auch in Berlin. In dieser Generation nahmen vor allem als Folge der durch das „Edikt betreffend die bürgerlichen Verhältnisse der Juden in dem Preußischen Staate" vom 11. März 1812 geförderten Assimilation vieler Juden die Austritte aus jüdischen und Übertritte zu christlichen Religionsgemeinschaften zu. Das Edikt war ein wichtiger Schritt hin zur rechtlichen Gleichstellung der Juden in Preußen. Es brachte insbesondere verlässlichere Rahmenbedingungen für den jüdischen Bevölkerungsteil. Das Edikt hatte allerdings nicht nur das Ziel, die Lage der Juden zu verbessern, sondern auch, dass sie sich durch die ermöglichte Emanzipation selbst „bessern" und bestimmte Eigenschaften, die als überholt betrachtet wurden, ablegen sollten.[40]

Nathanael Pringsheim war der erste Wissenschaftler in seiner Familie, aus der später eine Reihe weiterer bekannter Naturwissenschaftler hervorging. In dieser Zeit zeigte sich in der Familie eine zunehmende Neigung zum Universitätsstudium und zu einer wissenschaftlichen Laufbahn. Die Pringsheims bevorzugten die besten Universitäten ihrer Zeit, darunter Berlin, Breslau, Heidelberg, Leipzig und München, und machten häufig auch an diesen renommierten Institutionen Karriere. Viele Pringsheims waren in Schlesien als erfolgreiche Unternehmer im Bergbau, Eisenbahn- und Bankenwesen zu Reichtum gekommen und konnten somit ihren Söhne ein Universitätsstudium ermöglichen.[41] Nathanael Pringsheims Vater Emanuel Pringsheim

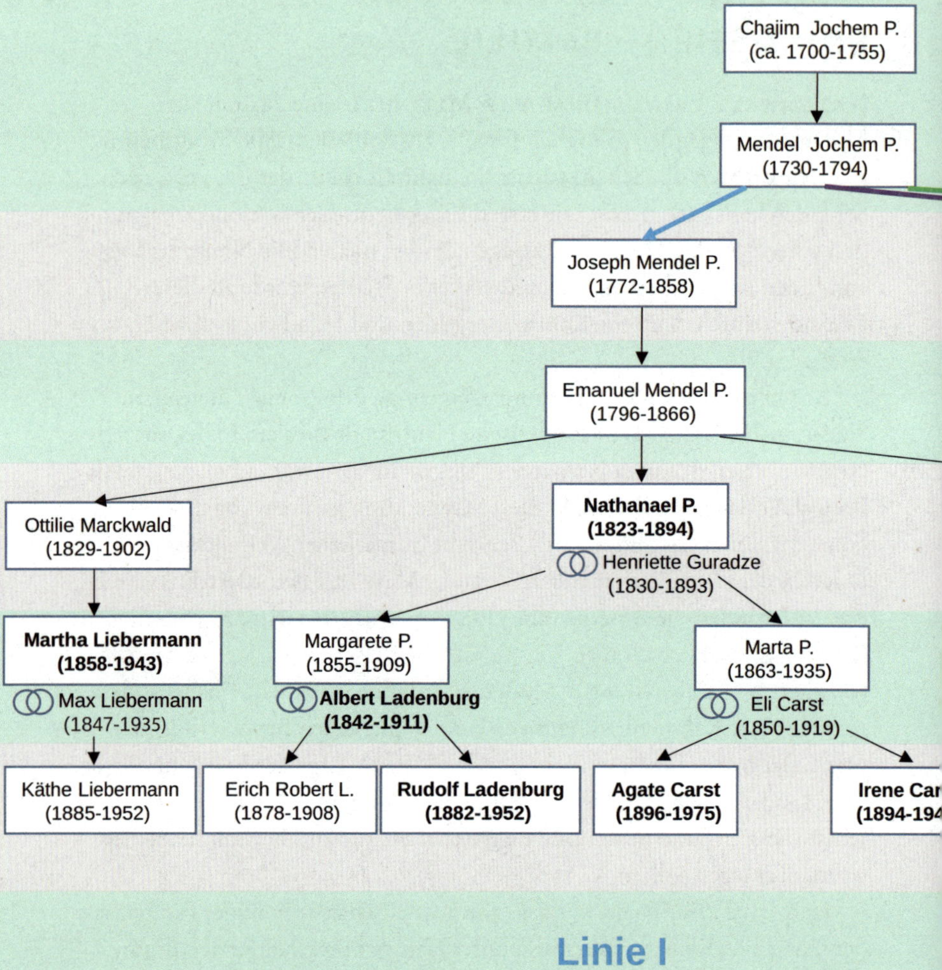

Abb. 2.21. Stammbaum der Pringsheim-Familie. Verkürzter Stammbaum von Nathanael Pringsheim und weiteren ausgewählten Mitgliedern der Pringsheim-Familie. Man kann drei Linien unterscheiden, die Nachfahren von

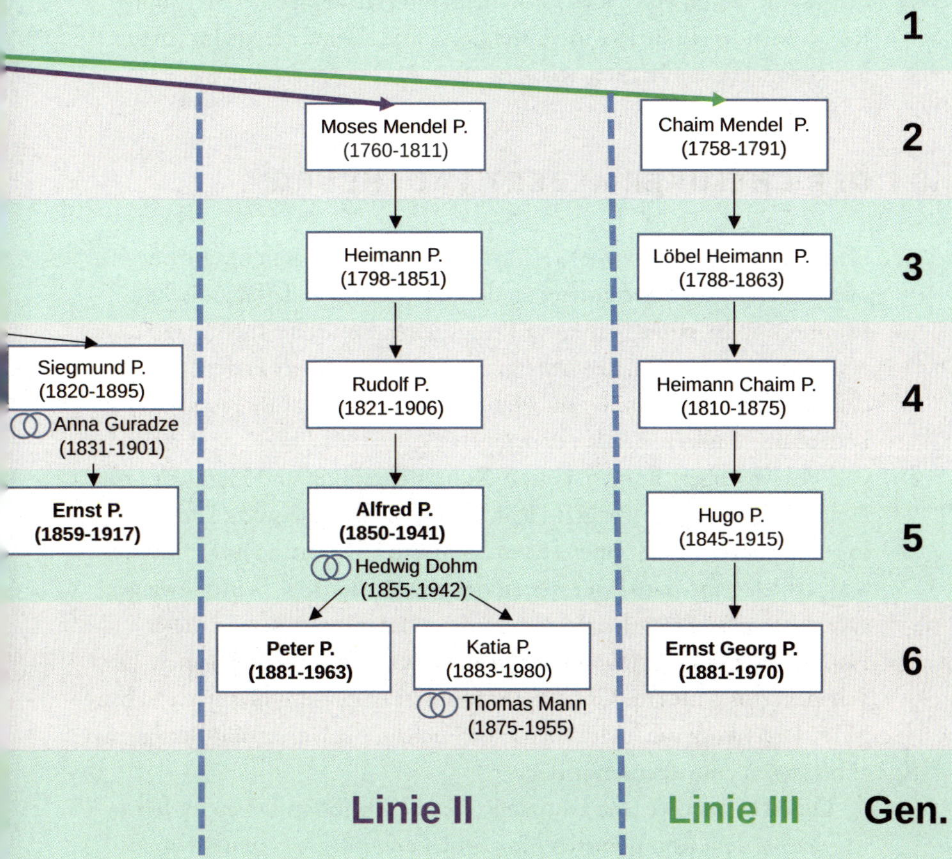

Joseph Mendel Pringsheim (Linie I), Moses Mendel Pringsheim (Linie II) und Chaim Mendel Pringsheim (Linie III). Fett gedruckt sind die Namen derjenigen Familienmitglieder, die in diesem Kapitel genauer vorgestellt werden.

war als Eisenhütten- und Gutsbesitzer erfolgreich und so in der Lage, seinem Sohn ein finanziell sorgenfreies Gelehrtenleben zu ermöglichen.

Ab Mitte des zwanzigsten Jahrhunderts emigrierten viele Pringsheims in Folge der Nazidiktatur in die USA und nach Südamerika.[42] Alle „Pringsheims", die wir im Folgenden vorstellen, sind Nachfahren der drei Söhne Joseph Mendel (Linie I), Moses Mendel (Linie II) und Heymann Chaim ben Mendel (Linie III, **Abb. 2.21.**).

2.8.1 DER CHEMIKER ALBERT LADENBURG[43]

Die verschiedenen Pringsheim-Familienmitglieder pflegten enge Kontakte untereinander und auch zu anderen jüdischen Familien. So heiratete Margarete Pringsheim, die älteste Tochter von Nathanael Pringsheim, den bekannten Chemiker Albert Ladenburg, der einer jüdischen Familie aus Mannheim entstammt (**Abb. 2.22. – 2.23.**). Ladenburg studierte bei den damaligen „Schwergewichten" der Chemie und Physik Robert Bunsen, Gustav Robert Kirchhoff und Hermann von Helmholtz an der Universität Heidelberg. Bunsen begeisterte Ladenburg so stark, dass er später seinen ersten Sohn Erich Robert nannte.[44] Ladenburg erhielt seine erste Professur an der Universität Kiel. Sein Schwiegervater Nathanael Pringsheim war sehr daran interessiert, seine „Kieler Familie" in größerer Nähe zu Berlin zu wissen und versuchte, seinen Schwiegersohn für eine Chemie-Professur in Leipzig ins Gespräch zu bringen.[45] Ladenburg wechselte aber schließlich an die Universität Breslau, wo er bis zu seinem Lebensende blieb.

Die Musik spielte eine zentrale Rolle in Ladenburgs Leben. Er lernte Klavier bei dem Komponisten Max Bruch und pflegte Freundschaften zu Johannes Brahms und Clara Schumann, mit der er gemeinsam Klavier spielte, vor allem Brahms'sche Musik.[46]

Wie sein Schwiegervater Nathanael Pringsheim war auch Ladenburg Pionier einer quantitativ orientierten analytischen Wissenschaft mit ausgeprägtem Hang zu Grundlagenstudien. Er war Herausgeber des ersten *Handwörterbuchs der Chemie* und verfasste die erste Entwicklungsgeschichte der Chemie. Sein Name ist mit dem „Ladenburg-Benzol" verbunden, dessen Struktur er entschlüsselte.[47] Dieser Strukturvorschlag für das Benzol stellte sich allerdings als falsch heraus. Kurze Zeit später entdeckte August Kekulé die Ringstruktur des Benzols.[48] Zudem zeigte Ladenburg, dass sich auch strukturell komplizierte Naturstoffe – zuvor durch Extraktion aus Pflanzen isoliert – chemisch synthetisieren lassen. Die sogenannte „Ladenburg-Synthese" hat grundlegende Bedeutung für die Chemie, ähnlich wie die erste Vollsynthese eines organischen Naturstoffs überhaupt, die Harnstoff-Synthese von Friedrich Wöhler im Jahre 1828.

Abb. 2.22. (links) ALBERT LADENBURG (1842 – 1911). Um 1900.

Abb. 2.23. (rechts) MARGARETE LADENBURG, GEB. PRINGSHEIM (1855 – 1909). „Lesepause" von Max Liebermann (Bildnis Margarete Ladenburg).

Albert Ladenburg war mit Margarete, der ältesten Tochter Nathanael Pringsheims, verheiratet. Im Bild hält sie ein offenes Buch in Händen, was möglicherweise auf ihre Tätigkeit hinweist. Sie arbeitete für ihren Ehemann als Übersetzerin chemischer Werke aus dem Französischen ins Deutsche. Das Gemälde wurde 1911 angefertigt, zwei Jahre nach ihrem Tod. Es ist ein repräsentatives Beispiel für die Geschichte des kunstsinnigen, weltgewandten deutsch-jüdischen Großbürgertums.

2.8.2 DIE PHYSIKER IN DER FAMILIE PRINGSHEIM

Besonders viele der Wissenschaftler in der Pringsheim-Familie wurden Physiker, vielleicht weil diese Disziplin an der Wende vom 19. zum 20. Jahrhundert mit vielen neuen Fragen eine der spannendsten Wissenschaften darstellte. Die bahnbrechenden Entdeckungen Plancks und Einsteins konnten nicht mit der klassischen Newtonschen Physik erklärt werden. Es entstand eine völlig neue physikalische Theorie, die Quantenphysik. Bei ihrer Entstehung waren eine Reihe von Mitgliedern der Pringsheim-Familie maßgeblich beteiligt. Rudolf Ladenburg, ein Enkel von Nathanael Pringsheim, sowie Ernst und Peter Pringsheim aus dem weiteren Verwandtenkreis waren Wegbereiter für die Quantenphysik. Agate Carst, eine Enkelin von Nathanael Pringsheim, war eine der ersten Frauen, die in Deutschland im Fach Physik promovierten. Zu nennen ist an dieser Stelle auch der Physiker Erich Robert Ladenburg, der früh verstorbene ältere Bruder von Rudolf Ladenburg. Er verunglückte kaum 30-jährig bei einem Segelunfall. Erich Robert stand damals am Beginn einer vielversprechenden Karriere als Physiker und war mit seiner Großnichte Käthe Liebermann aus ebenfalls jüdischer Familie verlobt. Sie war die Tochter von Max und Martha Liebermann (siehe ABSCHNITT 2.8.5).

RUDOLF LADENBURG[49]

Der Atomphysiker Rudolf Ladenburg (Abb. 2.24.) war der zweite Sohn von Albert und Margarethe Ladenburg, der ältesten Tochter Nathanael Pringsheims (siehe ABSCHNITT 2.8.1). Rudolfs Pate war Rudolf Virchow, ein Freund der Familien Ladenburg und Pringsheim, nach dem der Täufling auch seinen Namen erhielt. Während des Studiums in München wohnte er im Haus von Alfred Pringsheim (siehe ABSCHNITT 2.8.3). Ladenburg promovierte bei dem ersten Nobelpreisträger für Physik, Wilhelm Conrad Röntgen. Nach dem Ersten Weltkrieg wurde Rudolf Ladenburg auf Einladung des ebenfalls aus einer jüdischen Familie stammenden Fritz Haber 1924 Leiter der Physikalischen Abteilung am Kaiser-Wilhelm-Institut für Physikalische Chemie und Elektrochemie in Berlin.[50]

Ladenburg interessierte sich früh für die Arbeiten von Max Planck und Albert Einstein und etablierte sich als Spezialist für die Messung von Lichtbrechungsphänomenen in unterschiedlichen Medien. Es stellte sich heraus, dass die physikalische Erklärung dieser Phänomene nur auf der Basis der neuen Quantenphysik möglich war. Ladenburg deutete die Lichtstreuung erstmals quantentheoretisch und ebnete damit frühzeitig einen Weg zur Quantenmechanik wie sie später Werner Heisenberg formulierte.[51] Heisenberg hatte seinen Gedankenblitz, der schließlich zur modernen Quantenmechanik führte, auf Helgoland (siehe KAP. 4).[52]

Abb. 2.24. und 2.25. RUDOLF LADENBURG (1882 – 1952) UND ALBERT EINSTEIN (1879 – 1955). Rudolf Ladenburg (links) ist ein Sohn von Albert und Margarete Ladenburg, geb. Pringsheim (Abb. 2.22. – 2.23.).
Die Familien Ladenburg und Einstein waren befreundet. Es gab genügend Gesprächsstoff, denn Rudolf Ladenburg gelang 1928 erstmals der experimentelle Nachweis der induzierten Emission von Strahlung, die Einstein bereits 1907 in seiner Theorie der Wärmestrahlung theoretisch postuliert hatte. Ladenburgs Entdeckung stellte einen entscheidenden Meilenstein für die spätere Entwicklung des Lasers dar (siehe Bertolotti 2005). Anlass für das Foto von Einstein und Ladenburg (rechts) aus dem Jahr 1950 ist die Verabschiedung Rudolf Ladenburgs als Leiter des Palmer Physical Laboratory in Princeton, wo Einstein seit seiner Flucht aus Deutschland am Institute for Advanced Study an der „Weltformel" arbeitete, einer einheitlichen Feldtheorie. Von Ladenburg stammt der Ausspruch: In Berlin gab es zwei Arten von Physikern: auf der einen Seite stand Einstein und auf der anderen alle anderen (nach Rigden 2005, 13).

Auf Einladung Einsteins kam Ladenburg erstmals nach Princeton und folgte dann 1931 einem Ruf an die dortige Universität (Abb. 2.24. und 2.25.). Im „Dritten Reich“ war Ladenburg in den USA Hauptkoordinator für die Stellenvermittlung der aus Deutschland und aus anderen europäischen Ländern emigrierten und geflohenen Physiker.[53] Nach dem Zweiten Weltkrieg koordinierte er dann eine Solidaritätsaktion unter nordamerikanischen Physikern für ihre Kollegen in Deutschland. 1952 hielt Albert Einstein bei der Beerdigung seines Freundes Rudolf die Grabrede, in der er seine Gedanken zu Leben und Tod prägnant zusammenfasste.[54]

ERNST PRINGSHEIM[55]

Der Physiker Ernst Pringsheim ist ein Neffe von Nathanael Pringsheim (Abb. 2.21.). Er studierte Mathematik und Physik in Heidelberg, Breslau und Berlin. Wichtige Lehrer waren Hermann von Helmholtz und Gustav Robert Kirchhoff, die auch Albert Ladenburg, den Ehemann seiner Cousine Margarethe (siehe ABSCHNITT 2.8.1) beeindruckt hatten. Er war Professor in Berlin und Breslau (Abb. 2.26.).

Pringsheims Hauptverdienst war die Verbesserung der experimentellen Techniken zur Messung der Strahlungsemission und -absorption sogenannter Schwarzer Körper. Ein Schwarzer Körper ist ein ideales Objekt in der Physik, das alle Strahlung absorbiert und abhängig von seiner Temperatur wieder abstrahlt. Pringsheims Messungen trugen schließlich zur Formulierung von Max Plancks Strahlungsgesetz im Jahr 1900 bei, das die Geburtsstunde der Quantenphysik markiert. Das neue Gesetz ermöglichte eine vollständige Beschreibung des Strahlungsverhaltens Schwarzer Körper, insbesondere im Bereich kleiner Wellenlängen, bei denen die klassische Physik versagte.

Abb. 2.26. Ernst Pringsheim (Berlin, ca. 1900). Ernst Pringsheim (1859-1917) wurde auch „Sonnenphysiker“ genannt, da er sich intensiv mit der Lichtbrechung der Sonne beschäftigte. Er hielt engen Kontakt zur Familie Nathanael Pringsheims in Berlin.

PETER PRINGSHEIM[56]

Der Physiker Peter Pringsheim war ein Sohn von Alfred und Hedwig Pringsheim (siehe ABSCHNITT 2.8.3). Er studierte Physik und promovierte wie auch Rudolf Ladenburg bei Wilhelm Conrad Röntgen in München. Nach dem Ersten Weltkrieg wurde er Professor für Physik an

Abb. 2.27. Peter Pringsheim und Thomas Mann. Peter Pringsheim (1881-1963) ist ein Bruder von Katia Mann, geb. Pringsheim, der Ehefrau von Thomas Mann. Dieser unterstützte Peter Pringsheim im Zweiten Weltkrieg bei seiner Emigration in die Vereinigten Staaten. Im Bild: Thomas Mann (links) und sein Schwager Peter Pringsheim in Talaren schütteln sich anlässlich der Verleihung der Ehrendoktorwürde der University of California 1941 an Thomas Mann die Hand, Katia Mann stehend dahinter.

der Universität Berlin. Er war das einzige Kind unter den fünf Geschwistern, das wie der Vater eine naturwissenschaftliche Karriere einschlug (**Abb. 2.27.**). Zwar war auch Peters Schwester Katia den Naturwissenschaften zugetan. Sie legte 1901 als erste Frau in München das Abitur ab, hörte mathematische Vorlesungen ihres Vaters und nahm, wie auch Rudolf Ladenburg, an physikalischen Veranstaltungen von Wilhelm Conrad Röntgen an der Universität München teil. Erst zum Wintersemester 1903/1904 wurden Frauen in München zum Universitätsstudium zugelassen. Katia Pringsheim war seinerzeit also nur Gasthörer.[57] Sie setzte ihre naturwissenschaftliche Ausbildung allerdings nach der Hochzeit mit dem Schriftsteller und späteren Literaturnobelpreisträger Thomas Mann im Jahr 1903 nicht fort.

Obwohl evangelisch getauft, wurde Peter Pringsheim nach der Machtergreifung 1933 wie viele andere Mitglieder seiner Familie aufgrund seiner jüdischen Abstammung von den Nationalsozialisten verfolgt. Er ging zunächst nach Belgien. Nach dem dortigen Einmarsch der deutschen Truppen wurde er 1940 von den Besatzungstruppen in ein französisches Konzentrationslager verschleppt. Pringsheims Schwager Thomas Mann erreichte dessen Entlassung und half bei seiner Emigration und Anstellung an einer amerikanischen Universität. Eine Hälfte seines Gehalts wurde von Thomas Mann bezahlt (**Abb. 2.27.**). Pringsheim kehrte 1954 nach Belgien zurück und starb in Antwerpen.

Peter Pringsheim gilt als einer der Wegbereiter der Lumineszenzforschung. Lumineszenz beschreibt das Leuchten von Materialien infolge energetischer Anregung, ohne dass Wärme abgestrahlt wird. Pringsheim gehörte zu den Ersten, die die Fluoreszenz organischer Moleküle untersuchten. Bei der Fluoreszenz handelt es sich um eine spezielle Form der Lumineszenz, die direkt nach der Anregung einsetzt und nur von kurzer Dauer ist.

Abb. 2.28. (rechts oben) Die Physikerin Agate Carst. Agate Carst (1896 – 1975) ist eine Enkelin von Nathanael Pringsheim. Sie arbeitete zeitweilig mit ihrem Cousin Rudolf Ladenburg zusammen (siehe **ABSCHNITT 2.8.2**).

Abb. 2.29. (rechts unten) Agate Carst mit Familie. Eli und Marta Carst mit ihren Töchtern Elisabeth (links), Irene (rechts, siehe **ABSCHNITT 2.8.5**) und Agate (Schoß) im Jahr 1897. Marta Carst ist die jüngste Tochter Nathanael Pringsheims.

AGATE CARST[58]

DIE PHYSIKERIN AGATE CARST ist die Tochter von Nathanaels jüngster Tochter Marta, die mit dem Gutsbesitzer Eli Carst verheiratet war (Abb. 2.28.). Eli Carst trug ursprünglich den in der jüdischen Bevölkerung sehr verbreiteten Namen Cohn, ließ sich aber bei der Hochzeit umbenennen, wohl um nicht mehr direkt als Jude erkannt zu werden. Das Ehepaar hatte vier Töchter und einen Sohn (Abb. 2.29.). Bemerkenswerterweise promovierten drei der vier Töchter, Agate, Irene (siehe ABSCHNITT 2.8.5) und Margot.

Agate studierte Physik an der Universität München und promovierte auch dort. Als ihr Cousin Rudolf Ladenburg (siehe ABSCHNITT 2.8.2) Abteilungsleiter am Kaiser-Wilhelm-Institut für Physikalische Chemie und Elektrochemie in Berlin war, lud er seine Cousine Agate ein, bei ihm zu arbeiten. Die gemeinsame Arbeit von Agate Carst und Rudolf Ladenburg trug zu einem besseren Verständnis der Wasserstoffphysik bei. Agate und Rudolf kannten sich bereits seit frühester Kindheit, als sie viele gemeinsame Ferien auf dem Gut von Agates Eltern in Schlesien verbrachten.

Nach der nationalsozialistischen Machtübernahme wurde Agate zur Emigration geraten. Ihr Cousin Rudolf Ladenburg hatte Berlin bereits 1931 verlassen und war mit seiner Familie nach Princeton gezogen. Agate erhielt zwar ein Empfehlungsschreiben für Princeton, arbeitete aber nach der Emigration zunächst in einem Schlangenforschungsinstitut im brasilianischen São Paulo. Hier lernte sie ihren späteren Ehemann Gerhard Hinrichsen kennen, so dass sie in Brasilien blieb.

2.8.3 DER MATHEMATIKER ALFRED PRINGSHEIM[59]

Der bekannteste Vertreter der Pringsheim-Familie ist wohl der Mathematiker Alfred Pringsheim, der Vater von Katia, Ehefrau von Thomas Mann (**Abb. 2.30. – 2.32.**). Alfred Pringsheims Urgroßvater ist ein Bruder von Nathanael Pringsheims Großvater (**Abb. 2.21**). Alfred Pringsheim studierte Mathematik und Physik in Berlin und Heidelberg und promovierte 1872 in Heidelberg. Danach ging er an die Universität München, wo er wegen seiner jüdischen Herkunft erst spät zum Professor der Mathematik ernannt wurde.[60]

Der Musik kam im Leben der Familie von Alfred Pringsheim eine herausgehobene Rolle zu. Das Ehepaar Pringsheim war eng mit den Komponisten Gustav Mahler und Richard Strauss sowie mit dem Pianisten und Dirigenten Bruno Walter befreundet. Eine besondere Rolle spielte für Alfred Pringsheim Richard Wagner, mit dessen Werken er sich seit frühester Jugend intensiv beschäftigte.[61] Schon als Jugendlicher zählte er zu Wagners engeren Vertrauten und förderte – noch Student – die ersten Bayreuther Festspiele 1876 durch den Erwerb von sog. Patronatsscheinen (Anteilsscheinen). Gleichzeitig kritisierte er Richard Wagners ausgeprägten Antisemitismus.[62]

Die Familie von Alfred Pringsheim lebte in einer großbürgerlichen Villa in München, die Treffpunkt der „Münchener Gesellschaft" war, und in der sich auch Alfreds berühmte Sammlung italienischer Majoliken[63] befand. Nach der Machtübernahme der Nationalsozialisten im Jahr 1933 zögerte er im Unterschied zu den meisten seiner Familienmitglieder mit der Emigration. Er konnte nicht glauben, dass er als deutscher Patriot nun Ziel nationalsozialistischer Demütigung war. Im Jahr 1939 gelang ihm und seiner Frau quasi im letzten Moment die Ausreise nach Zürich. Mit dem Resterlös der von den Nationalsozialisten veranlassten Zwangsversteigerung seiner Majolika-Sammlung konnte er seinen Lebensabend in Zürich bestreiten. Er hatte sein Münchner Haus bereits 1933 zwangsweise an die NSDAP verkaufen müssen. Es wurde abgerissen, um Platz für einen Verwaltungsbau der NSDAP zu schaffen. Interessanterweise wurde das „Münchner Abkommen von 1938" an der Stelle des Neubaus unterzeichnet, wo sich zuvor das Pringsheimsche Musikzimmer befunden hatte.[64] Dieses Abkommen, von Großbritannien, Frankreich, Deutschland und Italien unterzeichnet, erlaubte Nazi-Deutschland die Annexion des Sudetenlandes in der Tschechoslowakei, in der vergeblichen Hoffnung, einen weiteren europäischen Krieg zu verhindern.

Alfred Pringsheim konzentrierte sich in seiner mathematischen Arbeit hauptsächlich auf die Funktionentheorie, ein Gebiet, das sich mit Funktionen komplexer Zahlen befasst.[65] Viele seiner Erkenntnisse sind heute feste Bestandteile dieser mathematischen Disziplin. Des Weiteren vertiefte er sich in die Theorie der Kettenbrüche. Diese beschreiben Zahlen als eine Aneinanderreihung von Brüchen, wobei jeder Bruch selbst wieder Bruchzahlen enthält. Mit Hilfe von Kettenbrüchen können rationale und irrationale Zahlen besonders gut charakterisiert werden.

Abb. 2.30. (links) ALFRED PRINGSHEIM (1850 – 1941). Vater von Katia und Schwiegervater von Thomas Mann, um 1890.

Abb. 2.31. (Mitte) KATIA PRINGSHEIM (1883 – 1980). Um 1900.

Abb. 2.32. (rechts) THOMAS MANN (1875 – 1955). Um 1900.

2.8.4 DER BIOLOGE ERNST GEORG PRINGSHEIM[66]

Ernst Georg Pringsheims Ururgroßvater war ein Bruder von Nathanael Pringsheims Großvater (Abb. 2.21.). Ernst Georg Pringsheim wurde wie Nathanael Botaniker und Algenspezialist. Damit ist er derjenige Vertreter der weitverzweigten Familie, den man aus gutem Grunde als wissenschaftlichen Nachfolger von Nathanael Pringsheim bezeichnen kann.

Ernst Georg wurde in Breslau geboren. Er studierte zunächst an der Universität München. Hier traf er bei Röntgens Physikvorlesung auf Katia Pringsheim, Tochter von Alfred Pringsheim (siehe ABSCHNITT 2.8.3), eine entfernt verwandte Cousine, mit der er sich anfreundete. Er machte ihr sogar im Jahr 1903 einen Heiratsantrag, der jedoch abgewiesen wurde. In Breslau begegnete er seinem entfernten Verwandten Ernst Pringsheim, dem „Sonnenphysiker" (siehe ABSCHNITT 2.8.2). Er studierte in Leipzig Botanik, Zoologie und Chemie und promovierte in Leipzig in Botanik bei Wilhelm Pfeffer, einem Schüler von Nathanael Pringsheim. Nach weiteren Stationen in Breslau, Halle, Greifswald und Berlin wurde er 1923 ordentlicher Professor für Anatomie und Physiologie der Pflanzen an der Deutschen Universität Prag. Im Jahre 1932 erhielt er einen Ruf auf einen Lehrstuhl für Botanik an der Goethe-Universität in Frankfurt/Main. Nach der Machtergreifung kam es wegen seiner jüdischen Herkunft allerdings nicht mehr zu seiner

Abb. 2.33. Ernst Georg Pringsheim (1881 – 1970). Ernst Georg Pringsheim war wie Nathanael Pringsheim Algenexperte. Er vervollkommnete die Algenkultur und baute Algenbanken auf, also Sammlungen von Algenkulturen.

Bestallung und er blieb deshalb in Prag. Noch bevor die Deutschen 1938 in Prag einmarschierten, wurde er aber entlassen.

Pringsheim emigrierte im Folgejahr nach Cambridge. Nach dem Krieg kehrte er nach Deutschland zurück. An der Universität Göttingen baute er – nun bereits im Rentenalter – eine Abteilung für experimentelle Algenforschung und eine Sammlung von Algenkulturen auf, die er bis kurz vor seinem Tode leitete.

Während Nathanael Pringsheim seine bevorzugten Forschungsobjekte, die Algen, noch aus der Natur entnahm, verdanken wir es Ernst Georg Pringsheims unermüdlichen Bemühungen, dass viele Algen heute auch „in Kultur" zur Verfügung stehen, was besser kontrollier- und reproduzierbare Versuche ermöglicht.

Ernst Georg Pringsheim machte sich die Erforschung von Algen und Bakterien zur Lebensaufgabe. Er entwickelte Methoden zur Isolierung, Bestimmung und Kultivierung von Mikroalgen, die sich auf bewährte bakteriologische und serologische Praktiken der Medizin wie auf originelle biochemische und ökologische Ideen stützten. Wegweisend war die Einführung einer natürlichen stehenden Gewässern nachempfundenen „Erde-Wasser-Technik". Die von Pringsheim und seinen Schülern aufgebauten Algenkulturen bildeten die Voraussetzung für bahnbrechende Arbeiten zur Ökologie, Physiologie, Genetik, Evolution, Morphologie und Systematik dieser Mikroorganismen. Die Pringsheim-Schule spielte eine Pionierrolle bei der Neuausrichtung der Algenforschung, indem sie den Fokus von der Reproduktionsbiologie auf ein ökophysiologisches Verständnis der verschiedenen Lebensweisen dieser Organismen lenkte.

OPFER DES NAZIREGIMES 2.8.5

Zwei nahe Verwandte von Nathanael Pringsheim, seine Nichte Martha Liebermann und seine Enkelin Irene Carst, wurden Opfer des Naziterrors.

— **Mikroalgen** Mikroskopisch kleine Algenarten. Sie sind oft einzellig.

DIE NICHTE MARTHA LIEBERMANN

MARTHA LIEBERMANN, geb. Marckwald, war eine Tochter von Ottilie Pringsheim, einer Schwester von Nathanael Pringsheim. Sie heiratete den bekannten – ebenfalls aus einer jüdischen Familie stammenden – Maler Max Liebermann (**Abb. 2.35.** und **2.36.**). Die Familie bewohnte eine Villa am Berliner Wannsee, in der sich heute ein Liebermann-Museum befindet. In direkter Nachbarschaft fand 1941 die Wannseekonferenz statt, die die „Endlösung der Judenfrage" beschloss. Nach dem Tod ihres Gatten 1935 verlor Martha Liebermann ihr Haus an die Nationalsozialisten.[67] Sie versuchte ab 1941 Deutschland zu verlassen. Dies scheiterte immer wieder an den finanziellen Forderungen der nationalsozialistischen Machthaber. 1943, am Tage vor ihrer geplanten Deportation in das KZ Theresienstadt, beging sie Suizid (**Abb. 2.37**).

Erich Ladenburg, der älteste Sohn von Albert Ladenburg (s. o.), war mit Käthe Liebermann, der einzigen Tochter von Max und Martha Liebermann, verlobt (**Abb. 2.34.**).[68] Erich und Käthe sind Großcousins (**Abb. 2.21.**). Mehrere Pringsheim-Familienmitglieder waren ab ca. 1850

Abb. 2.34. – 2.36. FAMILIE LIEBERMANN.

Abb. 2.34. (links) Die einzige Tochter Käthe Liebermann (1885 – 1952), 1916 gemalt von ihrem Vater Max Liebermann.

Abb. 2.35.(Mitte) – 2.36. (rechts): Die Eltern Martha (1857 – 1943) und Max Liebermann (1847 – 1935), 1896 gemalt von Anders Zorn. Martha Liebermann ist eine Nichte von Nathanael Pringsheim.

von Schlesien nach Berlin gezogen, so dass das Kennenlernen von Erich und Käthe sehr gut zu erklären ist.[69] Max Liebermann malte Porträtbilder verschiedener Familienmitglieder, so von Nathanael Pringsheim[70] und von Erichs und Rudolfs Mutter Margarethe Ladenburg, der ältesten Tochter Nathanael Pringsheims (**Abb. 2.23.**).

Abb. 2.37. Stolperstein in Erinnerung an Martha Liebermann (1858-1943). Der Stolperstein in Berlin (Pariser Platz 7) erinnert an Martha Liebermann, die hier mit ihrer Familie lebte und am Vorabend ihrer geplanten Deportation Selbstmord beging.

DIE ENKELIN IRENE CARST [71]

Irene Carst war eine Enkelin von Nathanael Pringsheim. Zugleich war sie Tochter von Marta, geb. Pringsheim, und Eli Carst (Abb. 2.21). Irene wurde in Berlin geboren (Abb. 2.38.). Dort machte sie ihr Abitur und studierte später Kunstgeschichte und Philosophie an den Universitäten in Berlin und Oxford. Während des Ersten Weltkrieges war sie in Berlin im Lazarettdienst tätig. Im Jahr 1917 legte sie ein Krankenschwesterexamen ab. Nach dem Krieg arbeitete sie in Privatfrauenkliniken und auf der Säuglingsstation des Städtischen Waisenhauses in Berlin.

Im Jahr 1920 begann sie in Berlin ein Studium der Volkswirtschaftslehre. Eventuell wurde sie durch ihre drei Schwestern, von denen zwei promovierten, zum Studium animiert. Noch im selben Jahr wechselte sie nach München, wo sie ein Studium der Staatswissenschaften aufnahm. 1923 promovierte sie dort mit einer Arbeit über „Die Krankenpflege und ihre Erscheinungsformen in geschichtlicher Entwicklung". Über ihr Leben ist ansonsten leider nur wenig bekannt. Zuletzt arbeitete sie wohl als Diätassistentin.

Erst gegen Ende ihres Lebens finden sich erneut Hinweise auf Irene Carst, insbesondere nachdem sie von den Nationalsozialisten als Fluchthelferin verdächtigt und ihre Aktivitäten entsprechend dokumentiert wurden. Irene Carst zeigte großes soziales Engagement und unterstützte jüdische Kinder bei ihrer Emigration, indem sie sie auf ihrer Reise nach London begleitete. Für die Nazis galt dies als Fluchthilfe. 1938 wurde von der Gestapo ein Haftbefehl gegen sie ausgestellt (Abb. 2.39.). Bei ihrer Rückkehr von London nach Berlin wurde Irene Carst am Flughafen verhaftet und zu einer Sammelstelle im Jüdischen Krankenhaus Berlin gebracht.

Abb. 2.38. (oben) Irene Carst (1884 – 1942). Irene Carst, eine Enkelin Nathanael Pringsheims, wurde von den Nazis deportiert und ermordet.

Abb. 2.39. (links) Haftbefehl für Irene Carst.

Geheime Staatspolizei
Staatspolizeistelle Erfurt

Erfurt, den 27. April 1938.

B.- Nr. II B 3 - 2674/38

(Bei allen Eingaben ist die Tagebuchnummer anzugeben.)

An den
Herrn L a n d r a t
in W o r b i s .

Betr.: Festnahme der jüdischen Emigrantin Irene C a r s t , Diätassistentin, geb. 26.5.94 in Berlin, wohnhaft in London.

Vorg.: "FS" Stapo Wesermünde vom 12.4.1938.

Die am 11.4.38 hier eingereiste C a r s t ist der Auflage, das Reichsgebiet am 15.4.38 zu verlassen, nicht nachgekommen. Als Reiseziel hatte sie Berlin-Wilmersdorf, Pragerplatz Nr. 4 bei F e y e r a b e n d , angegeben. Nach Mitteilung der Stapoleitstelle Berlin war die C. dort nicht aufhältlich.

Ich ersuche, die C. bei Antreffen festzunehmen und Nachricht hierher zu geben.

Abdrucke für die Ortspolizeibehörden liegen bei.

gez. B l o m b e r g .

Beglaubigt:
Schröpfer,
Polizeiangestellte.

228

Tran

Lfd. Nr.	Name	Vorname	geb. am	Ort
41	H u l d s c h i n ski	Artur ~~Israel~~	17.3.70	
42	S k a l a w s k i	Anneliese ~~Sara~~	15.2.17	Gnesen
43	M o s e s	Friedrich ~~Israel~~	25.6.89	Breslau
44	Fürst geb.Sulke	Gerda ~~Sara~~	12. 5.05	Berlin
45	P r e u s s	Bernhard ~~Israel~~	24.1.79	Strelitz
46	Preuss geb. Löwenstein	Flora ~~Sara~~	2.1.93	Tietz
47	Lewin geb. Neumann	Ilse ~~Sara~~	8.7.14	Berlin
48	F u ks	Thekla ~~Sara~~		
49	Mendelsohn	Arthur ~~Israel~~	18.8.91	Berlin
50	C a r s t	Irene ~~Sara~~	26.5.94	Berlin
51	~~I s r a e l~~	~~Julius Israel~~	~~13.6.99~~	~~Berlin~~
52	Lazarus geb.Löwenthal	Jenny ~~Sara~~	27.4.74	Tressenseh
53	Schidorsky	Paula		
54	B o c k	Johanna ~~Sara~~	17.1.73	Berlin
55	B o h r m a n n	Josef ~~Israel~~	6.6.76	Speyer
56	Bohrmann geb.Goldschmidt	Sabine ~~Sara~~	26.12.83	Altenhasslau
57	S a m t e r	Klara ~~Sara~~	6. 4.72	Meserit
58	Wagner geb.Wasservogel	Else ~~Sara~~	22. 3.74	Köslin
59	B a s c h	Max ~~Israel~~	12.10.67	Meseritz
60	Basch geb.Nasielski	Rosa ~~Sara~~	28. 3.80	Shelno/Posen

291

3

rtliste

291

ledig	verh.	Alter	arbeitsfähig	Wohnung Ort Straße	Kennkarten-Nr.	Kennzeichen-Nr.	Bemerkungen
ja		72	ja			5810	
ja		25	ja			5811	
ja		53	ja	N 54, Schwedterstr. 21		5812	
ja		37	ja			5813	
ja		63	ja	NO , Gr.Frankfurter 52		5814	
	ja	49	ja	" "		5815	
ja		28	ja			5816	
						5817	
ja		51	ja	Bln.Wilmdf.Pariser 50		5818	
ja		48	ja			5819	
ja		43	ja			5820	
	ja	68	ja	N 4 , August 14/16		9212	
				Charlbg.,Wilmersdf.8	A.326460	10034	
	ja	65	ja	NO 18, Barnimstr. 12	A.208012	10053	
	ja	66	ja	W 62, Kurfürsten 99	A.01035	10058	
	.ja	59	ja	" " "	A.010802	10059	
ja		70	ja	NO 55, Jablonskystr.2	A.178165	10089	
	ja	68	ja	" "	A.182988	10090	
	ja	75	ja	Weissensee,Lindenallee	A.187150	10117	
	ja	62	ja	" " 55	A.187151	10118	

Am 2. April 1942 wurde sie nach Trawniki / Generalgouvernment (heute Polen) deportiert (Abb. 2.40.). Seit 1941 gab es dort ein von der SS betriebenes Ausbildungs- und Arbeitslager. Wie Irenes Leben genau endete, ist noch immer unklar. Sicher ist, dass ihr Name auf der Liste für den 12. / 13. Transport vom 2. April 1942 nach Trawniki genannt und sie seitdem verschollen ist. Es gilt ebenfalls als gesichert, dass der Deportationszug, der Berlin am 2. April 1942 verließ, in das Warschauer Ghetto umgeleitet wurde.[72] Nach ihrer Ankunft in Warschau am 5. April 1942 wurden die Betroffenen nicht sofort in das Ghetto gebracht, sondern außerhalb des Ghettos in „Quarantäne gehalten". Leider ist nichts darüber bekannt, was danach mit Irene Carst und den anderen Zuginsassen passierte. 1948 hatte ihr Cousin Rudolf Ladenburg beim International Tracing Service, Berlin Office, eine Anfrage nach ihrem Verbleib gerichtet, die an die Jüdische Gemeinde zu Berlin weitergeleitet wurde. Diese antwortete: „Unseren Ermittlungen zufolge ist die Obengenannte (Irene Carst) mit dem Transport am 2.4.1942 deportiert worden." Seine Enkelin Irene ist Nathanaels nächste Verwandte, die dem nationalsozialistischen Terror zum Opfer gefallen ist.

Viele der in diesem Kapitel beschriebenen Mitglieder der Pringsheim-Familie kamen 1897 anlässlich der feierlichen Eröffnung des Nordseemuseums in Helgoland zusammen.[73] Der Fokus des Museums richtete sich auf die Tier- und Pflanzenwelt sowie die Geologie der Insel. Die Gründung des Museums wurde durch eine großzügige Spende von Marta und Margarete ermöglicht, den beiden Töchtern Nathanael Pringsheims. Es war eine feierliche Veranstaltung drei Jahre nach Nathanael Pringsheims Tod, die eine wunderbare Gelegenheit bot, viele Familienmitglieder zusammenzubringen und das Andenken an Nathanael Pringsheim zu ehren (siehe ABSCHNITT 4.3). Zu diesem Zeitpunkt waren die Schatten des 20. Jahrhunderts noch nicht erkennbar.

Abb. 2.40. (vorangegangene Doppelseite) AUSZUG AUS DER TRANSPORTLISTE DES DEPORTATIONZUGES NACH TRAWNIKI. Laufende Nr. 50: Irene Carst. Am 2. April 1942 verließ ein Deportationszug Berlin in Richtung Warschauer Ghetto. Die Transportliste der Berliner Gestapo verzeichnet 659 Namen. Männlichen Namen wurde der Zusatz „Israel" angehängt, weiblichen Namen der Zusatz „Sara".

ANMERKUNGEN

1 „Sein Name ist untrennbar mit dem modernen Fortschritt der Wissenschaft verbunden, und es gibt viele, die ihr erstes Interesse an wissenschaftlicher Botanik nicht zuletzt der Faszination von Pringsheims Entdeckungen verdanken." Scott 1895, 399.

2 Quellen in diesem Kapitel sind Cohn 1895, Höxtermann 2001, Schumann 1895 und Scott 1895.

3 Die Grabstätte seiner Eltern Emanuel Mendel Pringsheim und Eva Kempner befindet sich auf dem jüdischen Friedhof in Wrocław (Hinweis von Monika von Koss, einer Ururenkelin Nathanael Pringsheims).

4 Schleiden 1842.

5 Tatsächlich erschien das Buch 1842 (Schleiden 1842).

6 Cohn 1895, 11.

7 Auch „Schiek" wie auf dem in Abb. 2.6. dargestellen Mikroskop eingraviert, er änderte den Namen später in „Schieck".

8 Ab ca. 1840 waren sogenannte Verbundmikroskope mit verbesserten optischen Eigenschaften verfügbar. Diese ermöglichten erst die neuen spektakulären Entdeckungen zur Zelllehre und auch Nathanael Pringsheims bahnbrechende Arbeiten zur Algenentwicklung und -sexualität. Die teuersten Schieckschen Mikroskope kosteten 200 Reichstaler, in etwa das Jahresgehalt eines außerordentlichen Professors in Berlin.

9 Pringsheim 1848.

10 Cohn 1895, 13.

11 Ebd.

12 Braun 2017, 316.

13 Cohn 1895, 14 – 15.

14 Brief von Nathanael Pringsheim an Henriette Guradze vom 21. Dezember 1848, zit. n. Cohn 1895, 15.

15 Brief von Nathanael Pringsheim an Henriette Guradze vom 18. Juni 1848, zit. n. Cohn 1895, 13 – 14.

16 Brief von Ferdinand Cohn an Nathanael Pringsheim vom 16. Februar 1852, zit. n. Cohn 1901, 96.

17 Cohn 1895, 15. Bei den genannten Töchtern handelt es sich um Margarete (älteste), Elisabeth und Marta (jüngste).

18 Siehe dazu die Vorlesungsankündigung im Dokumentenanhang S. 203.

19 Schumann 1895, 43.

20 Brief von Nathanael Pringsheim an seine Frau vom 31. Juli 1855, zit. n. Cohn 1895, 19 – 20.

21 Siehe dazu das Foto **Abb. 6.2.** im Dokumentenanhang S. 204.

22 Jahn 1988.

23 Siehe dazu den Brief von Nathanael Pringsheim an das Preußische Kultusministerium vom 9. März 1863 im Dokumentenanhang ab S. 204.

24 Siehe dazu die Postkarte von Nathanael Pringsheim an Ernst Haeckel im Dokumentenanhang ab S. 216.

25 Siehe dazu den Brief von Nathanael Pringsheim an Ernst Haeckel vom 8. Januar 1881 im Dokumentenanhang ab S. 216.

26 Heute bereits in der 38. Auflage. Strasburger et al. 1894.

27 Wunschmann 1907, 121.

28 Tschirch 1921.

29 Mollenhauer 1995.

30 Cohn 1895, 26.

31 Ebd., 32.

32 Im Familiengrab sind auch Nathanael Pringsheims Ehefrau Henriette und seine früh verstorbene Tochter Elisabeth bestattet.

33 Schumann 1895, 44.

34 Pringsheim 1855.

35 Höxtermann 2010, 21 – 22.

36 Ebd., 27 – 29.

37 Tschirch 1921.

38 Strasburger et al. 1894.

39 Herzig 2010.

40 Volkov 2022.

41 Engel 2005.

42 Ebd.

43 Quellen für diesen Abschnitt sind u. a. Ladenburg 1912.

44 Ladenburg 1912.

45 Siehe den Brief an August Schenk vom 12. Dezember 1884 im Dokumentenanhang ab S. 224.

46 Ebd.

47 Ladenburg 1886.

48 Kekulé 1872.

49 Quellen für diesen Abschnitt: privat und Rechenberg 1982.

50 Steinhauser et al. 2011, 42, 48.

51 Taltavull 2020.

52 Heisenberg 1969.

53 Physics and National Socialism 1996, XXXVI.

54 Einstein 2005.

55 Quellen für diesen Abschnitt: Rechenberg 2001, Pringsheim, E. G. 1970.

56 Quellen für diesen Abschnitt sind u. a. Lamla 1961 und Hanle 1964.

57 Pringsheim, Hedwig 2014.

58 Die Informationen in diesem Abschnitt stammen von Monika von Koss, São Paulo, einer Ururenkelin von Nathanael Pringsheim.

59 Quellen für diesen Abschnitt sind Hannabuss 2021 und Perron 1953.

60 Persönliche Kommunikation mit Cristina Herbst, der Herausgeberin der Hedwig Pringsheim Tagebücher.

61 Kruft 1994.

62 Persönliche Kommunikation mit Cristina Herbst.

63 Farbig bemalte zinnglasierte italienische Keramik des 15. und 16. Jahrhunderts.

64 Hannabuss 2021.

65 Ebd.

66 Dieser Abschnitt beruht auf Informationen aus Mollenhauer 2003 und 2004 sowie Pringsheim 1970.

67 Sandig 2019.

68 Ladenburg 1912.

69 Ernst 2005.

70 Siehe Seite 3 in diesem Buch.

71 Die Informationen in diesem Abschnitt stammen von Monika von Koss, São Paulo. Monika von Koss' Großmutter Elisabeth ist eine Schwester von Irene Carst.

72 Im Zug waren auch acht Insassen des „Dauerheims für jüdische Schwachsinnige" in Berlin-Weißensee. Ihre Deportation fand im Kontext der „T4-Aktionen" statt. „T4" ist die Abkürzung für die Adresse Tiergartenstraße 4, der damaligen Zentraldienststelle T4 in Berlin.

73 Werner 1993.

3 WISSENSCHAFTLICHES WERK:

URFORMEN DER SEXUALITÄT

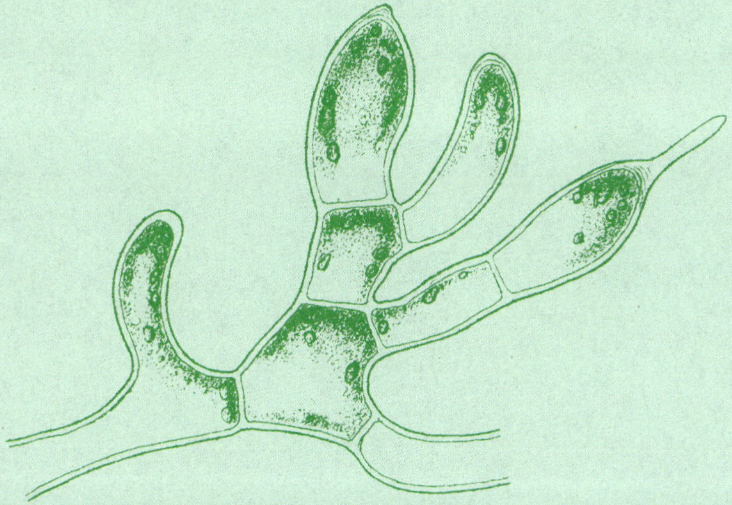

„Die Überzeugung von der Sexualität der Pflanzen hat in der Wissenschaft nur langsam Platz gegriffen. Denn wenn auch die vorausgesetzte Analogie der Geschlechtsbeziehungen zwischen Thieren und Pflanzen die Geschlechtlichkeit der Pflanzen schon vermuthen ließ, noch bevor durch Beobachtung und Experiment eine sichere Spur geschlechtlicher Function oder Differenz bei ihnen aufgefunden war, so konnte doch der strengen Wissenschaft unmöglich eine Muthmaßung genügen, deren Stütze nur in einer unbewiesenen Voraussetzung lag, und der heftige literarische Streit, der in verschiedenen Zeiten zwischen den Anhängern und Gegnern des Pflanzengeschlechts entbrannte und in die neueste Zeit hineinreichte, hat zur Genüge dargethan, wie nothwendig es sei, das Geschlecht der Pflanzen durch bessere Gründe als durch die vorausgesetzte Analogie mit den Thieren sicher zu stellen.“[1]

— Nathanael Pringsheim (1855)

IN DIESEM KAPITEL werde ich den faszinierenden Weg zu Nathanael Pringsheims bedeutsamster wissenschaftlicher Entdeckung nachzeichnen (Abb. 3.1.). Große wissenschaftliche Entdeckungen zeichnen sich oftmals dadurch aus, dass sie die Grenzen bestehender Theorien und Konzepte erweitern oder gar auflösen. Nathanael Pringsheim hat in diesem Sinne das Verständnis von Sexualität revolutioniert, indem er zeigte, dass Sexualität kein exklusives Merkmal Höherer Pflanzen oder der Tiere ist, sondern ein universelles Prinzip des Lebens darstellt.

1820

1823

1840

Entdeckung des Generationswechsels bei Moosen und Farnen 1851

Erste Beobachtung von .... 1854 Geschlechtsorganen bei Algen

1855 Beobachtung äußerer Befruchtung in Algen; 1856 Entdeckung des Generationswechsels in Grünalgen

1860

1869 Beobachtung innerer Befruchtung in Grünalgen

Erste Beobachtung der Befruchtung von Tieren ... 1876

1876 Entdeckung der Aposporie in Moosen

1880

Erste Beobachtung der Befruchtung in .... 1884 Blütenpflanzen

1894

1900

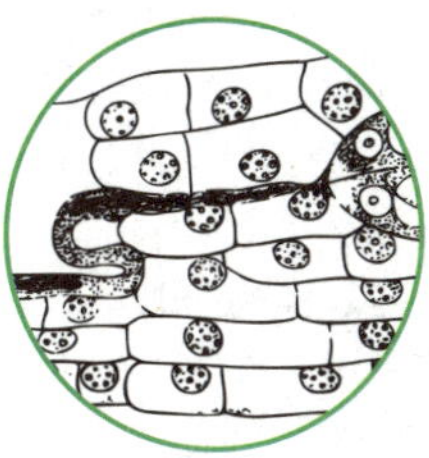

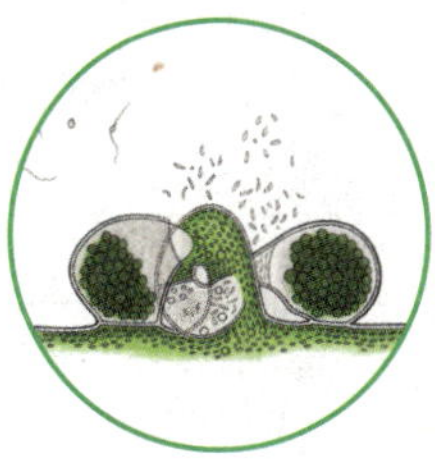

Abb. 3.1. KAPITELÜBERBLICK. Wichtige Entdeckungen zur Sexualität von Pflanzen und Tieren, die in diesem Kapitel genauer beschrieben werden.

Zunächst werfe ich einen Blick auf die Anfänge des Sexualitätsbegriffs, den Carl von Linné Mitte des 18. Jahrhunderts einführte, um Pflanzen zu klassifizieren. Linné seinerseits hatte sich dazu u. a. von einer 1727 erschienenen Schrift des französischen Botanikers Sébastien Vaillant anregen lassen. Vaillant sprach in diesem in Latein und Französisch abgefassten Werk von „sexus" und „genitalia" der Pflanzen.[2] Doch erst im 19. Jahrhundert wurde die Existenz von Sexualität bei Tieren und Höheren Pflanzen weitgehend anerkannt. Die Sexualität bei Niederen Pflanzen hingegen war noch umstritten. Pringsheim konnte schließlich nachweisen, dass auch Algen – als niedrigste aller Pflanzen – sexuelle Wesen sind. Das bedeutete eine sexuelle Revolution in der Algenforschung.[3]

Ich werde sodann die von Pringsheim entdeckten Urtypen der Sexualität vorstellen, und die weitreichenden Konsequenzen dieser Entdeckung beleuchten. Insbesondere werde ich ausführen, wie die Evolution von Moosen, Farnen und sogar Höheren Pflanzen als Variation dieser Urtypen der Sexualität interpretiert werden kann.

3.1 URSPRÜNGE DER SEXUALITÄT IN DER BIOLOGIE

MAN KÖNNTE MEINEN, dass Sexualität ein uralter Begriff ist. Das ist interessanterweise nicht so. Der Begriff ist noch recht jung und taucht überraschenderweise erstmals in einem pflanzlichen Kontext auf. Der schwedische Naturforscher, Botaniker und Zoologe Carl von Linné benutzte ihn zur Klassifikation des Pflanzenreichs. Linné beschrieb 1735 in der ersten Auflage seiner „Systema Naturae" einen „Clavis Systematis Sexualis", d. h. einen systematischen Schlüssel, der es erlaubt Pflanzen anhand von

— **MOOSE Grüne Landpflanzen, die kein Stütz- und Leitgewebe ausbilden. Sie zählen zu den ersten Landpflanzen und haben sich vermutlich vor etwa 400 bis 450 Millionen Jahren aus Grünalgen der Gezeitenzone entwickelt.**

— **FARNE Gruppe von Gefäßsporenpflanzen, die die Schwestergruppe der Samenpflanzen bilden, also mit diesen einen gemeinsamen Vorfahren teilen. Sie gehören zu den ältesten lebenden Landpflanzen.**

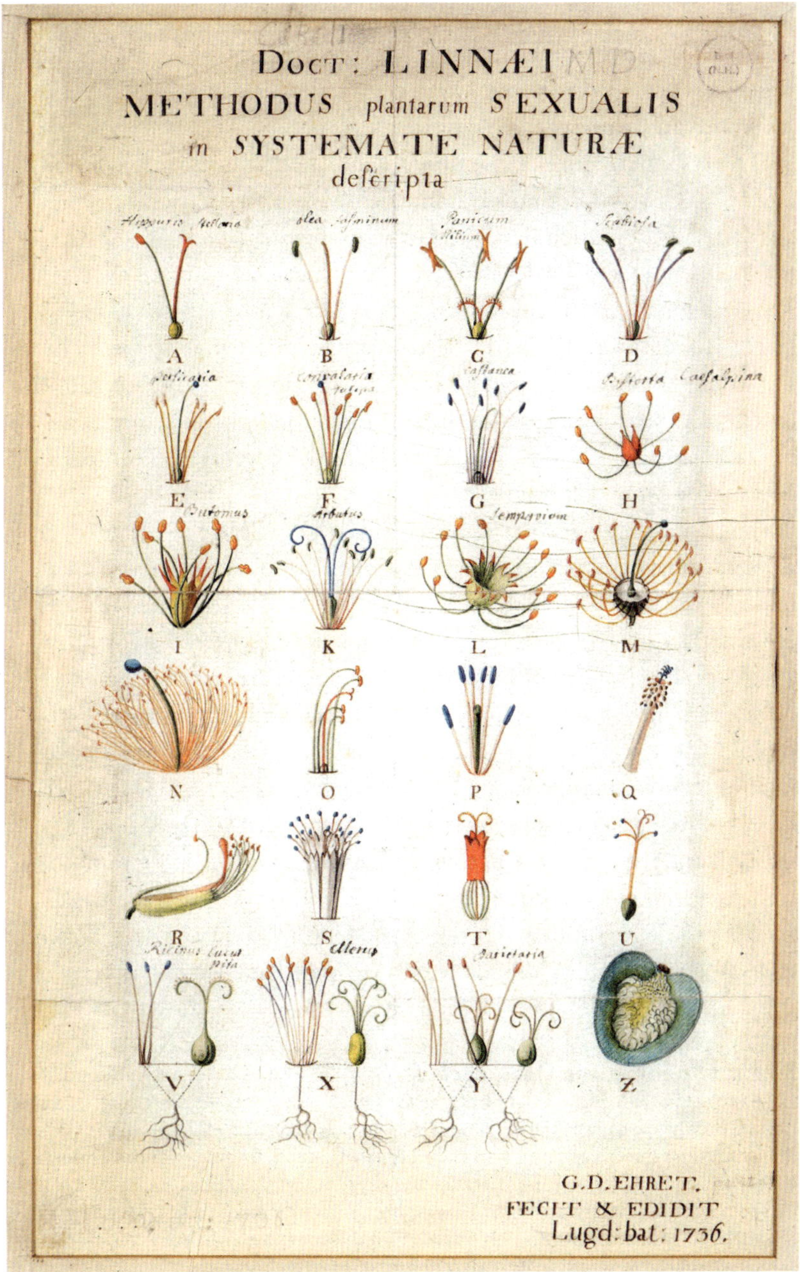
Doct: LINNÆI
METHODUS plantarum SEXUALIS
in SYSTEMATE NATURÆ
descripta
A
B
C
D
E
F
G
H
I
K
L
M
N
O
P
Q
R
S
T
U
V
X
Y
Z
G.D.EHRET.
FECIT & EDIDIT
Lugd: bat: 1736.

Sexualmerkmalen zu klassifizieren (Abb. 3.2.). Der Begriff geht zurück auf *sexus*, die lateinische Bezeichnung für das biologische Geschlecht von Lebewesen, das sich wiederum von *secare*, dem lateinischen Wort für „Trennen" im Sinne von „Unterscheiden" ableitet.

Der erste Beleg für den Begriff im Englischen ist in einer Rezension eines Gedichts von Erasmus Darwin, dem Vater von Charles Darwin, aus dem Jahr 1789 zu finden. Das Gedicht trägt den Titel „The Loves of the Plants" („Die Liebe der Pflanzen"). Im Deutschen wurden die ersten Verwendungen des Begriffs in den 1790er Jahren dokumentiert, und zwar ebenfalls in Bezug auf die Sexualität von Pflanzen. 1799 sprach der Philosoph Friedrich Wilhelm Joseph Schelling in seinem Entwurf für ein System der Naturphilosophie erstmals von der „allgemeinen Sexualität in der organischen Natur". Die Anwendung des Begriffs auf Menschen begann erst im 19. Jahrhundert.[4]

Im engeren biologischen Sinne bezieht sich der Begriff „Sexualität" auf das Vorhandensein von zwei unterschiedlichen Fortpflanzungstypen oder „Geschlechtern" innerhalb derselben Spezies, die gemeinsam zur „geschlechtlichen Fortpflanzung" fähig sind. Bei dieser Art der Fortpflanzung entstehen Nachkommen aus der Vereinigung der Zellen (Gameten) der beiden verschiedenen Geschlechter, wodurch eine Zygote (eukaryotische diploide Zelle) entsteht. Dieser Prozess wird als Befruchtung bezeichnet und führt zur Vermischung und Neukombination des genetischen Materials.

Das Erbgut von Pflanzen und Tieren liegt in den Chromosomen im Zellkern. Jede Art hat einen eigenen, charakteristischen Chromosomensatz mit einer bestimmten Anzahl an Chromosomen. Wenn sich zwei haploide Keimzellen mit nur einem Chromosomensatz vereinigen, entsteht eine diploide Zygote mit zwei Chromosomensätzen, aus der

Abb. 3.2. (vorherige Seite) Sexuelle Klassifikation des Pflanzenreichs. Carl von Linné unterschied 24 Klassen, die sich in Zahl und Position von Staubblättern (männliche Geschlechtsorgane) und Stempeln (weibliche Geschlechtsorgane) unterscheiden. Die 24. Klasse (Z) fällt sofort ins Auge. Sie ist äußerst heterogen und beinhaltet jene Pflanzen, die nicht in die anderen Klassen eingeteilt werden können. Es war diese Klasse, deren sexuelle Geheimnisse maßgeblich von Nathanael Pringsheim entschlüsselt wurden. Der Begriff „Sexualität" wurde ursprünglich nur als biologischer Fachausdruck genutzt und fand erst später Eingang in den allgemeinen Sprachgebrauch.

eine neue Pflanze oder ein neues Tier heranwächst. Jede Zelle dieses Organismus besitzt dann ebenfalls zwei Chromosomensätze. Würden bei der Bildung von Keimzellen in jedem Zellkern wiederum zwei Chromosomensätze entstehen, würde die Anzahl der Chromosomensätze von Generation zu Generation exponentiell ansteigen. Um das zu vermeiden, findet in einem wichtigen Prozess namens Reduktionsteilung (Meiose) eine Verteilung der Chromosomen statt, wodurch die Anzahl der Chromosomensätze halbiert wird. Jede Keimzelle enthält dann nur einen Satz von Chromosomen. Die Reduktionsteilung ist ein essentieller Prozess in der sexuellen Fortpflanzung, der sicherstellt, dass die Chromosomenzahl in jeder Generation stabil bleibt.

Über Fortpflanzung und Genomaustausch hinaus erfüllt das Sexualverhalten des Menschen und vieler Tiere auch zahlreiche Funktionen im Sozialgefüge einer Population. Sexualität ist also das Lebensprinzip schlechthin (**Abb. 3.3.**). Bei Höheren Organismen gibt es zudem das Phänomen der „sexuellen Anziehungskraft". Im Werk von Sigmund Freud nimmt der „Sexualtrieb" (Libido) eine zentrale Stellung ein. Aber

— GAMET **Auch Keim- oder Geschlechtszelle. Es gibt ausschließlich weibliche und männliche Keimzellen. Deren Vereinigung bei der Befruchtung führt zur Bildung einer Zygote, aus der ein neuer Organismus hervorgeht.**

— ZYGOTE **Diploide Zelle, die bei der geschlechtlichen Fortpflanzung entsteht.**

— EUKARYOT **Lebewesen, dessen Zellen einen Zellkern besitzen.**

— DIPLOIDIE **Genetischer Zustand nach der Befruchtung, in dem Zellen zwei Sätze von Chromosomen haben – einen von der Mutter und einen vom Vater. Bei Menschen sind alle Körperzellen diploid und enthalten 46 Chromosomen: Je 23 von der Mutter und vom Vater.**

— CHROMOSOMEN **Bestandteile des Zellkerns, die die Erbinformation in Form von DNA tragen.**

— HAPLOIDIE **Genetischer Zustand, in dem Zellen einen einfachen Chromosomensatz besitzen. Bei Menschen und vielen anderen Organismen sind die Geschlechtszellen (Spermien und Eizellen) haploid.**

— MEIOSE (REDUKTIONSTEILUNG) UND MITOSE **Meiose bezeichnet eine Abfolge von zwei Zellteilungen, bei der die Anzahl der Chromosomensätze in den entstehenden Zellen halbiert wird. Mitose ist der Prozess der Teilung des Zellkerns, bei dem zwei Tochterkerne mit gleicher genetischer Information entstehen.**

vielleicht ist auch dieses Verhalten ein stammesgeschichtliches Erbe? Denn schon bei niedrigeren Lebewesen wie Algen werden männliche Geschlechtszellen von der weiblichen Eizelle gezielt mit chemischen Lockstoffen geködert.

Im Unterschied zu vielen anderen Tieren wird die Sexualität der Primaten, einschließlich des Menschen, nicht ausschließlich von Instinkten gesteuert, sondern auch von bewussten Entscheidungsprozessen beeinflusst.

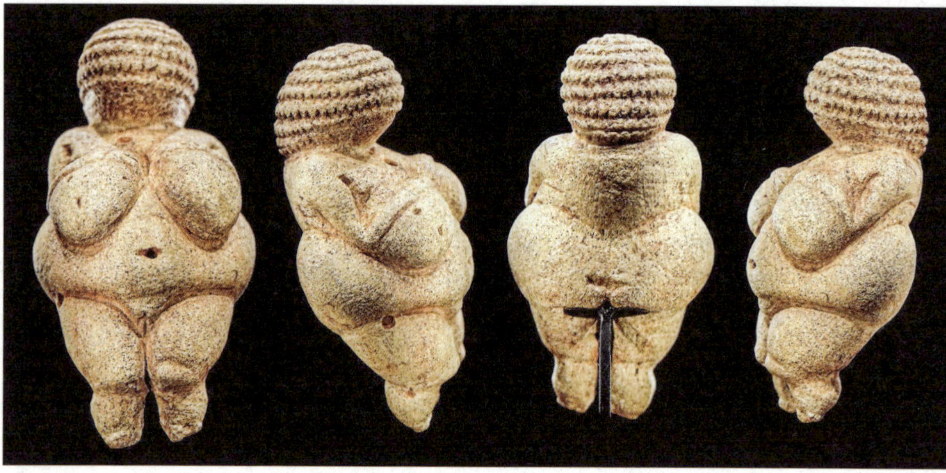

3.2 SEXUALITÄT VON PFLANZEN

3.2.1 HÖHERE PFLANZEN

WÄHREND DIE EXISTENZ von Sexualität bei Menschen und Tieren evident ist, blieb lange ungeklärt, wie es die Pflanzen mit der Sexualität halten. Der deutsche Botaniker Rudolf Jacob Camerarius identifizierte Ende des 17. Jahrhunderts die unterschiedlichen Geschlechtsorgane von

Abb. 3.3. VENUS VON WILLENDORF. Die Venusfigurine aus Willendorf, Österreich, ist eine etwa 30.000 Jahre alte Figur aus der Altsteinzeit. Auffällig ist die Überbetonung von Proportionen und Merkmalen, die mit sexueller Fortpflanzung und Fruchtbarkeit assoziiert sind.

Blütenpflanzen am Beispiel des Einjährigen Bingelkrauts *(Mercurialis annua)*. Des Weiteren konnte Camerarius zeigen, dass sich reife Samen nur dann bilden, wenn die Narbe mit **Pollen**, den männlichen Geschlechtszellen, bestäubt wird. Daraus schloss er, dass sich auch Pflanzen sexuell fortpflanzen.[5]

Carl von Linné nutzte in seiner Systematik der Pflanzen die von Camerarius identifizierten weiblichen und männlichen Geschlechtsorgane (**Abb. 3.2.**). Die Klassen A – Y nennt er *Publicae*, die er als *Nuptiae coram totum mundum visibilem apertae celebrantur* beschreibt, „Hochzeiten werden im Beisein der ganzen Welt sichtbar gefeiert". Die Klasse Z bezeichnet er mit *Clandestinae* und charakterisiert sie als *Nuptiae clam instituunter* – „die Hochzeiten werden heimlich gefeiert".[6]

Linnés Vergleich mit Hochzeiten provozierte großen Widerspruch. So entrüstete sich der Botaniker Johann Georg Siegesbeck 1737:

> *„Wenn acht, neun, zehn, zwölf oder gar zwanzig und mehr Männer in demselben Bett mit einer Frau gefunden werden (oder wenn) dort, wo die Betten der wirklichen Verheirateten einen Kreis bilden, auch die Betten der Dirnen einen Kreis beschliessen, so dass die von verheirateten Männern begattet werden (die Compositen) ... Wer möchte glauben, dass von Gott solche verabscheuungswürdige Unzucht im Reiche der Pflanzen eingerichtet worden ist? Wer könnte solch unkeusches System der akademischen Jugend darlegen, ohne Anstoß zu erregen?"*[7]

Auch Johann Wolfgang von Goethe war empört:

> *„Wenn unschuldige Seelen, um durch eigenes Studium weiterzukommen, botanische Lehrbücher in die Hand nehmen, können sie nicht verbergen, daß ihr sittliches Gefühl beleidigt sei; die ewigen Hochzeiten, die man nicht los wird, wobei die Monogamie, auf welche Sitte, Gesetz und Religion gegründet sind, ganz in vage Lüsternheit sich auflöst, bleiben dem reinen Menschensinn unerträglich".*[8]

— POLLEN (BLÜTENSTAUB) **Aus Pollenkörnern bestehende mehlartige Masse, die in den Staubblättern der Samenpflanzen gebildet wird. Pollenkörner enthalten die männlichen Geschlechtszellen und sind für die Befruchtung der Eizellen verantwortlich.**

Siegesbeck und Goethe äußern hier ihre Verstimmung über den erotischen Unterton der Linnéschen Klassifikation und die Verwendung menschlicher Begriffe wie „Hochzeit“ (eine Metapher für die Bestäubung). Beide empfanden diese Darstellung als anstößig, da sie gegen die sittlichen Normen verstieß, insbesondere gegen das Ideal der Monogamie, das in vielen menschlichen Kulturen vorherrscht. Darüber hinaus drückt Goethes Zitat auch seine Abneigung gegen die Reduzierung der Natur auf mechanistische Prozesse aus. Als Vertreter der romantischen Naturphilosophie sah Goethe die Natur als einen organischen, ganzheitlichen Prozess und betonte ihre ästhetische und spirituelle Dimension (siehe KAP. 1). In diesem Sinne wird er wohl die reduktionistische und „unmoralische“ Darstellung der Pflanzenreproduktion durch Linné abgelehnt haben.

Trotz der kritischen Kommentare von Siegesbeck und Goethe war die Existenz von Sexualität bei Höheren Pflanzen schon vor Goethes Zeit nachgewiesen worden, aber es dauerte lange, bis diese Vorstellung allgemein akzeptiert war. Wie bereits erwähnt, hatte Camerarius bereits im frühen 18. Jahrhundert gezeigt, dass reife Samen bei Blütenpflanzen nur dann entstehen, wenn die Narbe mit Pollen bestäubt wird. Es waren jedoch die akribischen Kreuzungsexperimente des deutschen Botanikers und Naturhistorikers Joseph Gottlieb Kölreuter, die die genaue Bedeutung des Pollens bei der Entwicklung der nächsten Generation endgültig bewiesen, und somit die Sexualität von Blütenpflanzen belegten.

Insbesondere konnte Kölreuter nachweisen, dass während der Bestäubung Eigenschaften des Vaters durch den Pollen übertragen werden. Kölreuter stieg schnell zu einem führenden Wissenschaftler seiner Zeit auf dem Gebiet der Pflanzensexualität auf. Im Jahr 1763 wurde er Direktor des Fürstlichen Botanischen Gartens in Karlsruhe. Er hatte gleichzeitig den Lehrstuhl für Naturgeschichte in Karlsruhe inne. In seinem vierbändigen Hauptwerk über Pflanzensexualität, veröffentlicht zwischen 1761 und 1766, interpretierte er Kreuzung als chemischen Prozess und hinterfragte die von Linné vertretene Theorie der Artenkonstanz nach einem Schöpfungsprozess. Mit Kölreuters Beiträgen wurde das Konzept der Sexualität von Blütenpflanzen fest etabliert. Dennoch wurde dieses grundlegende Wissen in den folgenden Jahren immer wieder in Frage gestellt.

NIEDERE PFLANZEN 3.2.2

ANFANG DES NEUNZEHNTEN JAHRHUNDERTS war die Sexualität der Höheren Pflanzen, die 23 der 24 Klassen in Linnés System ausmachen, weithin akzeptiert (Abb. 3.2.). Die große Frage war nun: Was passiert in der letzten Klasse, d. h. wie halten es die Kryptogamen mit ihrer Vermehrung? Vermehren sie sich ebenfalls sexuell, d. h. feiern sie – in Linnés Sprache – vielleicht heimlich Hochzeit? Oder verläuft die Grenze zwischen geschlechtlichen und geschlechtslosen Lebewesen mitten durch das Reich der Kryptogamen, das u. a. aus Algen, Moosen und Farnen besteht? Auf diese Fragen stürzten sich nun viele Wissenschaftler. Die Kryptogamen rückten so ins Zentrum des botanischen Interesses und Mitte des 19. Jahrhunderts war klar, dass sich die Höheren Kryptogamen Moose und Farne ebenfalls sexuell fortpflanzen (Abb. 3.4. – 3.6.).[9]

Nun richtete sich der wissenschaftliche Fokus auf die bis dahin vernachlässigten Algen, also die Niederen Kryptogamen. Das Vorhandensein von Geschlechtsorganen (d. i. bei Blütenpflanzen im männlichen Fall das Staubblatt und im weiblichen Fall der Stempel) wurde diesen niedersten unter allen Pflanzen zunächst abgesprochen. Allenfalls eine

Abb. 3.4. – 3.6. KRYPTOGAMEN. Zu den Kryptogamen, also den Pflanzen, die „heimlich Hochzeit feiern“ (Carl von Linné) zählen Algen, Moose und Farne. Die Abbildungen zeigen typische Vertreter. Für Moose und Farne war bekannt, dass sie sich sexuell fortpflanzen. Die sexuelle Fortpflanzung der niedersten Pflanzen jedoch, der Algen, wurde aber erst von Nathanael Pringsheim nachgewiesen.

Abb. 3.4. (links) BLASENTANG.

Abb. 3.5. (Mitte) ACKERHORNMOOS.

Abb. 3.6. (rechts) KÖNIGSFARN.

asexuelle Fortpflanzung billigte man Algen zu. Diese geschieht durch Sporen oder Fragmentierung und ermöglicht die Erzeugung einer großen Anzahl von Nachkommen, die sich genetisch nicht unterscheiden. Bei der Fragmentierung zerfällt ein Individuum in mehrere Teile, von denen jedes zu einer neuen Alge heranwächst. Dagegen blieb unklar, ob bei diesen einfachen Pflanzen auch eine sexuelle Fortpflanzung stattfindet. Mit den damals verfügbaren Mikroskopen ließen sich keine Hinweise auf Geschlechtsorgane bei Algen erkennen. Dies änderte sich in der Mitte des 19. Jahrhunderts, als fortschrittliche Mikroskope mit deutlich verbesserter Auflösung und Vergrößerung eingeführt wurden.

Mitte des 19. Jahrhunderts beobachtete der französische Botaniker Thuret, wie größere kugelförmige Zellen der *Fucus*-Alge – die er als „Ruhesporen" bezeichnete – von winzigen Protoplasma-Körperchen umkreist wurden, von denen er bereits annahm, dass es sich um **Spermatozoiden**, also männliche Keimzellen handelt. Er stellte fest, dass die Ruhesporen nur keimten, nachdem sich die kleinen beweglichen Sporen angeheftet hatten. Heute wissen wir, dass es sich bei den Ruhesporen um Oocyten handelt, also die weiblichen Keimzellen. Darüber hinaus gelang es ihm, durch Vermischen von Spermatozoiden einer Art mit den Eizellen einer anderen Art Hybride zu erzeugen.[10]

Der eigentliche Befruchtungsakt war hingegen noch nicht beobachtet worden, was vor allem an experimentellen Herausforderungen lag. Es war Nathanael Pringsheim, dem schließlich die erstmalige Beobachtung der Befruchtung in einer Alge gelang. Doch vorher musste er noch einige Hindernisse überwinden.

— STAUBBLATT UND STEMPEL **Bei Blütenpflanzen ist das Staubblatt das pollenerzeugende männliche Geschlechtsorgan. Es besteht in der Regel aus einem Staubfaden und dem darauf sitzenden Staubbeutel, der den Pollen produziert. Der Stempel ist der weibliche Teil einer Blüte und besteht aus der Narbe, dem Griffel und dem Fruchtknoten, der die Eizellen enthält.**

— SPERMATOZOID **Männliche Geschlechtszelle bei Niederen Pflanzen.**

DIE SEXUELLEN URFORMEN DER ALGEN 3.3

URFORM I: INNERE BEFRUCHTUNG 3.3.1

ENTDECKUNG

Nathanael Pringsheim war unmittelbar nach der Veröffentlichung von Thurets bahnbrechenden Ergebnissen erstmals nach Helgoland gereist, denn die Steilküste von Helgoland bietet einen natürlichen Lebensraum für Braunalgen. Er wollte die Ergebnisse des Franzosen überprüfen, erkannte aber schnell die äußerst schwierige experimentelle Handhabung von dessen bevorzugtem Studienobjekt, der Makroalge *Fucus* (Abb. 3.4.). Auf Helgoland[11] kam ihm die entscheidende Idee, für seine Untersuchungen zum Befruchtungsakt nicht die Makroalge *Fucus*, sondern die einfacher gebaute Mikroalge *Vaucheria sessilis* zu verwenden. Diese erlaubte es 1855 Pringsheim als erstem Forscher überhaupt, die Fortpflanzungsorgane in ihrem natürlichen Zustand und während ihrer Tätigkeit unter dem Mikroskop zu beobachten (Abb. 3.7.). Er war nun nicht weiter auf Helgoland angewiesen, da er die Süßwasseralge *Vaucheria* auch bequem zu Hause in Berliner Tümpeln finden konnte.

Vaucheria ist ein Vertreter der Gelbgrünen Algen. Sie trägt den Namen des aus Genf stammenden Theologen und Botanikers Jean-Pierre Vaucher. Dieser hatte zwar zu Beginn des 19. Jahrhunderts die weiblichen Geschlechtsorgane bei *Vaucheria* beschrieben, aber deren Bedeutung noch nicht erkannt (Abb. 3.7.). Dies war Pringsheims Verdienst, der auch das männliche Geschlechtsorgan (Antheridium) zu identifizieren und die

— Braunalgen (Phaeophyceae) **Kennzeichen dieser mehrzelligen Algen sind braune Farbstoffe, die das grüne Chlorophyll überdecken.**

— Makroalgen **Mit bloßem Auge erkennbare mehrzellige Algenarten.**

— Gelbgrüne Algen (Xanthophyceae) **Der Name dieser Algengruppe bezieht sich auf ihre Farbe, die von gelben und grünen Pigmenten in den Zellen stammt.**

— Antheridium **Männliches Sexualorgan Niederer Pflanzen (Algen und Moose), das der Produktion und Freisetzung von männlichen Geschlechtszellen dient.**

Funktion beider Geschlechtsorgane zu entschlüsseln vermochte. Zudem konnte er erstmals eine „innere Befruchtung“ *in vivo* beobachten (**Abb. 3.8.**). Dies ist ein Beispiel für Oogamie. Mit dieser Entdeckung einer „Urform der Sexualität“ in Algen hatte er eine Grenze eingerissen und gezeigt, dass auch Niedere Kryptogamen sexuelle Wesen sind und es keine sexuell-asexuelle Grenze in dieser Pflanzenklasse gibt. Nun war Sexualität als allgemeingültige Reproduktionsform sämtlicher Lebewesen auf diesem Planeten nachgewiesen.

— ANISOGAMIE, OOGAMIE **Zwei Formen der sexuellen Fortpflanzung, die sich durch Unterschiede zwischen den Gameten, also den Keimzellen, definieren. Anisogamie fungiert als Überbegriff und umfasst alle Formen der sexuellen Fortpflanzung, bei denen männliche und weibliche Gameten in Größe oder Form variieren. Oogamie stellt eine spezielle, extreme Ausprägung der Anisogamie dar. Hier ist die weibliche Keimzelle, die Eizelle oder Oocyte, groß, nährstoffreich und unbeweglich, während die männliche Keimzelle, das Spermatozoid, klein und beweglich ist und sich auf die Lokalisierung und Befruchtung der Eizelle spezialisiert hat.**

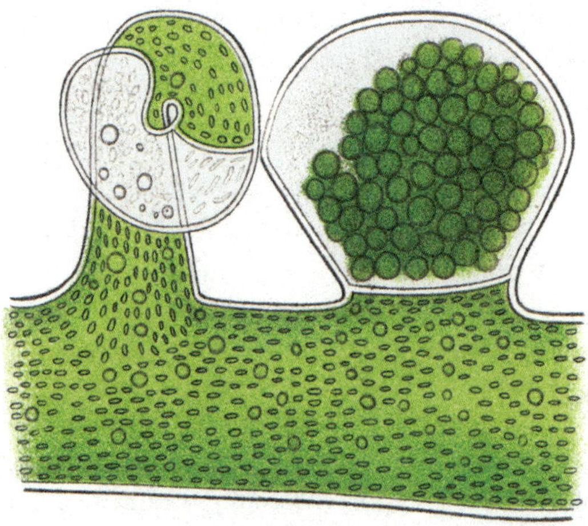

Abb. 3.7. GESCHLECHTSORGANE VON ALGEN. Weibliche (rechts: Oogonium gefüllt mit Eizelle) und männliche (links, Antheridium) Geschlechtsorgane auf einem Thallusfaden der Gelbgrünen Alge *Vaucheria sessilis*. In dieser Alge beobachtete Pringsheim erstmals eine sexuelle Befruchtung. Originalzeichnung von Nathanael Pringsheim.

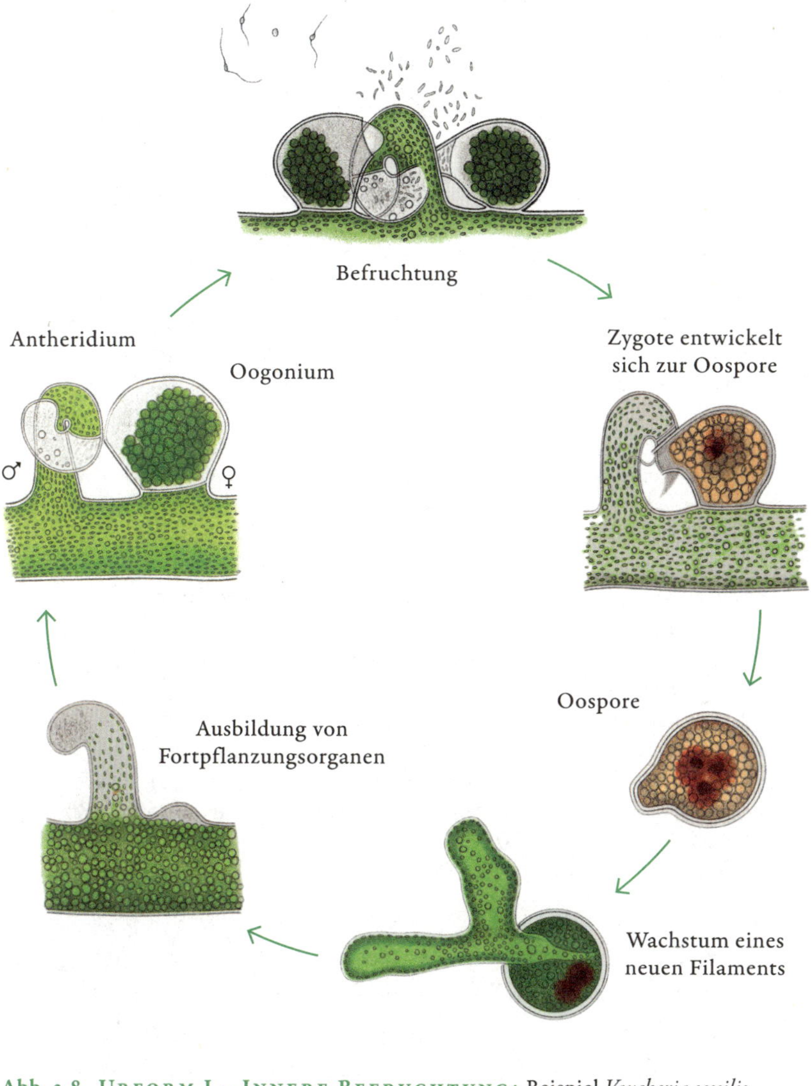

Abb. 3.8. Urform I – Innere Befruchtung: Beispiel *Vaucheria sessilis.* Links oben: Die großen Eizellen entstehen in den Oogonien, die kleinen männlichen Geschlechtszellen (Spermatozoiden) in den Antheridien. Mitte oben: Die in den Oogonien verbliebenen Eizellen werden von Spermatozoiden befruchtet. Rechts oben: Aus der Zygote bildet sich eine widerstandsfähige Oospore, aus der bei günstigen Umweltbedingungen ein neuer Organismus hervorgeht. Schema des Entwicklungszyklus basierend auf den Originalzeichnungen von Nathanael Pringsheim.

Pringsheim war sich der grundlegenden Bedeutung seiner Beobachtung schnell bewusst:

> *„Es muß daher als ein besonders glücklicher Umstand angesehen werden, daß es mir gelungen ist, den Vorgang an einer Pflanze zu sehen, welche es gestattet, das Eindringen der Spermatozoiden in das weibliche Organ mit völliger Schärfe und Klarheit bis in seine einzelnsten Details zu verfolgen, die nämlich so glücklich organisirt ist, daß die Organe der Zeugung umittelbar ohne Verletzung der Pflanze in ihrem natürlichen Zustande beobachtet werden können, bei welcher endlich das weibliche Organ in Folge seiner Durchsichtigkeit der Beobachtung so wenig Hindernisse entgegen setzt, daß es möglich ist, die Thätigkeit der Spermatozoiden in den weiblichen Organe fast stundenlang, so lange sie anhält, genau zu verfolgen.*
>
> *Ich habe die stufenweise Ausbildung der beiden Geschlechtsorgane so weit verfolgt, um diejenigen Zustände derselben, welche dem Eintreten des Zeugungsactes unmittelbar vorausgehen, bezeichnen zu können. Hierdurch hat der Beobachter das Phänomen so sehr in seiner Gewalt, daß er die Zeit des Eintritts der Erscheinung im Voraus zu bestimmen vermag, und den ganzen Befruchtungsact leicht auch vor andern zu demonstriren im Stande ist.*
>
> *Da ich endlich diese Beobachtung an Vaucheria sessilis, einer der niedrigsten Süßwasseralgen, gemacht habe, so erscheint der Zeugungsact jetzt innerhalb einer der niedrigsten Abtheilungen des Gewächsreiches genauer bekannt, als bei irgend einer andern Höhern Pflanze oder einem Thiere, und es wird kaum bezweifelt werden können, daß das Geschlecht eine durchgreifende Eigenthümlichkeit aller Organismen ist, welche bei den am höchsten organisirten Thieren wie bei den einfachsten Zellenpflanzen in wunderbarer Analogie sich offenbart.“*[12]

Pringsheims bahnbrechende Entdeckung der Sexualität in Algen katapultierte ihn auf einen Schlag in die Riege der bekanntesten Botaniker seiner Zeit. Seine Leistung wurde von allen Seiten gewürdigt und es galt als wohlverdiente Anerkennung, dass er bereits 1860, im Alter von 37 Jahren, zum Mitglied der Königlich Preußischen Akademie der Wissenschaften ernannt wurde.

Allerdings traf Pringsheim auch auf Gegenwind, der ihn veranlasste, seine Beobachtungen zur Algenbefruchtung zu präzisieren.[13] Er hatte möglicherweise den aktuellen Stand der Forschung in seiner

Algensex-Arbeit zu knapp dargestellt und damit einige Kollegen vor den Kopf gestoßen, die sich nicht ausreichend gewürdigt fühlten:

> *„In meinem ersten Aufsatze über die Befruchtung der Algen (Monatsbericht d. Berl. Acad. März 1855) habe ich die Geschichte des Algengeschlechts und die früheren Ansichten über die Fruchtbildung der Vaucheria nur kurz erwähnt. Für einen monographisch gehaltenen Aufsatz schien es mir unpassend, den geschichtlichen Theil zu sehr auszudehnen, und überdies hatte ich die Absicht, in einer besonderen Abhandlung über die Vaucheria jene früheren, höchstens noch ein geschichtliches Interesse bietenden Meinungen ausführlicher zu behandeln."*[14]

GRÜNALGEN

MIT SEINER AUFSEHENERREGENDEN ENTDECKUNG der Befruchtung der *Vaucheria*-Alge 1855 war das nächste Forschungsziel unmittelbar klar. Es galt nun, eine sexuelle Fortpflanzung auch in anderen Algenarten nachzuweisen. Pringsheims Arbeiten zur Sexualität und Entwicklung von Grünalgen sind in diesem Zusammenhang von besonderer Bedeutung, denn diese Algen haben viele Gemeinsamkeiten mit Höheren Pflanzen, die sich evolutionär aus Vertretern der Grünalgen entwickelt haben (was Pringsheim damals allerdings noch nicht wissen konnte, siehe ABSCHNITT 3.5). Die Gruppe der Grünalgen ist besonders artenreich und vielgestaltig.

Bereits ein Jahr nach der Entdeckung der Befruchtung bei Gelbgrünen Algen beschrieb Pringsheim auch die Befruchtung bei einer Grünalge, nämlich in der Gattung *Oedogonium* (Kappenalgen, siehe Abb. 3.9.). Pringsheim klärte die sexuelle Fortpflanzung auf und zeigte, dass „Zwergmännchen"[15] dabei eine zentrale Rolle spielen (siehe Abb. 3.10.–3.12.). Ähnlich wie bei *Vaucheria* entdeckte Pringsheim auch bei *Oedogonium*, dass sich bewegliche Spermatozoiden mit dem Protoplasma der Eizelle vermischen.[16] Die Entdeckung der Sexualität auch bei dieser Algengruppe war vielversprechend, deutete sie doch darauf hin, dass die Befruchtung von *Vaucheria* keine Ausnahme, sondern möglicherweise die Regel bei vielen Algenarten ist.

— GRÜNALGEN (CHLOROPHYCEAE) **Diese Algen besitzen Chloroplasten, deren Pigmente und Struktur derjenigen der Höheren Landpflanzen ähnelt. Vertreter der Grünalgen sind die Vorfahren aller Landpflanzen.**

In *Oedogonium* beobachtete er im Jahre 1856 minutiös den eigentlichen Befruchtungsvorgang, was nun auch selbst zuvor noch skeptische Botaniker überzeugte. Detailliert beschrieb er Vorbereitung und Vollzug des Geschlechtsakts (siehe **Abb. 3.10. – 3.12.**):

> *„In der Specialmutterzelle entsteht aus ihrem ganzen Inhalte ein einziger Samenkörper (die Eizelle) von relativ bedeutender Größe. ... Wenn die Samenkörper fertig sind, was bei noch geschlossenem Antheridium schon durch die Abrundung des Inhaltes der Specialmutterzellen zu einem einzigen von den Wänden etwas abstehenden Bläschen bemerkbar wird, so sieht man den oberen Samenkörper gegen den Deckel des Antheridium drücken und ihn ein wenig in die Höhe heben, ohne ihn völlig abzuwerfen. In diesem Zustande verharrt das theilweise geöffnete Antheridium oft mehrere Stunden lang bis zum Aufbrechen des weiblichen Geschlechtsorganes. Dieses ist um diese Zeit fast*

Abb. 3.9. Die Grünalge Oedogonium spec. Die deutlich erkennbaren Kappenzellen machen die Gattung *Oedogonium* (Kappenalgen) unverwechselbar. Die asexuelle Vermehrung dieser Algen war schon länger bekannt. Pringsheim entdeckte, dass sich *Oedogonium* auch sexuell fortpflanzt.

bis zum völligen Verschwinden des Lumen mit großkörnigem, grünen Inhalte erfüllt, welcher überall genau der Wand anliegt. Eine bedeutende Menge einer farblosen, feinkörnigen Schleimmasse sieht man jedoch von dem übrigen großkörnigen und grünen Inhalte gesondert in dem oberen Theile des Geschlechtsorganes angesammelt.

Plötzlich bricht die Membran des Geschlechtsorganes etwas unterhalb seiner Spitze auf, und ihr oberer einem Deckel ähnlicher Theil wird mit dem darüber befindlichen Fadenstücke von dem hervorbrechenden Inhalte zur Seite gedrückt, so aber, daß der Deckel noch an einer Stelle an der aufgebrochenen Membran des weiblichen Geschlechtsorganes haften bleibt, und der ganze Faden hierdurch nun knieförmig gebogen erscheint.

Von dem früheren Inhalte des weiblichen Geschlechtsorganes dringt nun die bereits bezeichnete unmittelbar unter der gebildeten Öffnung liegende farblose Schleimschicht hervor, und ihr äußerer Theil gestaltet sich unter dem Auge des Beobachters zu einem festen, von einer farblosen Membran gebildeten Schlauche, welcher seitlich einem Männchen zugeneigt eine deutliche und große Öffnung besitzt.

Abb. 3.10. – 3.12. BEFRUCHTUNGSAKT IN EINER GRÜNALGE (*Oedogonium spec.*). Links: Weibliche (kugelförmiges Oogonium, **Abb. 3.10.**) und männliche Sexualorgane (Antheridien) auf kleinen, der weiblichen Pflanze aufsitzenden sogenannten Zwergmännchen. Entwicklungszustände der Sexualorgane in Vorbereitung (links, **Abb. 3.10.**), vor (Mitte, **Abb. 3.11.**), und während der Befruchtung (rechts, **Abb. 3.12.**). Dabei dringt ein Spermatozoid nach dem Abwerfen des Antheridiumdeckels durch die Öffnung des Befruchtungsschlauches in das weibliche Geschlechtsorgan ein. Originalzeichnungen von Nathanael Pringsheim.

Von diesem neuen unmittelbar aus dem erstarrenden Schleime entstandenen Schlauche, welchen ich den Befruchtungsschlauch nenne, sieht man den zu seiner Bildung nicht verbrauchten inneren Theil der früheren Schleimmasse wieder nach abwärts fließen und hier mit dem übrigen grünen Inhalte des Geschlechtsorganes sich wieder vereinen. Gleichzeitig zieht sich der bis dahin der Wand genau anliegende Inhalt von ihr zurück und gestaltet sich zu einer einzigen, großen, frei in der Höhle des weiblichen Geschlechtsorganes liegenden Kugel (der Befruchtungskugel); auch an dieser nimmt die zurückgeflossene farblose Schleimmasse wieder den vorderen, der Öffnung des Befruchtungsschlauches zugekehrten Theil ein. In diesem Momente, welcher unmittelbar dem Akte der Zeugung vorhergeht, bricht der Deckel des Antheridium völlig auf und der obere keilförmig gestaltete, vorn etwas zugespitzte und mit mehreren Wimpern versehene Samenkörper tritt, mit eigener Bewegung begabt, hervor. Er dringt bei normaler Befruchtung nach sehr kurzem Umherirren durch die Öffnung des Befruchtungsschlauches in das weibliche Geschlechtsorgan hinein. Mit der Spitze voran nähert er sich dem farblosen Vordertheile der Befruchtungskugel.

Nichts stört die Beobachtung des Augenblickes der Berührung beider Zeugungsmassen. Die glashelle, farblose und dünne Membran des Befruchtungsschlauches und des weiblichen Geschlechtsorganes, welche vollkommen durchsichtig sind, die bedeutende Größe des Samenkörpers und seine eigenthümliche, durch die grünlichen Körner seines Inhaltes noch leichter erkennbare Gestalt, ferner die Farblosigkeit des vorderen Theils der Befruchtungskugel, endlich der Umstand, daß nur ein einziger Samenkörper sich langsam der zu befruchtenden Masse nähert, alle diese Verhältnisse stellen in ihrer Vereinigung die günstigsten Bedingungen für die Beobachtung her.

Einen Augenblick, nachdem der Samenkörper die Befruchtungskugel berührt hat, erblickt man ihn noch in seiner vollkommen unveränderten Gestalt mit der Spitze an dem Umfange der Befruchtungskugel hin und her tastend. Aber schon im nächsten Moment sieht man, wie der Samenkörper unter Aufgeben seiner Gestalt, gleichsam berstend, von der Befruchtungskugel aufgenommen wird, und seine Masse unmittelbar mit der Masse der Befruchtungskugel sich vereinigt.

Nach diesem fast momentanen Akte der Befruchtung bleibt gar keine Spur des Samenkörpers außerhalb der Befruchtungskugel zurück; weder Reste einer Membran, die auch früher nicht unmittelbar sichtbar war und auch durch Reagentien nicht darstellbar ist, noch Reste seines Inhaltes. Dagegen sieht man im Innern der vorderen Schleimpartie der Befruchtungskugel, welche vor der Befruchtung nur aus einer ganz feinkörnigen, sehr schwach gelblich schimmernden

Schleimmasse bestand, jetzt einige größere grünliche Körner, die unzweifelhaft dem frühern Inhalte des Saamenkörpers angehörten.

Kurz nach der Befruchtung zeigt die Befruchtungskugel eine nach und nach immer schärfere Umgrenzung und endlich eine deutlich von zwei Conturen gebildete Membran an ihrem Umfange. Die nach dem Akte der Zeugung zur ersten Zelle eines neuen Organismus gewordene Befruchtungskugel ist durch die späteren Veränderungen, die ihre Membran und ihr Inhalt eingehen, befähigt, störende, die Vegetation hemmende Einflüsse zu überdauern, und sichert die Erhaltung der Art auch dann, wenn Trockniß und Wechsel der Jahreszeiten das Wachsthum dieser Pflänzchen eine Zeit lang unterbrechen.“[17]

Damit hatte Pringsheim wie zuvor bei *Vaucheria* nun auch bei einer Grünalge den kompletten Prozess der Befruchtung demonstriert.

URFORM II: ÄUSSERE BEFRUCHTUNG 3.3.2

BEI GENAUERER BETRACHTUNG des Sexualverhaltens der *Vaucheria-* und *Oedogonium-*Algen zeigt sich, dass dieses bereits recht hoch entwickelt ist (siehe **Abb. 3.8., 3.10. – 3.12.**). Diese Algen besitzen spezialisierte weibliche und männliche Geschlechtsorgane (Gametangien), die dem Schutz und der Produktion der Geschlechtszellen dienen (**Abb. 3.7., 3.10.**). Zudem lockt die Eizelle die männlichen Spermatoiden gezielt mit chemischen Signalen an und weist diesen so den richtigen Weg. Es handelt sich also – wie bereits beschrieben – um eine sogenannte innere Befruchtung im weiblichen Sexualorgan.

Auf seiner Suche nach Urformen der Sexualität entdeckte Pringsheim bei der Erforschung der Grünalge *Pandorina morum* allerdings eine viel einfacher organisierte Sexualität. Diese urtümliche Alge verfügt noch nicht über spezialisierte Geschlechtsorgane und pflanzt sich dennoch sexuell fort. Sie bildet ein Beispiel für eine sogenannte äußere Befruchtung, eine weitere „Urform der Sexualität“. Bei dieser Alge werden alle Zellen zu Keimzellen, die nicht vorhersagbare Bewegungen vollziehen und zufällig aufeinander treffen. (**Abb. 3.15.**).

— GAMETANGIUM (GAMETENBEHÄLTER) **Sexualorgan bei Algen, Pilzen, Moosen und Farnen, in dem die beweglichen (männlichen) und unbeweglichen (weiblichen) Gameten gebildet werden.**

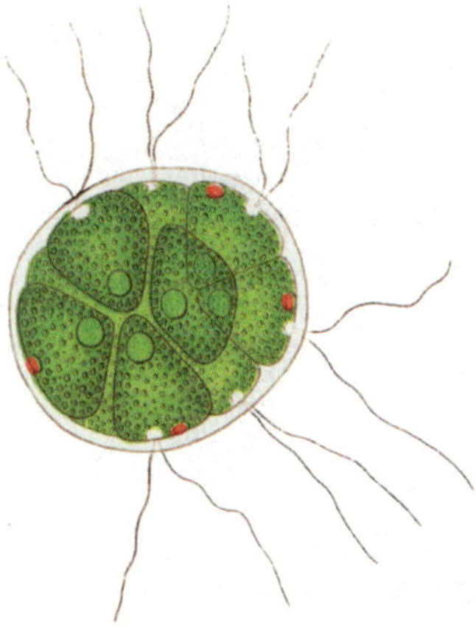

PROTOTYP PANDORINA

Die Grünalge *Pandorina* bildet annähernd kugelförmige Kolonien (Abb. 3.13). Schon vor Pringsheim war Botanikern die asexuelle Vermehrung von *Pandorina* bekannt (Abb. 3.14.). Bei diesem Prozess bildet jede Zelle einer Kolonie durch mehrere Zellteilungen eine Tochterkolonie innerhalb der mütterlichen Gallerte. Obwohl diese Art der Reproduktion zu einer erhöhten Zellanzahl führt, bleibt das Genom der Zellen unverändert. Pringsheim entdeckte, dass *Pandorina* auch die Fähigkeit zur sexuellen Fortpflanzung besitzt (Abb. 3.15.). In diesem Prozess löst sich die Kolonie auf, wobei sich alle Zellen entweder zu kleinen „männlichen" oder größeren „weiblichen" Keimzellen differenzieren. Anschließend fusionieren männliche und weibliche Keimzellen zu einer Zygote – ähnlich wie bei *Vaucheria* und *Oedogonium.* Der gesamte Paarungsvorgang der Keimzellen, beginnend mit dem ersten Kontakt der Gameten bis zur Bildung der Zygote, dauert mehrere Minuten. Das erlaubte Pringsheim, die verschiedenen Stadien genau zu beobachten. Was Pringsheim zu seiner Zeit jedoch nicht wusste: Bei *Pandorina* handelt es sich um Haplonten,

Abb. 3.13. und 3.14. Die Grünalge Pandorina morum. Links: Die *Pandorina*-Kolonie wird von einer Gallerte zusammengehalten. Die Zellen sind zweigeißelig und besitzen charakteristische Augenflecken (rot). Rechts: Bei der ungeschlechtlichen Vermehrung teilt sich jede Zelle in sechzehn Tochterzellen, die zusammenbleiben und eine neue Kolonie bilden. Originalzeichnungen von Nathanael Pringsheim.

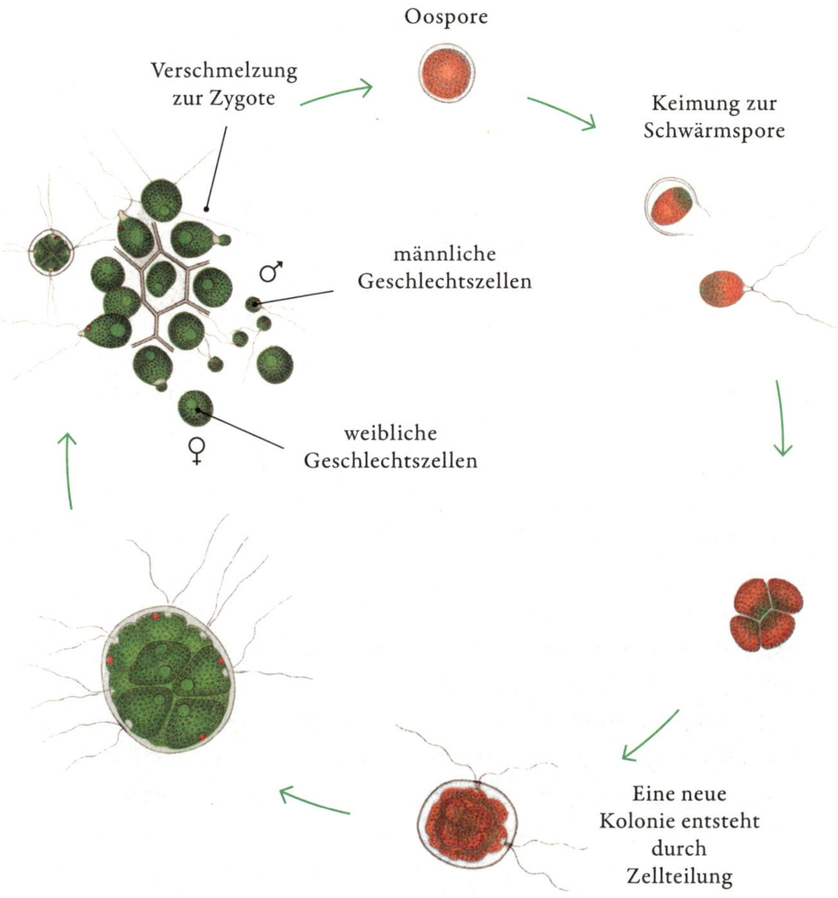

Abb. 3.15. Urform II – Äussere Befruchtung: Beispiel *Pandorina morum*. Die von Nathanael Pringsheim in dieser Alge entdeckte äußere Befruchtung kommt ohne spezialisierte Sexualorgane aus. Links oben: Bei der sexuellen Fortpflanzung von *Pandorina* werden alle Zellen zu Geschlechtszellen (Gameten). Je zwei verschieden große Gameten verschmelzen zur Zygote, aus der sich eine Oospore entwickelt. Rechts oben: Nach einer Ruheperiode entlässt diese eine begeißelte Schwärmspore, aus der eine neue Kolonie entsteht. Schema des Entwicklungszyklus unter Verwendung der Originalzeichnungen von Nathanael Pringsheim.

das bedeutet, alle Zellen – mit Ausnahme der Zygote – besitzen einen einfachen Chromosomensatz. Die sexuelle Reproduktion führt zu einer genetischen Durchmischung und somit zu genetischen Veränderungen der Zellen.

3.3.3 URFORM III: SEXUELL-ASEXUELLER GENERATIONSWECHSEL

DAS PRINZIP GENERATIONSWECHSEL

DIE ENTSTEHUNG DER SEXUELLEN FORTPFLANZUNG stellte einen signifikanten evolutionären Durchbruch dar, denn die Durchmischung der Gene verbessert die Möglichkeiten eines Organismus, sich evolutionär weiterzuentwickeln. Bei der sexuellen Fortpflanzung ist jedoch ein physischer Kontakt zwischen den männlichen und weiblichen Keimzellen erforderlich. Dagegen erlaubt die asexuelle Fortpflanzung einem Organismus, ohne einen Sexualpartner rasch eine große Menge identischer Nachkommen zu erzeugen. Diese Art der Fortpflanzung ist besonders unter stabilen Umweltbedingungen verbreitet, in denen es einen geringen Selektionsdruck gibt, neue Eigenschaften zu entwickeln.

Das Prinzip des Generationswechsels vereint die Vorzüge beider Fortpflanzungsstrategien. Hierbei alternieren sexuelle und asexuelle Generationen in einem spezifischen Zyklus. Dies erlaubt zum einen die Schaffung genetischer Vielfalt durch sexuelle Fortpflanzung und zum anderen eine rasche Vermehrung der asexuellen Generation. So wird eine jeweils effiziente Anpassung und Überlebensstrategie unter unterschiedlichen Umweltbedingungen ermöglicht.

Ein solcher Generationswechsel wurde erstmals bei Tieren beobachtet, und zwar Anfang des 19. Jahrhunderts bei Salpen, kleinen tonnenförmigen Meerestieren.[18] Der deutsche Botaniker Wilhelm Hofmeister zeigte Mitte des 19. Jahrhunderts, dass ein Generationswechsel auch für Moose und Farne, also Höhere Kryptogamen, typisch ist.[19] Es war das Verdienst

— GENERATIONSWECHSEL **Form der Fortpflanzung, bei der sich geschlechtliche und ungeschlechtliche Phasen abwechseln.**

von Pringsheim, dass er die Bedeutung des Generationswechsels als eine weitere Urform der Sexualität für Algen – also Niedere Kryptogamen – erkannte (Abb. 3.16.).[20]

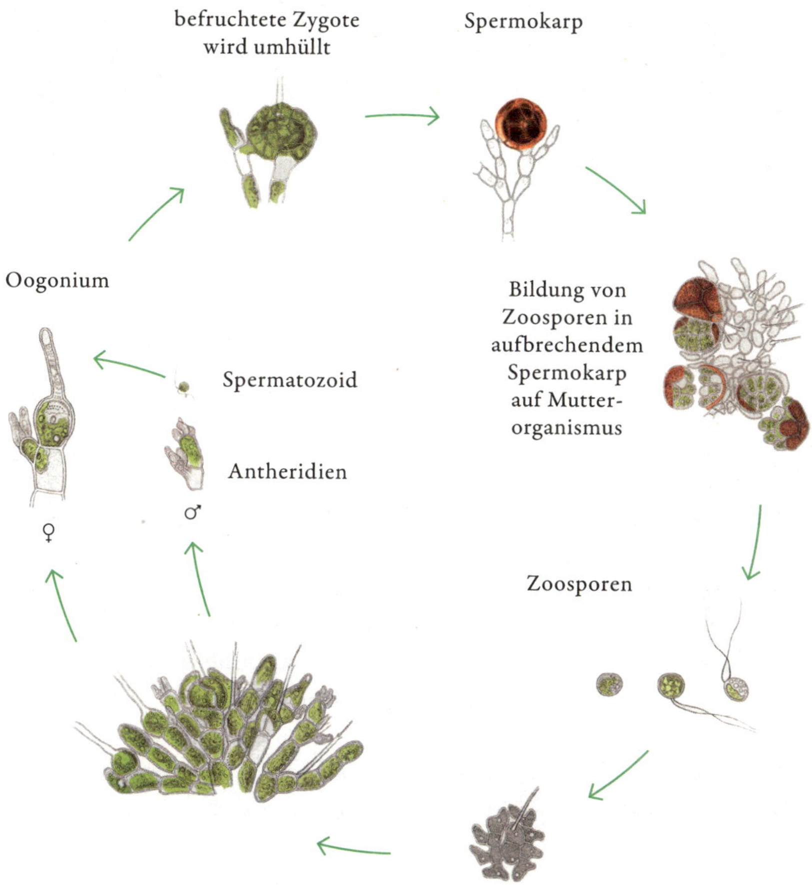

Abb. 3.16. Urform III – Sexuell-asexueller Generationswechsel: Beispiel *Coleochaeten*. Links oben: Nach der Befruchtung werden die Oogonien – durch Zellfäden eingehüllt – zum Spermokarp, in dem die Zygote als Oospore überwintert. Rechts oben: Im Frühjahr kommt es zu Zellteilungen und der Bildung von Zoosporen, aus denen ohne Sexualität die „gametophytische Generation", entsteht, die sich wiederum sexuell fortpflanzt. Entwicklungszyklus unter Verwendung der Originalzeichnungen von Nathanael Pringsheim.

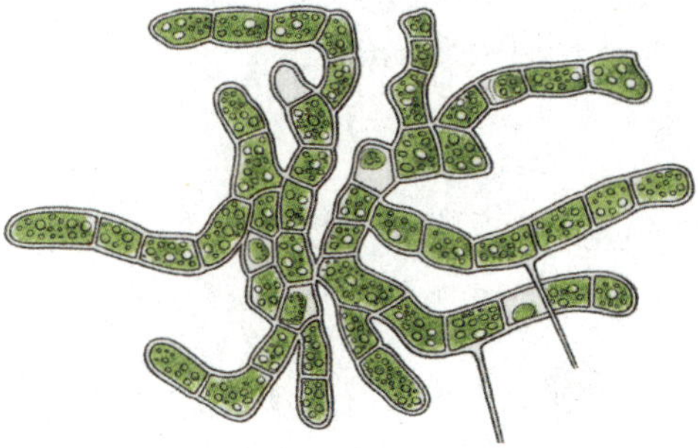

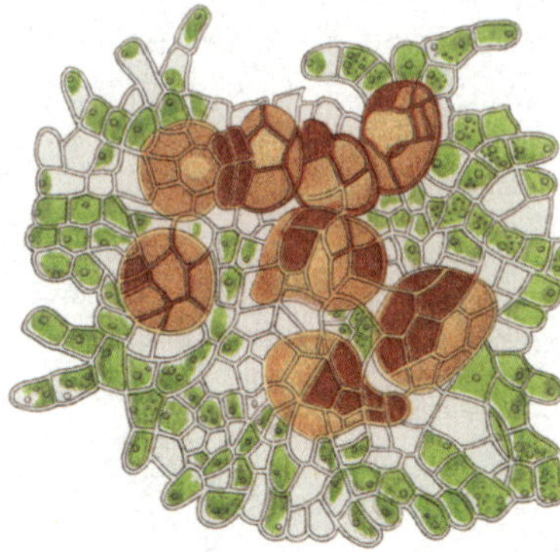

PROTOTYP COLEOCHAETEN

PRINGSHEIM ENTDECKTE ERSTMALS einen sexuell-asexuellen Generationswechsel bei *Coleochaeten* (griech. *koleon* Scheide, Köcher und *chaetos* Haar), einer Gattung von Grünalgen (Abb. 3.16.). Namensgebend für diese interessante Grünalgengattung sind die von einer Scheide umhüllten *Setae*, die als Abwehreinrichtungen gegen Pflanzenfresser fungieren. Abgebrochene Setae setzen eine abschreckende Substanz frei (Abb. 3.17. und 3.18.). Die Sexualorgane sind so groß, dass sie mit bloßem Auge erkennbar sind.

Im Gegensatz zu *Vaucheria*, *Pandorina* und *Oedogonium* ist bei den *Coleochaeten* die Sporenbildung geschützt (siehe Abb. 3.16.). Dabei verbleibt die aus der Zygote entstehende Spore im Oogonium , das durch die Einlagerung von Reservestoffen aus dem mütterlichen Organismus stark anwächst (bis zu 150 Mikrometer). Die Oogonien werden von Zellfäden umhüllt, die aus dem mütterlichen Organismus herauswachsen. Diese Struktur färbt sich braun und wird als Spermokarp bezeichnet. Es bleibt nach dem Absterben des Mutterorganismus erhalten und überwintert. Bei günstigen

Abb. 3.17. – 3.18. GENERATIONSWECHSEL BEI GRÜNALGEN. In den zu den Grünalgen gehörenden *Coleochaeten* beobachtete Nathanael Pringsheim erstmals einen Generationswechsel (Abb. 3.16.). Vor Pringsheims Forschungen wurden die Gametophyten-Generation (links) und der Gametophyt mit den darauf sitzenden Spermokarpen (rechts) der dargestellten Art *Coleochaeta irregularis* wegen ihrer offensichtlichen Unterschiede als unterschiedliche Arten betrachtet. Das Schema basiert auf den Originalzeichnungen von Nathanael Pringsheim.

Umweltbedingungen werden im Spermokarp Zoosporen gebildet, die nach dem Aufreißen der Hülle freigesetzt werden und aus denen nach dem Festsetzen ein neuer Organismus entstehen kann.[21] Das Spermokarp bietet der Oospore Schutz und stellt somit einen Selektionsvorteil dar.

Es lassen sich also bei den *Coleochaeten* deutlich zwei äußerlich verschiedene Generationen unterscheiden: die „Sporen-Generation", die ausschließlich Sporen bildet, und eine Generation, die lediglich Geschlechtsorgane und Keimzellen ausbildet, der Gametophyt. Beide Generationen sind für den Lebenszyklus dieser Algen unerlässlich. Sie wechseln einander regelmäßig ab und stellen somit einen Generationswechsel dar. Pringsheim schreibt:

> *„In dieser Bildung der Frucht tritt uns die überraschendste Ähnlichkeit mit den einfacheren Formen der Moosfrüchte, namentlich mit denen der Riccien entgegen, indem wir hier als das Produkt der Zeugung wie bei den Moosen eine vielzellige Frucht auftreten sehen, deren Zellen Mutterzellen der Sporen werden."*[22]
>
> (Mit der Frucht ist das Spermokarp gemeint, zu den Riccien zählt z. B. *Riccia fluitans*, das Schwimmende Teichlebermoos.)

Pringsheim konnte noch nicht wissen, dass bei den *Coleochaeten* nur die Oospore diploid, also mit zwei Chromosomensätzen versehen ist. Der Rest des Spermokarps besteht dagegen aus Zellen der haploiden Mutterpflanze. Bei Moosen hingegen besteht die ganze „Frucht", der

— OOGONIUM **Weibliches Geschlechtsorgan bei Algen, in dem unbewegliche weibliche Geschlechtszellen (Eizellen) ausgebildet werden.**

— SPERMOKARP **Berindetes weibliches Geschlechtsorgan bestimmter Grünalgen (z. B. *Coleochaeta spec.*).**

— ZOOSPORE **Dauerzelle, auch Schwärmspore genannt, aus der ohne Befruchtung eine neue Pflanze entstehen kann. Zoosporen sind im Unterschied zu Oosporen zumeist haploid.**

— OOSPORE **Dauerzelle, die aus der Zygote entsteht. Die Oospore kann im Unterschied zur Zygote in einer inaktiven Ruhephase verharren, bis die Umgebungsbedingungen günstig sind.**

— GAMETOPHYT **Geschlechtszellen erzeugende Generation bei Pflanzen mit Generationswechsel. Der Gametophyt entwickelt weibliche und männliche Sexualorgane und in diesen die Geschlechtszellen.**

Sporophyt, aus diploiden Zellen (s. u.). Es gibt allerdings auch Grünalgen, z. B. den Meersalat *Ulva lactuca*, bei denen wie bei Moosen der Sporophyt, also die sporenbildende Generation, ausschließlich aus diploiden Zellen besteht.

3.4 EVOLUTION DER LANDPFLANZEN: DIE BEDEUTUNG DER SEXUALITÄT

Die Landpflanzen haben im Laufe der Evolution eine erstaunliche Vielfalt an Arten und Formen hervorgebracht. Dabei spielte die Anpassung des sexuellen Erbes der im Wasser lebenden Grünalgen an das Landleben eine entscheidende Rolle. Pringsheim entdeckte bei den Algen die Urformen der Sexualität, die äußere und innere Befruchtung sowie den sexuell-asexuellen Generationswechsel. Diese Formen der Sexualität variieren bei den Landpflanzen, wobei eine innere Befruchtung in spezialisierten, schützenden Sexualorganen typisch ist. Des Weiteren gibt es bereits bei vielen Algen eine Unterscheidung in „Körperzellen" und Keimzellen, die in der sexuellen Fortpflanzung verwendet werden. Bemerkenswerterweise haben sich die Gestalt der Keimzellen und die Art der Befruchtung in der Evolution von Algen bis zu den Landpflanzen nur geringfügig verändert. Pringsheim schloss aus der Tatsache, dass die Keimzellen der von ihm untersuchten Pflanzenarten sich morphologisch ähneln, auf eine „embryologische Einheit" des Pflanzenreichs und auch auf morphologische Verbindungen zum Tierreich. Was sich hingegen in der Evolution stark umgebildet hat, ist der „Körper", der sich zu einem immer komplizierteren Schutzorgan für die Keimzellen entwickelte. Es ist erstaunlich, welchen Aufwand Landpflanzen betreiben und welche komplexen Geschlechtsorgane sie entwickeln, um sicherzustellen, dass die Keimzellen sich in einem feuchten Milieu treffen können. Denn bei allen Lebewesen reagieren Keimzellen auf Trockenheit mit Unfruchtbarkeit.

Eine erfolgreiche Befruchtung erfordert das physische Zusammentreffen von männlichen und weiblichen Geschlechtszellen. Dies ist nur

_ Sporophyt **Sporenbildende Generation bei Pflanzen mit Generationswechsel.**

durch Bewegung der Zellen möglich. Interessanterweise sind in der Regel die Keimzellen die einzigen beweglichen Zellen bei Pflanzen. Die Evolution hat eine Vielzahl von Bewegungstypen hervorgebracht, um das Zusammentreffen männlicher und weiblicher Geschlechtszellen zu ermöglichen. Diese reichen von zufälligen bis zu gerichteten Bewegungen. Bei den von Pringsheim untersuchten *Pandorina*-Algen sind sowohl weibliche als auch männliche Keimzellen beweglich, und ihre Bewegung ist zufällig. Bei den meisten Pflanzen hingegen sind nur die männlichen Keimzellen beweglich. Die Tatsache, dass Pflanzen an dieser Beweglichkeit festhalten, zeigt, wie wichtig die Geschlechtszellen sind, die das Erbgut von einer Generation zur nächsten weitertragen. Die oft mit Geißeln versehenen männlichen Zellen werden dabei, wie schon berichtet, durch chemische Signale angelockt, die von der Eizelle produziert werden.

Pringsheim war der erste, der einen Generationswechsel bei Grünalgen beobachtete. Ein Generationswechsel findet sich in modifizierter Form in allen Gruppen des Pflanzenreichs. Wie bereits erläutert, durchlaufen alle sich sexuell fortpflanzenden Organismen eine haploide und eine diploide Phase. Während der Befruchtung fusionieren zwei haploide Zellen zu einer diploiden Zelle. Die Meiose hingegen sorgt dafür, dass aus einer diploiden Zelle vier haploide Zellen entstehen, d. h. der Chromosomensatz halbiert wird. In der Evolution der Landpflanzen hat sich der Generationswechsel von einer anfänglichen Dominanz des haploiden Gametophyten bei Moosen hin zu einer Dominanz des diploiden Sporophyten bei Farnen und Höheren Pflanzen entwickelt. Dies ging einher mit einer Zunahme der genetischen Vielfalt.

Im Folgenden werde ich aufzeigen, dass Variationen im Generationswechsel essentiell sind, um die Evolution von Landpflanzen zu verstehen.[23]

VARIATION I: SEXUELLE DOMINANZ BEI MOOSEN 3.4.1

Pringsheim erweiterte ab dem Jahr 1876 seine systematischen Entwicklungsstudien um Moose und gewann durch die Analysen dieser Pflanzen neue Erkenntnisse zu ihrer Sexualität und Entwicklung. Bei

Moosen gibt es im Gegensatz zu Sprosspflanzen keine Unterteilung in Wurzel, Sprossachse und Blätter. Sie zählen wie die Algen zu den Kryptogamen, zu den Pflanzen also, die „heimlich Hochzeit feiern“ (Abb. 3.2.).

PIONIERE DES LANDLEBENS

Moose entstanden wahrscheinlich vor etwa 470 Millionen Jahren aus Grünalgen, die in feuchtem Umfeld an Land lebten. Diese Algen entwickelten zunächst eine filamentöse Gestalt und bildeten schließlich kleine, aufrechte Formen. Als erste Landpflanzen haben die Moose sprichwörtlich allen Höheren Pflanzen den Boden bereitet. Bei der Landbesiedlung ging es vor allem darum, Lösungen für das drängendste Problem zu entwickeln, den Mangel an tropfbar-flüssigem Wasser.

Die Bildung von Wurzeln war lediglich eine Lösung für das Problem der Trockenheit. Um das Festland erfolgreich zu besiedeln, mussten die ersten Moose insbesondere das Sexualverhalten der im Wasser lebenden Grünalgen so an das Landleben anpassen, dass eine geschützte Entwicklung ihrer Keimzellen im „wässrigen Milieu“ gewährleistet war. Das stellte eine große Herausforderung dar, da das Leben sich zuvor über mehrere Milliarden Jahre hinweg ausschließlich im Wasser entwickelt hatte. Für ein erfolgreiches Leben an Land war es also notwendig, dass Pflanzen sowohl schützende Hüllen für ihre Keimzellen als auch Mechanismen entwickelten, um die Spermien erfolgreich zur Eizelle zu transportieren, selbst wenn nur wenig Wasser vorhanden war.

Im Gegensatz zu Pflanzen konnten landlebende männliche Tiere aufgrund ihrer Mobilität ihren weiblichen Artgenossen gezielt folgen. Sie entwickelten mehr oder weniger lange und verformbare Körperanhänge, mit deren Hilfe sie ihre Geschlechtszellen direkt in das feuchte Innere ihrer Partnerinnen übertragen konnten. In Bezug auf den direkten Befruchtungsakt wählten die Tiere somit Wege, die den Pflanzen recht ähnlich waren.

— Sprosspflanzen (Kormophyten) **Farn- und Samenpflanzen, auch als Höhere Pflanzen oder Gefäßpflanzen bezeichnet.**

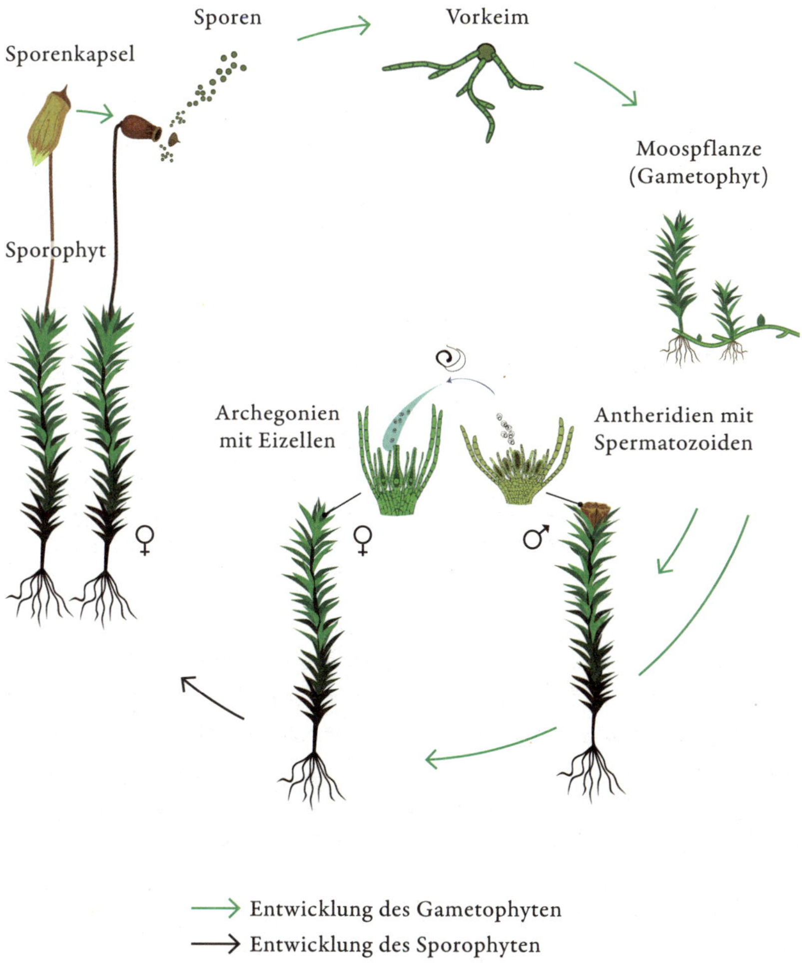

Abb. 3.19. Variation I – Generationswechsel mit sexueller Dominanz: Moose. Mitte rechts: Die in den Antheridien gebildeten Spermatozoiden schwimmen zum Archegonium, in dem sie mit der Eizelle zur Zygote verschmelzen. Links: Aus dieser entwickelt sich auf dem Gametophyt der Sporophyt, in dem sich in Sporenkapseln Sporen bilden. Mitte oben: Aus gekeimten Sporen entsteht ein Vorkeim, der Knospen entwickelt, aus denen weibliche und männliche Moospflanzen, also der Gametophyt, entstehen. Die sichtbare Moospflanze ist der Gametophyt, es dominiert also die sexuelle Generation.

GENERATIONSWECHSEL DER MOOSE

Moose sind verhältnismässig kleine Pflanzen und wachsen nur wenig über den Waldboden hinaus. Dies liegt daran, dass sie eine „wasserabhängige Sexualität" haben, d. h. für ihre erfolgreiche Befruchtung Wasser bzw. Feuchtigkeit benötigen, damit die Spermatozoiden zur Eizelle schwimmen können. Daher müssen Moose immer in Kontakt mit feuchtem Boden bleiben. Charakteristisch für Moose ist ein sexuell-asexueller Generationswechsel, ähnlich wie bei den Grünalgen, aus denen sie sich entwickelt haben (**Abb. 3.19.**).[24]

Wie bei den *Coleochaeten* ist der Gametophyt von Moosen oft flach auf dem Boden ausgebreitet. Er entspricht dem sichtbaren Moospflänzchen. Wie die Grünalgen produzieren Moose in ihren Antheridien begeißelte Geschlechtszellen (Spermatozoide). Sie müssen sich in tropfbar-flüssigem Wasser zu den Eizellen bewegen, die in den weiblichen Geschlechtsorganen (den Archegonien) festsitzen. Der unscheinbare Sporophyt bildet sich wie bei den *Coleochaeten* auf dem Gametophyt, und wird von diesem mit Nährstoffen versorgt. Die Sporen sind durch eine Reihe von Anpassungsprozessen zu Luftsporen geworden. Der von den Grünalgen übernommene dominierende Gametophyt hat den Moosen jeden Weg zu wirklich großwüchsigen Formen versperrt, da ihren Spermatozoiden nur in Bodennähe der Weg von einer Pflanze zur Nachbarpflanze gelingen kann. Moose sind vermutlich wegen ihres besonderen Generationswechsels Spezialisten für feuchte Standorte geblieben. Wir werden sehen, dass sich diese Verhältnisse bei den Farnen genau umkehrten (siehe ABSCHNITT 3.4.2).

APOSPORIE

Auch beim Studium der Moose bestand Pringsheims primäres Interesse in der Aufklärung der sexuellen Gewohnheiten dieser Pioniere des Landlebens, die stammesgeschichtlich zwischen den Algen und den Höheren Pflanzen stehen. Aber es gab einen weiteren wichtigen Grund:

— Archegonium **Weibliches Sexualorgan von Moosen und Farnen, in dem sich unbewegliche weibliche Geschlechtszellen (Eizellen) entwickeln.**

Im Jahr 1874 hatte der US-amerikanische Botaniker William Gilson Farlow erstmals über Apogamie bei Farnen berichtet. Er hatte beobachtet, dass ein Sporophyt auch vegetativ – also ohne Sex – aus einem Gametophyten entstehen kann. Pringsheim vermutete, dass auch das Gegenteil möglich sein sollte, d. h. dass sich der Gametophyt direkt aus einem Sporophyten ohne die Produktion von Sporen entwickeln kann. Der Nachweis gelang ihm schließlich im Jahr 1876 bei Schlafmoosen.[25]

Pringsheim konnte wie erhofft Vorkeime und blättrige Moospflänzchen (das entspricht bei Moosen den Gametophyten) direkt aus dem Stiel (das entspricht dem sporophytischen Gewebe) erzeugen (siehe Abb. 3.20.). Wenige Jahre später zeigte sein Schüler Eduard Strasburger, dass sich die durch Aposporie entstandenen von „normal entwickelten" Gametophyten genetisch unterscheiden. Bei normaler Entwicklung ist im Sporophyten die Zahl der – erst später nachgewiesenen – Chromosomen im Vergleich zum Gametophyten verdoppelt und es kommt bei der Sporenbildung durch Reduktionsteilung zu einer Halbierung. Im Unterschied dazu tragen durch Aposporie entstandene Gametophyten einen doppelten Chromosomensatz,[26] da sie keine Reduktionsteilung durchmachen. Aposporie und Apogamie sind zwei Spielarten asexueller Fortpflanzung. Sie eröffnen den Pflanzen neue Spielräume im Vermehrungszyklus, die bei der Evolution der Pflanzen kreativ genutzt werden können.

— **APOGAMIE Fortpflanzungsprozess, bei dem der Sporophyt direkt aus Zellen des Gametophyten entsteht, und zwar ohne Befruchtung und Zygotenbildung.**

— **APOSPORIE Entwicklung eines Gametophyten aus dem Sporophyten, ohne dass die übliche Sporenbildung stattfindet.**

Abb. 3.20. APOSPORIE. Im hier abgebildeten Schlafmoos (*Hypnum serpens*) wachsen Vorkeim und blättriges Moospflänzchen (der Gametophyt) direkt aus dem Stiel (Sporophyt) ohne die „Zwischenstufe" Sporen. Originalzeichnung von Nathanael Pringsheim.

Pringsheim sah in der Apogamie und der von ihm entdeckten Aposporie bei Moosen Belege für die von ihm vorgeschlagene homologe Theorie zur Entstehung des Generationswechsels.[27] Nach dieser Theorie ist der Sporophyt ursprünglich ein „modifizierter" Gametophyt, d. h. der Gametophyt entspricht ganz im Sinne von Goethes idealistischer Morphologie einer „Urpflanze". Aposporie und Apogamie zeigten aus Pringsheims Sicht, dass sich die Rollen von Gametophyt und Sporophyt vertauschen lassen. Die später vorgeschlagene antithetische bzw. Interpolationstheorie des englischen Botanikers Frederick Orpen Bower postuliert hingegen, dass der Sporophyt als neue Generation eingeschoben wurde.[28] Es gibt aus heutiger molekulargenetischer Perspektive allerdings keinen Grund, die homologe Theorie oder die antithetische Theorie aufgrund der beobachteten Phänomene der Apogamie / Aposporie zu bevorzugen.[29] Da Gametophyt und Sporophyt einer Pflanze einen großen Prozentsatz bzw. das gesamte Genom teilen, weisen sie eine enge genetische Beziehung auf, die die Fähigkeit zur gegenseitigen Umwandlung einschließt, und zwar unabhängig davon, ob der Sporophyt auf homologe oder antithetische Weise entstand.

3.4.2 VARIATION II: ASEXUELLE DOMINANZ BEI FARNEN

DAS JAHR 1863 barg eine große Überraschung für die botanische Welt. Während man sich daran gewöhnt hatte, von Pringsheim regelmäßig neue Entdeckungen aus dem Reich der Algen zu erfahren, veröffentlichte er in jenem Jahr eine Arbeit über den Schwimmfarn (siehe dazu auch Abb. 5.7. – 5.9. in KAPITEL 5).[30] Mit dieser Arbeit demonstrierte Pringsheim eindrücklich sein Können, auch die Entwicklungsgeschichte einer „Höheren Pflanze" zu durchleuchten.

In der Evolution der Landpflanzen nehmen Farne eine Mittelstellung zwischen Moosen und Samenpflanzen ein. Ähnlich wie Moose können

— SAMENPFLANZEN (PHANEROGAMEN) **Pflanzen, deren sexuelle Fortpflanzung über Staub- und Fruchtblätter stattfindet und deren Verbreitung durch Samen erfolgt. Man unterscheidet zwischen** *Gymnospermen* **(Nacktsamigen) und** *Angiospermen* **(Bedecktsamigen), den eigentlichen Blütenpflanzen.**

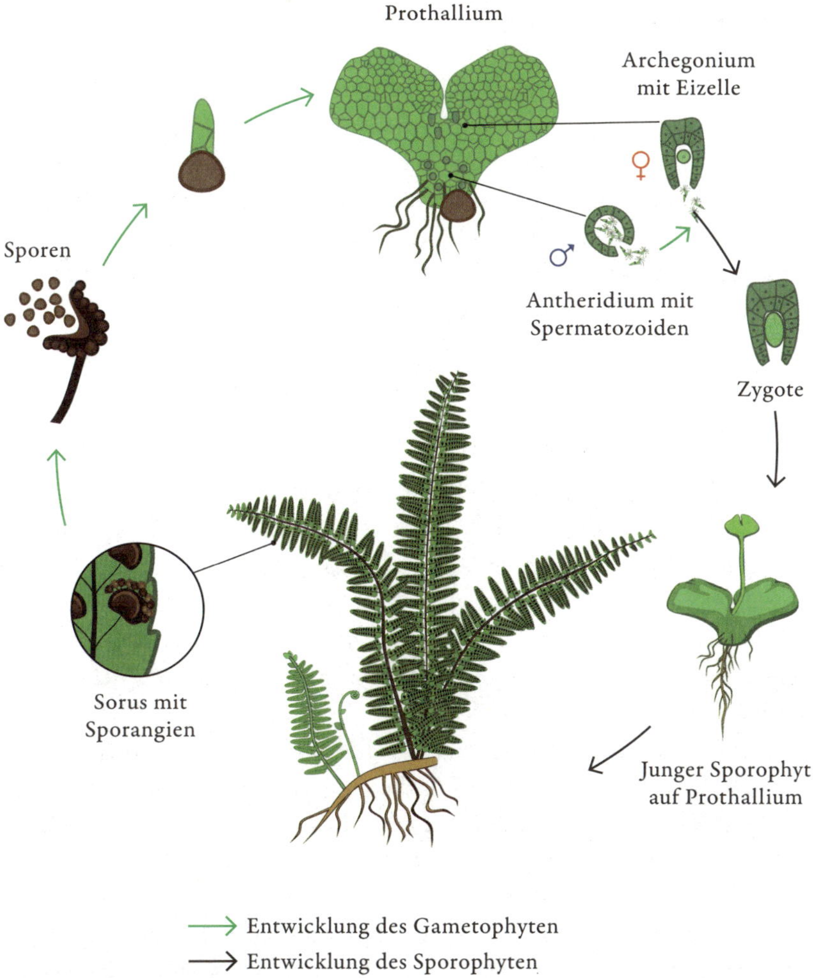

Abb. 3.21. Variation II – Generationswechsel mit asexueller Dominanz: Farne. Links: An der Unterseite der Blätter bilden sich Sporenkapseln (Sporangien), zumeist in Gruppen (Sori) angeordnet. Mitte oben: Die Sporen keimen aus und bilden das Prothallium, den Gametophyten. Rechts oben: Auf dessen Unterseite entstehen die weiblichen und männlichen Geschlechtsorgane. Mitte rechts: Die Spermatozoiden verschmelzen im Archegonium mit der Eizelle zur Zygote, aus der sich ein junger Sporophyt entwickelt, der zu einer neuen Farnpflanze auswächst. Die sichtbare Farnpflanze ist der Sporophyt, es dominiert also die asexuelle Generation.

sie sich durch Sporen vermehren. Doch im Gegensatz zu diesen besitzen Farne Wurzeln, Blätter und Sprosse. Zudem ist der Körper der Farne von einem Leitgefäßsystem durchzogen, welches den Transport und die Verteilung essenzieller Ressourcen ermöglicht – eine Voraussetzung für ihre Entwicklung, ihr Wachstum und ihre Überlebensfähigkeit. In diesem Aspekt stimmen die Farne mit den Blütenpflanzen überein, weshalb sie gemeinsam als **Gefäßpflanzen** bezeichnet werden. Unter den Sporenpflanzen sind Farne die artenreichste Gruppe und sie sind weltweit anzutreffen. Ihre Fähigkeit, neue Biotope effizienter zu besiedeln als Moose, ist der speziellen Form ihres Generationswechsels zu verdanken. Sie verkehren den Generationswechsel der Moose geradezu ins Gegenteil!

GENERATIONSWECHSEL DER FARNE

DIE MOOSE EBNETEN DEN WEG für die Farne – auch sexuell. Den Farnen gelang es auf Basis des von den Moosen ererbten Generationswechsels vom Wasser unabhängiger zu werden und auch größere Individuen zu entwickeln. Der Generationswechsel ist bei Farnen zwar immer noch wasserabhängig, aber im Vergleich zu Moospflanzen in einer deutlich reduzierten Form (**Abb. 3.21.**).

Der Gametophyt, der sogenannte Vorkeim, blieb bei den Farnen – ähnlich wie bei den Moosen – erdverbunden und ähnelt bei vielen Farnarten einem Lebermoos. Auch der Gametophyt der Farne produziert begeißelte Spermatozoide, die ihren Weg zu den weiblichen Geschlechtsorganen in einer Flüssigkeit zurücklegen. Um in Kontakt mit dem feuchten Boden bleiben zu können, ist die Größe des unscheinbaren Gametophyten begrenzt. Anders als bei den Moosen hat sich aber der Sporophyt vom Gametophyten emanzipiert und ist zu einem eigenständigen, frei lebenden Organismus geworden, der oft durch den Gametophyten hindurchwächst. So wurde bei den Farnen der Sporophyt (die Sporen produzierende Generation) vorherrschend. Diese sporophytische Dominanz eröffnete den Farnen alle Möglichkeiten zum Größenwachstum, bis hin zu 30 Meter hohen Baumfarnen.

— GEFÄSSPFLANZEN **Diese Pflanzengruppe umfasst die Bärlapppflanzen, die Farne und die Samenpflanzen.**

Aus den isosporen Farnarten entwickelten sich heterospore Arten. Heterosporische Farne produzieren zwei Arten von Sporen– große Megasporen und kleinere Mikrosporen. Diese Differenzierung geht einher mit einer weiteren Reduktion der weiblichen und männlichen Gametophyten, die sich aus den beiden Sporensorten entwickeln. Die Sporen erhalten so viel Nahrung vom Sporophyten, dass die Gametophyten ohne eigene Ernährung Gameten bilden können. Heterospore Farne sind eine evolutionäre Vorstufe zu den Samenpflanzen. Die Samenfortpflanzung ist eine Folge des Sesshaftwerdens der Megasporen im Sporenbehälter (Sporangium) und bedeutete die endgültige Freiheit der Pflanze in der Wahl ihres Standorts.

VARIATION III: GESCHÜTZTE SEXUALITÄT BEI BLÜTENPFLANZEN 3.4.3

Vor seiner intensiven Beschäftigung mit Niederen Pflanzen, insbesondere Algen, hatte Pringsheim ein tiefes Interesse an Blütenpflanzen (*Angiospermae*), auch Bedecktsamer genannt. Diese bilden zusammen mit den Nacktsamern (*Gymnospermae,* z.B. Nadelbäume) die Gruppe der Samenpflanzen. Für seine Dissertation untersuchte er das Wachstum des Samens der Erbse, die ebenfalls eine Blütenpflanze ist (siehe **ABSCHNITT 2.2.2**).

Die Samenpflanzen verbreiteten sich auf der Erde vor etwa 350 bis 250 Millionen Jahren. Ihre Vermehrung durch Samen machte sie unabhängiger vom Wasser. Sie tragen das sexuelle Erbe ihrer Vorfahren – darunter Algen, Moose und Farne – in sich und zeigen wie diese einen sexuell-asexuellen Generationswechsel. Die ersten Blütenpflanzen (Bedecktsamer) entstanden im Jura vor ungefähr 200 Millionen Jahren aus Vertretern der Nacktsamer und optimierten ihre Fortpflanzung durch die Bestäubung mittels Tieren wie Bienen und Schmetterlingen. Der Hauptunterschied zwischen Nackt- und Bedecktsamern liegt in der Art, wie ihre Samen entstehen. Nacktsamer bilden Samen in offenen Strukturen, wie beispielsweise Zapfen. Diese Samen besitzen meist keinen zusätzlichen Schutz und sind oft größer als jene der Bedecktsamer.

Bedecktsamer zeichnen sich gegenüber Nacktsamern durch eine bedeutende evolutionäre Neuerung aus: die Ausbildung des weiblichen

Geschlechtsorgans als **Fruchtknoten**. Dieser entsteht aus verschmolzenen Fruchtblättern und schützt die jungen Samenanlagen (Megasporangien) sogar während der Bestäubung. Daher können Pollenkörner (Mikrosporen) nicht direkt zu den Samenanlagen gelangen. Sie keimen stattdessen auf der Narbe der Fruchtblätter zu einem **Pollenschlauch** aus, welcher den männlichen Kern zur Eizelle in der Samenanlage befördert. Fruchtknoten und Pollenschlauch dienen als „Schutzorgane", welche den Blütenpflanzen eine größere Unabhängigkeit vom Wasser gewähren und sie in der Erschließung neuer Lebensräume unterstützen.

Pringsheim beschäftigte sich eingehend mit der Blütenbildung am Beispiel des Einjährigen Bingelkrauts *Mercurialis annua*. Diese Pflanze hatte im 17. Jahrhundert bereits dem deutschen Mediziner und Botaniker Rudolf Jacob Camerarius wichtige Einsichten in die Pflanzensexualität verschafft (siehe ABSCHNITT 3.1). 150 Jahre später entdeckte Pringsheim die genaue Entwicklungsgeschichte der weiblichen und männlichen Geschlechtorgane des Bingelkrauts (Abb. 3.22.).[31]

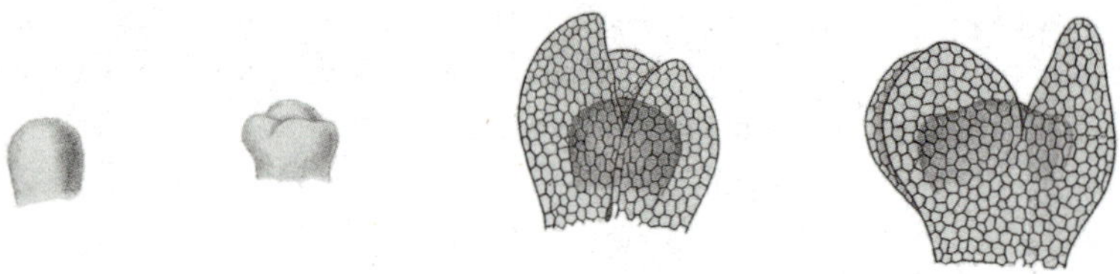

Abb. 3.22. SCHUTZORGAN BLÜTE. Am Beispiel des Einjährigen Bingelkrauts (*Mercurialis annua*) klärte Pringsheim die Entwicklungsgeschichte einer Pflanzenblüte auf. Diese dient der sexuellen Fortpflanzung und erfüllt dabei verschiedene Aufgaben, von der Anlockung von Bestäubern bis hin zur Bildung von Samen. Originalzeichnungen von Nathanael Pringsheim.

— FRUCHTKNOTEN **Bei Samenpflanzen das die Samenanlage tragende weibliche Geschlechtsorgan.**

— POLLENSCHLAUCH **Teil des männlichen Gametophyten bei Samenpflanzen. Er ermöglicht den Transport der Spermien des Pollenkorns zur Befruchtung der weiblichen Samenanlagen.**

GENERATIONSWECHSEL DER BLÜTENPFLANZEN

BEIM GENERATIONSWECHSEL der Blütenpflanzen ist der Gametophyt, d. h. die haploide Generation, im Vergleich zu Moosen und Farnen noch weiter reduziert (**Abb. 3.23.**). Er besteht aus nur wenigen Zellen und fällt so kaum als eigene Generation ins Gewicht. Wie bereits bei den Farnen dominiert der Sporophyt, der als Baum, Strauch oder Kraut in Erscheinung tritt. In den weiblichen wie auch in den männlichen Fortpflanzungsorganen (Fruchtknoten bzw. Staubblätter) findet die Meiose statt, d. h. der Übergang zur haploiden Kernphase. Im Fruchtblatt wird nach der Meiose der **Embryosack** ausgebildet, der dem weiblichen Gametophyt entspricht, und u. a. die Eizelle und den „Embryosackkern" beherbergt. In den Pollensäcken der Staubblätter werden die Pollenkörner gebildet, d. h. der männliche Gametophyt. Die weiblichen und männlichen Gametophyten stellen die haploide Generation dar. Der deutliche Unterschied in der Komplexität zwischen Gametophyt und Sporophyt bei Blütenpflanzen illustriert die evolutionären Anpassungen und Entwicklungen, die diese Organismen durchlaufen haben, um in einer Vielzahl von Umgebungen erfolgreich zu sein.

DER POLLENSCHLAUCH: EINE AUSSERGEWÖHNLICHE „ERFINDUNG" DER NATUR

STRUKTUR UND FUNKTION des Pollenschlauchs wurden erstmals von Rudolf Virchow untersucht. Die genaue Bedeutung des Gebildes bei der Befruchtung der Eizelle wurde jedoch erst von Nathanael Pringsheims Schüler Eduard Strasburger aufgeklärt,[32] der auch dessen Nachfolger an der Universität Jena war und später Professor an der Universität Bonn wurde. Der Pollenschlauch wird von der Pollenschlauchzelle und der inneren Zellwand des auf die Narbe gelangten Pollenkorns bei der Keimung gebildet (**Abb. 3.24.**). Er führt unter sehr starker Verlängerung die sich mehr oder weniger passiv verhaltenden Spermien bis an die Eizelle heran. Die Anwesenheit von Wasser zur Befruchtung ist dadurch

— EMBRYOSACK **Weiblicher Gametophyt in der Samenanlage von Blütenpflanzen, der die Eizelle enthält.**

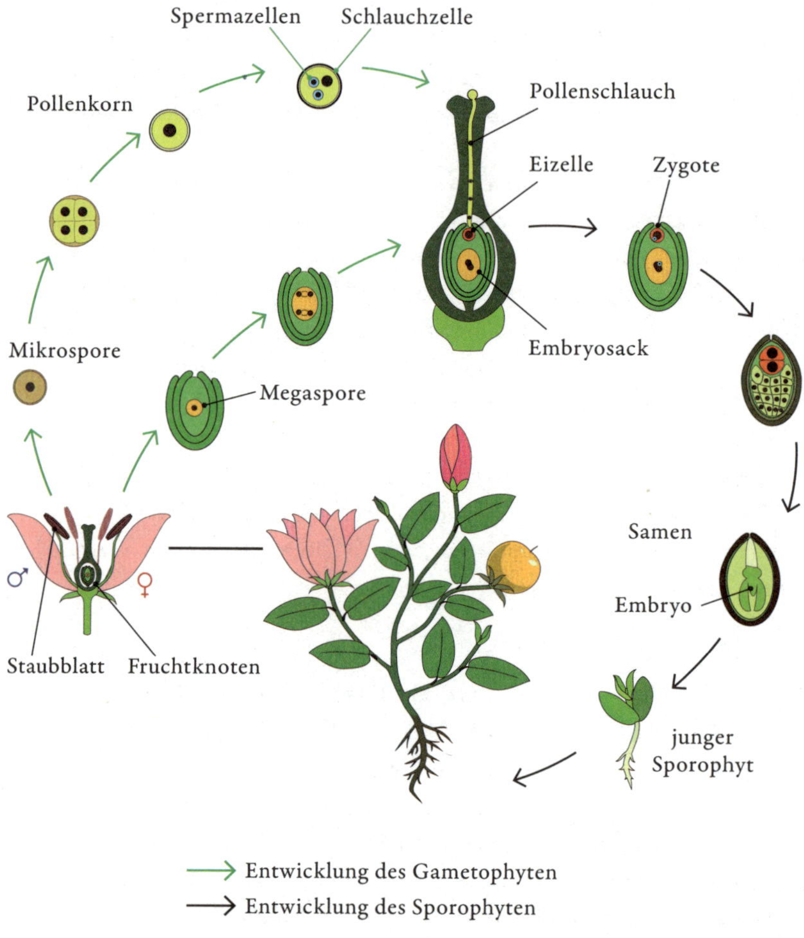

Abb. 3.23. Variation III – geschützte Sexualität: Generationswechsel der Blütenpflanzen. Der Sporophyt ist die dominierende Generation im Lebenszyklus von Blütenpflanzen und besteht aus Sprossachse, Blättern und Wurzeln. Die sexuelle Generation (weibliche und männliche Gametophyten) ist sehr stark reduziert. Der männliche Gametophyt besteht aus wenigen Zellen im Pollenkorn, der weibliche Gametophyt aus dem Embryosack mit der Eizelle in der Samenanlage, aus der sich der Embryo entwickelt. Fruchtknoten und Pollenschlauch ermöglichen eine „geschützte Befruchtung". Erläuterungen im Text.

verzichtbar. Strasburger beobachtete, dass die Pollenschlauchspitze und die Embryosackwand an ihrer Berührungsstelle verquellen, die beiden Kerne des Pollenschlauchs übertreten und schließlich einer der Kerne mit dem Eikern verschmilzt (Abb. 3.23.).

Der Pollenschlauch ist Teil des männlichen Gametophyten und ermöglicht den Transport der Spermien des Pollenkorns zur Befruchtung der weiblichen Samenanlagen. Damit wies Strasburger für Höhere Pflanzen den gleichen Befruchtungsvorgang nach, den der deutsche Anatom und Zoologe Oscar Hertwig einige Jahre vorher im Tierreich beobachtet hatte. Hertwig hatte erstmals 1875 am nahezu durchsichtigen Seeigelei die Befruchtung einer weiblichen Eizelle durch eine männliche Samenzelle nachweisen können.[33]

Bei den *Gymnospermen*, zu denen auch der Ginkgo zählt, dient der Pollenschlauch der Befestigung und Ernährung des männlichen Gametophyten.

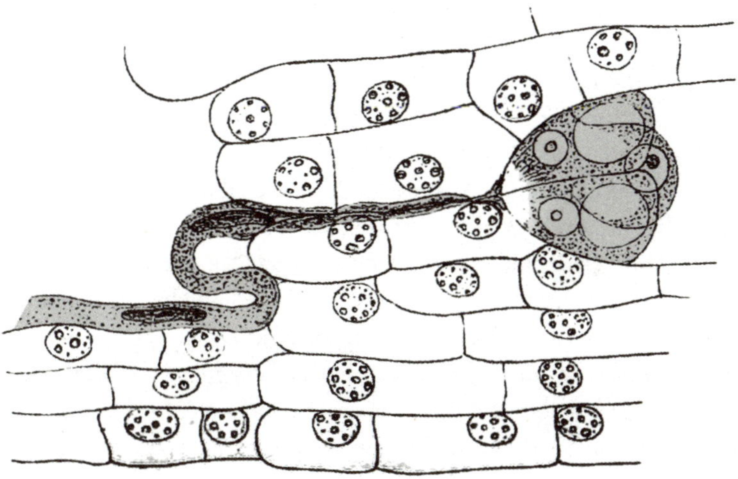

Abb. 3.24. SCHUTZORGAN POLLENSCHLAUCH. Der Mechanismus der Übertragung der Pollenkerne zur Eizelle wurde von Eduard Strasburger, einem Schüler Nathanael Pringsheims, an der Universität Bonn aufgeklärt. Der Pollenschlauch wird bei der Keimung des auf die Narbe gelangten Pollenkorns gebildet und wächst in Richtung des Embryosacks, wo der generative Pollenkern mit der Eizelle verschmilzt (Abb. 3.23.). Originalzeichnung von Eduard Strasburger.

Gymnospermen scheiden die für die Fortbewegung der männlichen Geschlechtszellen nötige Flüssigkeit durch eine Öffnung an der Spitze der Samenanlage (Mikropyle) selbst aus (Pollinationströpfchen).

Bei den Samenpflanzen, also den Angio- und Gymnospermen, führte die stetige Verkleinerung des Gametophyten und die Einverleibung des weiblichen Gametophyten in den „Mutter-Sporophyten" letztlich zur vollständigen Unabhängigkeit des Sexualaktes von tropfbar-flüssigem Wasser. Das ist nach heutiger Kenntnis letztlich der entscheidende Grund dafür, dass Samenpflanzen zur vorherrschenden Lebensform unter den Landpflanzen wurden.

3.4.4 DAS ERSTE MAL: VOM VORTEIL SEXUELLER VERMEHRUNG

PRINGSHEIM INTERESSIERTEN die Spielarten der Sexualität und nicht die Gründe für die Entwicklung von Sexualität. Pringsheim zeigte, dass Sexualität ein Lebensprinzip schlechthin darstellt. Die sexuelle Vermehrung von *Pandorina morum* betrachtete er als Urform. Dabei handelt es sich in der Tat um eine primitive Form sexueller Vermehrung in Pflanzen. Pandora ist in der griechischen Mythologie eine aus Lehm geschaffene Frau und ihr Name wird oft mit „Allbegabte" übersetzt. Eine treffende Bezeichnung für die *Pandorina*-Alge, besitzt sie doch weder Geschlechtsorgane noch eine Differenzierung in Keim- und Körperzellen. Allerdings sind ihre Geschlechtszellen bereits in größere weibliche und kleinere männliche Formen differenziert, ein Beispiel für Anisogamie. Die anisogame Sexualität von *Pandorina* mit kleinen „männlichen" und großen „weiblichen" Gameten hat sich in der Evolution aus „noch primitiveren" isogamen Formen entwickelt, in denen sich die unterschiedlichen Geschlechtszellen nicht morphologisch unterscheiden. Die Anisogamie bietet verschiedene Vorteile: Die größere, oft unbewegliche Geschlechtzelle kann mehr Nährstoffe speichern, was vorteilhaft für die frühe Entwicklung der Zygote ist.

— ISOGAMIE **Ursprünglicher Fortpflanzungstyp, bei dem sich die männlichen und weiblichen Geschlechtszellen in ihrer Größe, Form und Beweglichkeit nicht unterscheiden.**

Die kleinere, beweglichere Geschlechtszelle kann sich hingegen schnell bewegen und hat eine höhere Wahrscheinlichkeit, einen Partner zu finden. Die Oogamie ist eine extreme Form der Anisogamie. Der weibliche Gamet ist viel größer und vollständig unbeweglich, während der männliche Gamet sehr klein und hoch beweglich ist. Viele fortgeschrittene Grünalgen, wie die von Pringsheim untersuchten *Vaucheria*, *Coleochaeta* und *Oedogonium spec.* zeigen diese Form der Fortpflanzung.

Isogame Fortpflanzung – also die Fortpflanzung mit Hilfe gleichartiger Gameten – ist vermutlich aus asexuellen Fortpflanzungsmethoden entstanden. Ursprüngliche Einzeller vermehrten sich wahrscheinlich hauptsächlich durch einfache Zellteilung. Diese Methode der Fortpflanzung ist schnell und effizient, bietet jedoch wenig genetische Variabilität. Einige Organismen entwickelten dann Mechanismen, um genetisches Material auszutauschen und so die genetische Vielfalt zu erhöhen, ohne sich dabei zu reproduzieren. Ein Beispiel ist die Konjugation bei bestimmten Bakterien, bei der genetisches Material zwischen zwei Zellen übertragen wird (**Abb. 3.25**). Im Laufe der Evolution könnten einige Einzeller Mechanismen entwickelt haben, um spezialisierte Reproduktionszellen zu bilden, die sich mit anderen solchen Zellen vereinigen können. Wenn diese Gameten anfänglich von gleicher Größe und Form waren, wäre dies die isogame Fortpflanzung.

Sexualität entwickelte sich vor etwa 1,2 Milliarden Jahren. Die genauen Gründe dafür sind jedoch nach wie vor Gegenstand wissenschaftlicher Untersuchungen. Es erscheint auf den ersten Blick paradox, warum ein so energieaufwendiger Prozess wie die sexuelle Fortpflanzung entstand, wenn bereits existierende Fortpflanzungsstrategien effektiv funktionierten. Um das zu verdeutlichen: Asexuelle Fortpflanzung ermöglicht es einem Organismus, sich ohne Partner zu reproduzieren, indem er genetisch identische Nachkommen produziert. Das ist besonders in Umgebungen mit geringen Populationsdichten vorteilhaft, da es nicht notwendig ist, einen Partner zu finden. Vor diesem Hintergrund mag es verwunderlich erscheinen, dass die sexuelle Fortpflanzung, bei der zwei verschiedene Individuen beteiligt sind, sich überhaupt entwickelt hat.

Allerding erhöht sexuelle Fortpflanzung trotz des zusätzlichen Energieaufwands und der Notwendigkeit eines Partners die genetische

Vielfalt innerhalb einer Population. Diese Vielfalt kann zu einer besseren Anpassungsfähigkeit führen und einen Schutz gegen sich schnell verändernde Umweltbedingungen, Parasiten oder Krankheiten bieten. Dennoch bleiben viele Fragen unbeantwortet, insbesondere nach den genauen Mechanismen der sexuellen Evolution oder warum einige Organismen trotz der Vorteile der sexuellen Fortpflanzung asexuell bleiben.

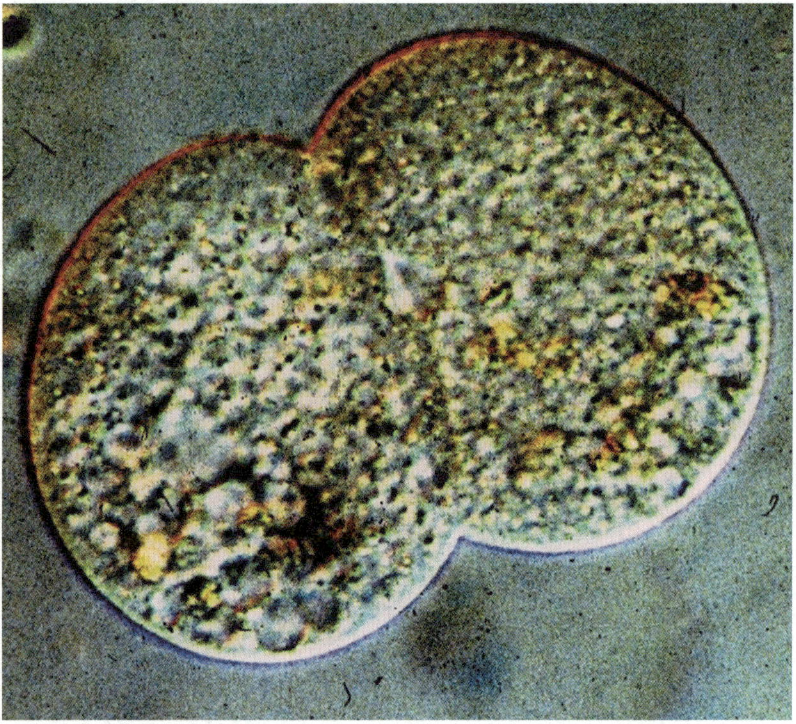

Abb. 3.25. Ursprünge der Sexualität. Nathanael Pringsheim entdeckte die sexuelle Fortpflanzung bei Algen. Jedoch hatte sich die sexuelle Fortpflanzung evolutionär betrachtet bereits vor den Algen entwickelt. Abgebildet ist die Konjugation des Wimpertierchens *Colpoda cucullus*. Konjugation ist eine Form „primitiver Sexualität". Dabei koppeln zwei Organismen aneinander und tauschen genetisches Material aus. Dieser Vorgang ist ein Rekombinationsprozess und keine Vermehrung, da keine neuen Individuen entstehen. Aus der Perspektive des Papstes wäre die Konjugation als „Sex ohne Reproduktion" wohl verboten!

EINORDNUNG DES PRINGSHEIMSCHEN WERKES 3.5

NATHANAEL PRINGSHEIM WAR EIN PIONIER der modernen experimentell-analytischen Botanik, die sich im 19. Jahrhundert als eigenständige Forschungsdisziplin von der Medizin abspaltete. Über einen Zeitraum von mehr als vier Jahrzehnten hinweg erforschte er auf Grundlage der Zelltheorie die Lebenszyklen von Pilzen, Algen, Moosen, Farnen und Samenpflanzen. Insbesondere durch seine Algenforschung revolutionierte er die damaligen Ansichten zur Sexualität und entdeckte die Sexualität als allgemeines Lebensprinzip. Seine Beobachtungen über die Urformen der Sexualität bei Grünalgen waren visionär, denn die stammesgeschichtliche Bedeutung dieser Algen war ihm noch nicht bekannt – Genetik und Molekularbiologie kamen erst viel später auf. Aktuelle genetische Analysen haben gezeigt, dass alle Landpflanzen von Vertretern der Grünalgen abstammen.[34]

Pringsheim entdeckte, dass Grünalgen weibliche und männliche Fortpflanzungsorgane besitzen, identifizierte die befruchtungsfähigen Geschlechtszellen und wies nach, dass weibliche und männliche Keimzellen bei der Befruchtung verschmelzen. Pringsheim erkannte die Ähnlichkeit der Befruchtungsprozesse im Tier- und Pflanzenreich und folgerte, dass die sexuelle Befruchtung schon sehr früh in der biologischen Stammesgeschichte verankert wurde und sich ihre Form seither nur wenig veränderte.

Eine wichtige Errungenschaft von Pringsheim war die Entdeckung, dass bei Grünalgen erstmals im Pflanzenreich ein Generationswechsel zwischen eigenständigen sich sexuell und asexuell reproduzierenden Generationen stattfindet, die Gametophyten- und Sporophyten-Generation genannt werden. Die Bildung eines mehrzelligen Sporophytenstadiums um die Zygote herum bietet einen Schutz vor schädlichen Umweltfaktoren, insbesondere wenn sich diese Algen in exponierten oder variablen Habitaten befinden. Mit Weitsicht widmete sich Pringsheim dabei den *Coleochaeten*, einer Grünalgengruppe mit einem fortgeschrittenen Sexualsystem, ohne zu wissen, dass diese zu möglichen Vorläufern aller Landpflanzen zählen. Nach der von Pringsheim vorgeschlagenen „homologen" Theorie war der Sporophyt ursprünglich ein „modifizierter"

Gametophyt.[35] Nach dieser Auffassung entspricht der Gametophyt also ganz im Sinne von Goethes idealistischer Morphologie einer „Urpflanze". Aus heutiger Sicht lässt sich die Entwicklung eines eigenständigen Sporophyten allerdings am ehesten mit der „Interpolationstheorie" erklären.[36] Danach entwickelt sich der Sporophyt durch mitotische Teilungen aus der Zygote und wird als neue Generation quasi „eingeschoben".

Die Variationen des Generationswechsel bei Landpflanzen stellen evolutionäre Anpassungen an das Leben auf dem Land dar (Abb. 3.26). Im Laufe der Evolution der Landpflanzen verlagerte sich der Generationswechsel von einer Dominanz des Gametophyten bei Moosen hin zu einer Dominanz des Sporophyten bei Farnen und Samenpflanzen. Dies kann als Reaktion auf ökologische und evolutive Herausforderungen betrachtet werden.

Darüber hinaus entwickelte Pringsheim neue Methoden und Techniken zur mikroskopischen Untersuchung von Pflanzenzellen. Er betonte stets die Bedeutung der Grundlagenforschung als Basis für weitere Studien und Anwendungen in anderen biologischen Bereichen. Pringsheims Arbeiten erweiterten das Verständnis der Zellbiologie und der Fortpflanzung von Organismen und legten das Fundament für eine tiefere Einsicht in die Gründe und Mechanismen der Lebensdiversität und der biologischen Prozesse, die Zellen und Organismen formen und beeinflussen. Pringsheim kritisierte die spekulative Naturphilosophie und die Metaphysik. Gleichzeitig vertrat er eine von Goethe inspirierte idealistische Evolutionstheorie, die eine morphologische Entfaltung von Organismen aus einem Urtyp postulierte. Im Gegensatz dazu sieht die Darwinsche Evolutionsbiologie Ähnlichkeiten zwischen Organismen als Zeichen gemeinsamer Abstammung und nicht ideeller Verwandtschaft. Pringsheim stand also mit einem Fuß bei der Erklärung der Evolution noch bei Goethe, während er sich mit dem anderen Fuß bei der Analyse der Individualentwicklung bereits in der modernen Biologie und der Zelltheorie befand. Pringsheims Arbeit ist auch deshalb so spannend, weil sie einen Übergang zu einem neuen Verständnis von Evolution und Entwicklung markiert. Viele Fragen bleiben offen, aber dank seiner bahnbrechenden Forschungsarbeiten sind wir überhaupt erst in der Lage, derartige Fragen gezielt zu stellen.

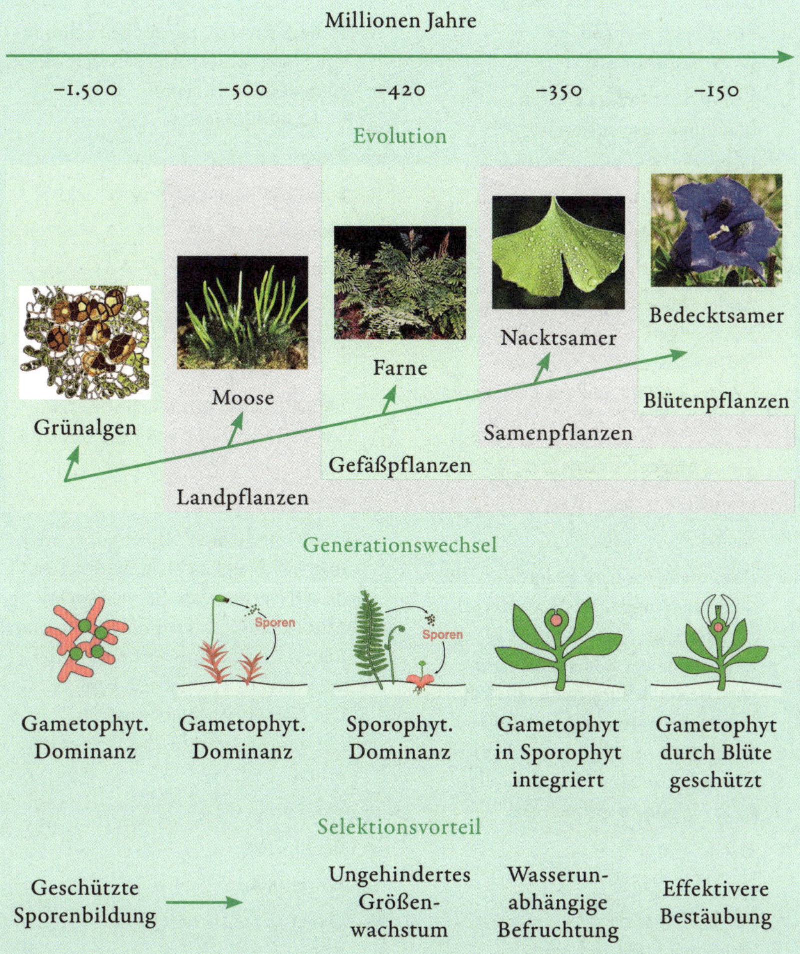

Abb. 3.26. Evolution der Landpflanzen. Die Evolution der Landpflanzen – von vielzelligen Grünalgen über Moose und Farne bis zu Nackt- und Bedecktsamern (Blütenpflanzen) – ist geprägt von Variationen im Generationswechsel, die aus der natürlichen Selektion resultieren. Der Generationswechsel, zuerst von Nathanael Pringsheim bei Grünalgen beschrieben, beinhaltet eine Gametophytengeneration (hier rot dargestellt) und eine Sporophytengeneration (hier grün dargestellt).

ANMERKUNGEN

1 Pringsheim 1895, Bd. 1, 3 [= Pringsheim 1855].

2 Sermo de Structura Florum, Lugdunum Batavorum 1727, 7.

3 Deutsch 2024.

4 Toepfer 2011, Band 2, 80 – 82 (Abschnitt „Sexualität").

5 Mägdefrau 2013, 135 – 138

6 Andere historische Bezeichnungen sind *Phaenerogamae* (sichtbar Blühende) für *Publicae* und *Cryptogamae* (versteckt Blühende) für *Clandestinae*.

7 Siegesbeck 1737, 49.

8 Zit. n. Mägdefrau 2013, 71.

9 Hofmeister 1851.

10 Thuret 1850.

11 Pringsheim schätzte Helgoland, weil er dort Linderung seines Asthmas erfuhr. 70 Jahre später hatte Werner Heisenberg ebenfalls auf Helgoland seine entscheidende Eingebung, die schließlich zur Quantenmechanik führte (siehe **KAP. 4**, **Abb. 4.4.**). Heisenberg war wegen starken Heuschnupfens nach Helgoland gekommen.

12 Pringsheim 1855, 3 – 4 (Hervorhebungen im Original).

13 Pringsheim 1856.

14 Pringsheim 1895, Bd. 1, 133. [= Zur Kritik und Geschichte der Untersuchungen über das Algengeschlecht, 1856].

15 Zwerg- oder auch Pygmäenmännchen ist die Bezeichnung für männliche Geschlechtsorgane, die wesentlich kleiner als die weiblichen sind. Dies ist eine Extremform des Sexualdimorphismus.

16 Pringsheim 1856. Bei der Befruchtung von *Oedogonium* handelt es sich wie bei *Vaucheria* um Oogamie und Anisogamie.

17 Pringsheim 1856, 41 – 44.

18 Chamisso/Eysenhardt 1821.

19 Hofmeister 1851.

20 Pringsheim 1856.

21 Pringsheim 1859.

22 Pringsheim 1895, Bd. 1, 46 [= Pringsheim 1856].

23 Meine Analyse stützt sich vor allem auf die Darstellung von Zimmermann 1969.

24 Hofmeister 1851.

25 Diese tragen ihren Namen nicht, weil man wohlmöglich beim Beobachten derselben einschläft. Sie wurden im Mittelalter getrocknet für Kissen- und Matratzenfüllungen verwendet oder auch direkt als Schlaflager benutzt. Der Name der Schlafmoose ist *Hypnum*, das griechische Wort für Schlaf.

26 Strasburger 1884.

27 Bryan 2001.

28 Bower 1890.

29 Qiu et al. 2012.

30 Pringsheim 1863b.

31 Pringsheim 1851.

32 Strasburger 1884; Volkmann 2012.

33 Hertwig 1884.

34 Donoghue 2021.

35 Pringsheim 1878.

36 Bennici 2008.

37 Quellen für diesen Abschnitt sind u. a. Ladenburg 1912.

4 MEERESBIOLOGIE:

PRINGSHEIMS WIRKEN AUF HELGOLAND

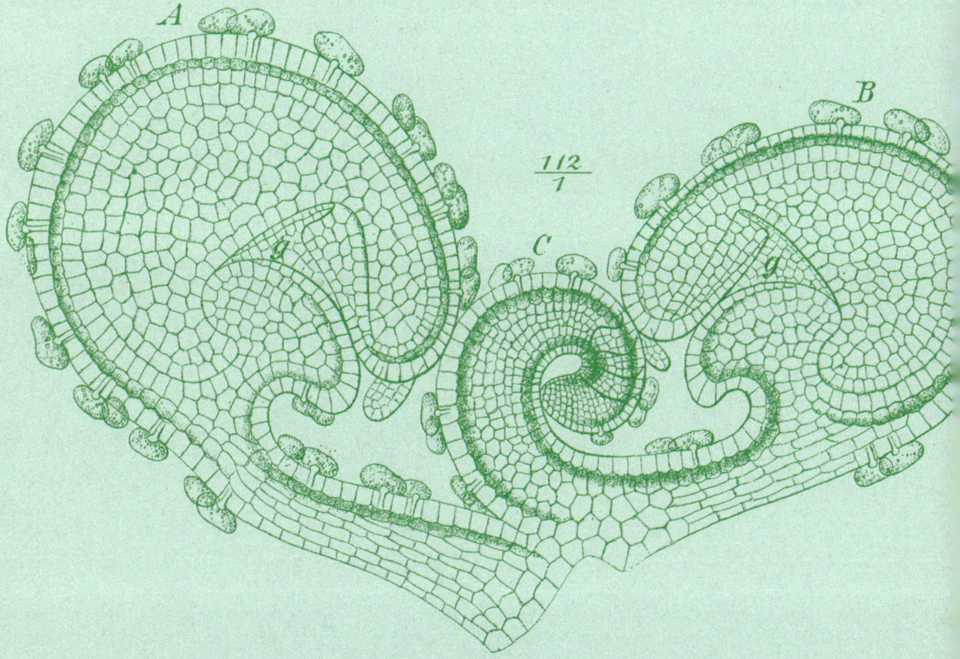

„Helgoland bietet in dieser Beziehung beides, Klippen und Sanddünen. Die Standorte der Pflanzen und Thiere finden sich hier gewissermassen vor der Thür des Beobachters und die mächtige Ebbe und Fluth auf Helgoland ermöglicht es zugleich Pflanzen und Thiere täglich unter ihren normalsten Lebensbedingungen, in den zahlreichen, zur Ebbezeit zurückbleibenden, seichteren und tieferen Wasserrinnen und Wasserbecken zwischen den Klippen vor jedem störenden Eingriffe geschützt zu beobachten und das nöthige Untersuchungsmaterial in seiner vollkommensten und besten Erhaltung zu sammeln."[1]

— Nathanael Pringsheim (1890)

„Das Meer ist groß, und man kann ihm mit kleinen Mitteln nicht beikommen."[2]

— Friedrich Heincke (1892)

ZWEI DRITTEL DER ERDOBERFLÄCHE bedeckt das Meer. Hier fanden alle Urprozesse der Lebensentstehung statt. Deshalb hat dieses Biotop für Biologen eine besondere Bedeutung. Ideale Bedingungen zum Studium des Meeres und seiner Bewohner bietet die Nordseeinsel Helgoland. Als einzige deutsche Hochseeinsel ist sie mit einer Vielzahl von Lebensräumen auf engstem Raum ein Paradies für Meeresbiologen.

Alexander von Humboldt besucht Helgoland ... 1790

1800

Helgoland wird Kronkolonie ... 1807

1820

1823

1830 ... Exkursion der Naturforscherversammlung nach Helgoland

1840

1852 ... Nathanael Pringsheims erster Besuch Helgolands

Ernst Haeckel besucht Helgoland ... 1854

1860

Anton Dohrn eröffnet erstes europäisches Meeresforschungsinstitut in Neapel ... 1874

1880

Helgoland wird deutsch ... 1890

1890 ... Pringsheims „Helgoland-Initiative zur Gründung einer Biologischen Forschungsanstalt"

Gründung der biologischen Forschungsanstalt ... 1892

1894

Eröffnung Nordseemuseum ... 1897

1900

Abb. 4.1. ÜBERBLICK. Wichtige Ereignisse in der Geschichte Helgolands, die in diesem Kapitel genauer beschrieben werden.

Botaniker und Zoologen erkannten spätestens im 19. Jahrhundert den Wert der Insel für ihre Forschung. Bald entstand die Idee, dort eine dauerhafte biologische Forschungsstation zu gründen. Aber erst Nathanael Pringsheim gelang es, mit großer Willenskraft und beeindruckendem Verhandlungsgeschick bestehende Initiativen zu vereinen und den deutschen Kaiser persönlich von der Notwendigkeit eines solchen Baus zu überzeugen. 1892 wurde die Biologische Forschungsanstalt auf Helgoland eröffnet. Der Name Nathanael Pringsheim ist auch eng mit dem Bau des Nordseemuseums auf Helgoland verbunden (ABB. 4.1.).[3]

4.1 DIE ERFORSCHUNG DES MEERES

4.1.1 HELGOLAND: EIN MEERESBIOLOGISCHER BRENNPUNKT

HELGOLAND, FAST 50 KILOMETER vom deutschen Festland entfernt auf hoher See gelegen, stand in seiner bewegten Geschichte unter wechselnder dänischer, englischer und deutscher Herrschaft (Abb. 4.2.). Anfang des 19. Jahrhunderts trat Dänemark die Insel an England ab, und kurz darauf wurde ein Seebad gegründet. Die ersten Gäste kamen noch auf Segelbooten, denen bald Dampfschiffe folgten. Bereits ab den späten Vierzigerjahren gab es eine Bahnverbindung von Berlin nach Hamburg. Auch von dort aus konnten ab 1834 Dampfschiff-Verbindungen nach Helgoland genutzt werden.[4] Die Gäste waren zumeist adelig oder gehörten dem in Folge der Industrialisierung wachsenden Besitzbürgertum an. Damit entwickelte sich Helgoland rasch zu einem führenden Seebad.

Die Insel war zuerst von dem Geistlichen und Universitätsrektor Johannes Holler im 17. Jahrhundert als Basis für zoologische Forschungen u. a. zum Vogelzug entdeckt und von ihm und seinen Schülern zu Studienzwecken fast jährlich besucht worden. Noch als britische Kronkolonie wurde die Insel dann zu einem deutschen „Sehnsuchtsort". Trendsetter waren hier Künstler und Wissenschaftler, die die reiche Flora und Fauna, etwa als Brutplatz und Durchzugsort für eine Vielzahl von Vogelarten,

zu schätzen lernten (Abb. 4.3.). So verwundert es nicht, dass auch der berühmte Naturforscher und Weltreisende Alexander von Humboldt 1790 zu den allerersten deutschen Gästen zählte.[5]

Der endgültige Durchbruch Helgolands als Seebad war einer wissenschaftlichen Konferenz zu verdanken. Im Jahr 1830 unternahmen nämlich die Teilnehmer einer Konferenz in Hamburg eine abenteuerliche Dampfschiffexkursion nach Helgoland, von der sie später ihren Kollegen begeistert berichteten, diese so zu weiteren Reisen anstifteten und damit den Helgolandtourismus ankurbelten:

> *„Am Nachmittage wurde die Insel in alle Richtungen durchstreift und durchforscht, und die Zeit auch von Vielen zu einer Excursion auf die benachbarte kleine Sandinsel benutzt. Abends wurde zur Unterhaltung in einem Wirtshause getanzt, wo die Reisenden die kernigen, blühenden Insulanerinnen in heiterer Laune zum Tanztee führten".*[6]

Abb. 4.2. „Grosse Woge". Helgoland ist die einzige deutsche Hochseeinsel. Aufgrund seiner geografischen Lage, der Wasserqualität und der Artenvielfalt besitzt Helgoland einzigartige Möglichkeiten für die meeresbiologische Forschung. Fotograf: Franz Schensky, Helgoland, 1925.

Bei der Konferenz handelte es sich um die Jahrestagung der erst kurz zuvor, nämlich 1822, von Lorenz Oken gegründeten Gesellschaft Deutscher Naturforscher und Ärzte. Ein prominentes Exkursionsmitglied war etwa der berühmte Chemiker Justus von Liebig. Ein weiterer Effekt der Helgolandexkursion: Die Meeresforschung wurde populär und schon bald darauf ein Hauptthema auf den jährlichen Versammlungen der Gesellschaft Deutscher Naturforscher und Ärzte.[7] Die Sektionen dieser Versammlungen waren im 19. Jahrhundert die Keimzelle für die Bildung zahlreicher anderer Fachgesellschaften, so auch der von Nathanael Pringsheim gegründeten Deutschen Gesellschaft für Botanik (siehe KAP. 2).

Eine Reihe grundlegender biologischer Entdeckungen sind mit Helgoland verbunden: 1835 fand hier der Zoologe Christian Gottfried Ehrenberg gemeinsam mit dem Zoologen und Physiologen Rudolf Wagner die Ursache des Meeresleuchtens: Es ist das Meeeresleuchttierchen *Noctiluca*

Abb. 4.3. „Lummensprung" auf Helgoland. Jedes Jahr findet auf Helgoland ein beeindruckendes Naturschauspiel statt. Trottellummen (*Uria aalge*, im Bild ein erwachsenes Tier im Flug) kehren im Frühjahr zu ihren traditionellen Brutplätzen an den schwindelerregend hohen und steilen Klippen zurück. Drei Wochen nach dem Schlüpfen sind die Eltern nicht mehr in der Lage, gleichzeitig sich selbst und ihr Küken zu versorgen. Daher erfolgt der sogenannte Lummensprung: Die Küken springen ins Meer, um gemeinsam mit ihren Eltern auf Nahrungssuche zu gehen. Ornithologen zählten zu den ersten Naturforschern, die die besondere biologische Bedeutung Helgolands erfassten.

scintillans, ein winziger einzelliger Flagellat (Geißeltierchen). Diese Organismen haben die Fähigkeit, Licht zu erzeugen, wenn sie mechanisch gestört werden, zum Beispiel durch Wellen, Strömungen oder ein vorbeischwimmendes Tier.

Der berühmte Zoologe und Physiologe Johannes Müller, Lehrer des Zoologen Ernst Haeckel, begründete auf Helgoland die Planktonforschung. Der Zoologe Karl August Möbius entwickelte auf Helgoland den von ihm geprägten Begriff Biozönose (Lebensgemeinschaft) maßgeblich weiter, und zwar am Beispiel der damals noch vorhandenen riesigen Austernbänke. Diese wurden allerdings bereits vor dem Ersten Weltkrieg durch den Bau des Kriegshafens zerstört. Der Zoologe Max Johann Sigismund Schultze erkannte 1851, dass das urtypische von Johannes Müller erst wenige Jahre zuvor (1845) erstmalig beschriebene Lanzettfischchen auch Teil der Helgolander Fauna ist. Es ist jedoch kein Fisch, sondern zählt zu den Schädellosen, einer in Urzeiten sehr erfolgreichen Organismengruppe. Nathanael Pringsheim zählte zu den ersten, welche die hervorragende Eignung von Helgoland auch für botanische Forschungen erkannten. So entdeckte er auf Helgoland eine Reihe neuer Algenarten.

Helgoland ist aber nicht nur eng mit der Meeresforschung verbunden, sondern markiert auch den Ort eines physikalischen „Quantensprungs". Denn im Frühjahr 1925 gelang auf Helgoland der gedankliche Durchbruch zur Quantenmechanik. Die Umstände sind profan: Der Physiker Werner Heisenberg wollte auf Helgoland eigentlich nur seinen hartnäckigen Heuschnupfen auskurieren. Auf Helgoland formulierte er dann die Grundideen der Quantenmechanik (Abb. 4.4.). In Zusammenarbeit von Heisenberg mit dem Theoretischen Physiker Pascual Jordan und dem Mathematiker und Physiker Max Born entstand später die Theorie, die heute als Quantenmechanik bekannt ist. Sie beschreibt das bizarre Verhalten von Teilchen auf subatomarer Ebene, welches das klassische Verständnis von Realität und Kausalität herausfordert. Für diese Arbeiten wurden Heisenberg 1932 und Born 1954 mit dem Nobelpreis für Physik ausgezeichnet. Nur Jordan ging leer aus, wahrscheinlich aufgrund seiner Verwicklungen in den Nationalsozialismus.[8]

Mit Helgoland verbindet sich aber auch mancher politische Aspekt. Im „Vormärz", also der Zeit vor 1848, wurde Helgoland zum Treffpunkt

der Oppositionellen gegen die deutschen Herrscherhäuser. In dieser Zeit des gesellschaftlichen, politischen und wirtschaftlichen Umbruchs besuchte der Dichter August Heinrich Hoffmann von Fallersleben die Insel. Er dichtete hier 1841 das „Lied der Deutschen" auf eine von Joseph Haydn für den deutsch-römischen Kaiser komponierte Hymne. Dieses wurde in der Weimarer Republik ab 1922 zur deutschen Nationalhymne. Die Popularität des Gedichts trug dazu bei, dass Helgoland unverhofft zu einem nationalen Symbol wurde.

Die Insel war auch immer wieder Ziel internationaler Machtinteressen. 1890 ging sie im Tausch gegen die ostafrikanische Insel Sansibar vom Vereinigten Britischen Königreich ans Deutsche Reich über und wurde in die preußische Provinz Schleswig-Holstein eingegliedert. Wilhelm II., der letzte deutsche Kaiser und preußische König, ließ daraufhin die neu erworbene Insel, sein – wie er betonte – „liebstes und jüngstes Kind", umgehend zu einem Marinestützpunkt ausbauen. Die Marinebegeisterung des Kaisers sowie der Versuch im Flottenwettrüsten mit England die Oberherrschaft zu behalten waren wichtige Gründe für den Bau eines Kriegshafens ab 1906.[9]

Abb. 4.4. Gedenktafel auf Helgoland in Erinnerung an Werner Heisenbergs Formulierung der Quantenmechanik. Inschrift: „Im Juni des Jahres 1925 gelang hier auf Helgoland dem 23-jährigen Werner Heisenberg der Durchbruch in der Formulierung der Quantenmechanik, der grundlegenden Theorie der Naturgesetze im atomaren Bereich, die das menschliche Denken weit über die Physik hinaus tiefgreifend beeinflusst hat." Rudolf Ladenburg, ein Enkel von Nathanael Pringsheim, leistete bedeutende Vorarbeiten zur Quantenmechanik.

Mit der Übergabe Helgolands an Deutschland im Jahr 1890 entstand schlagartig eine neue politische Konstellation. Bei der Rede des Deutschen Kaisers und Königs von Preußen Wilhelm II. am 10. August 1890 anlässlich der Inselübernahme spielten meeresbiologische Aspekte zunächst keine Rolle:

> *„Das Eiland ist dazu berufen, wie ein Bollwerk zur See zu werden, den deutschen Fischern ein Schutz, ein Stützpunkt für meine Kriegsflotte, ein Hort und Schutz für das deutsche Meer gegen jeden Feind, dem es einfallen sollte, auf demselben sich zu zeigen."*

Helgoland stand nun plötzlich im Rampenlicht, und es war Nathanael Pringsheim, der erkannte, dass sich die neue politische Bedeutung Helgolands nutzen ließ, um nun endlich den Bau einer von Zoologen und Botanikern lang ersehnten biologischen Forschungsstation in Angriff zu nehmen. Pringsheims Engagement war innerhalb von nicht einmal zwei Jahren von Erfolg gekrönt, denn er war bestens vernetzt, wissenschaftlich anerkannt und mit großem Verhandlungsgeschick ausgestattet.

Die Meeresbiologie entwickelte sich in allen Küstenländern Europas rasant. Wichtige Treiber für diesen Boom waren bedeutende theoretische und methodische Fortschritte wie die Perfektionierung des Mikroskops, aber auch Charles Darwins Evolutionstheorie. Sein bahnbrechendes Buch „The Origin of Species" wurde noch im Erscheinungsjahr 1859 unter dem Titel „Über die Entstehung der Arten" ins Deutsche übersetzt und erschien 1860 (siehe KAP. 1). In diesem Werk postulierte Darwin die natürliche Verwandtschaft aller Lebewesen sowie deren Herkunft aus dem Meer. Dadurch wurde die Erforschung mariner Organismen schlagartig sehr attraktiv, und die Klärung ihrer Stammesgeschichte sowie ihrer Verwandtschaft zu Landbewohnern avancierte zu einem zentralen Forschungsthema.

Der Zoologe Ernst Haeckel war fasziniert von Darwins Ideen (Abb. 4.5.). Er strebte danach, anhand des Studiums der Larvenstadien für eine möglichst große Zahl von Organismen die Wege der Evolution zu entschlüsseln. Dafür musste er ans Meer reisen, denn nach seiner Überzeugung waren im Meer besonders viele Stämme des Tierreichs vertreten. Er besuchte Helgoland erstmals 1854 und kehrte später mehrfach auf die Insel zurück.

Discomedusae. — Scheibenquallen.

Abb. 4.5. (links) Ernst Haeckels „Kunstformen der Natur". Ernst Haeckel hielt sich wie Nathanael Pringsheim oft zu Forschungszwecken auf Helgoland auf und fand hier auch künstlerische Inspiration. Dieser Druck aus Haeckels „Kunstformen der Natur" zeigt die Scheibenqualle *Desmonema annasethe*. Haeckel benannte diese Qualle nach seiner früh verstorbenen Frau Anna Sethe, weil ihn die Quallententakel an ihre Haare erinnerten. Nathanael Pringsheim und Haeckel kannten sich mindestens seit ihrer gemeinsamen Zeit an der Universität Jena gut. Dort hatte Haeckel eine Professur für Zoologie. Während seiner Zeit als Prorektor schätzte er besonders Pringsheims Meinung bei botanischen Berufungen sehr.

Abb. 4.6. (oben) Ernst Haeckel und Anton Dohrn auf Helgoland. Die im neunzehnten Jahrhundert rasch wachsende Zahl an Naturforschern, die Helgoland besuchte, musste viel improvisieren, da es noch keine feste Forschungsanstalt gab. Gruppenaufnahme aus dem Jahr 1865 mit den führenden europäischen Meeresbiologen, stehend von links: Anton Dohrn, Stettin; Richard Greeff, Bonn; Ernst Haeckel, Jena. Sitzend von links: Matthijs Salverda, Delft; Pietro Marchi, Florenz.

Haeckel konnte seine Forschungsarbeiten auf der Hochseeinsel nur in einem provisorischen Labor durchführen, da noch keine Forschungsstation existierte. Dabei stieß Haeckel auf Anton Dohrn, der auf Helgoland seine Untersuchungen zur Embryologie der Krebse durchführte. Dohrn sollte später zu einem der erbittertsten Gegner der Pringsheimschen Pläne einer biologischen Forschungsstation auf Helgoland werden (**Abb. 4.6.**).

4.1.2 ANDERE EUROPÄISCHE FORSCHUNGSSTATIONEN

Im Laufe des 19. Jahrhunderts entstand in verschiedenen europäischen Ländern eine Reihe von herausragenden meeresbiologischen Forschungsstationen. Eine der ersten in Europa wurde von Anton Dohrn eröffnet, allerdings nicht in Deutschland, sondern 1872 in Neapel (**Abb. 4.7.**). Die Station kann als das erste moderne meeresbiologische Forschungsinstitut weltweit gelten und entwickelte sich rasch zum Treffpunkt führender Zoologen aus allen Erdteilen – so war auch Ernst Haeckel hier regelmäßiger Gast. Die Station wurde zum Vorbild für alle weiteren Gründungen und diente zudem als Zentrum kulturellen und künstlerischen Austauschs. Zu den Besuchern zählten u. a. die bildenden Künstler Paul Klee und Arnold Böcklin. Dohrn träumte von einem europäischen Netz meeresbiologischer Einrichtungen, die durch das sich rasch entwickelnde Eisenbahnnetz verbunden sind.

Weitere Forschungsstationen entstanden in rascher Folge in vielen anderen europäischen Ländern und in den USA. Zu nennen sind hier eine Reihe französischer Stationen, die 1875 eröffnete Zoologische Station in Triest[10], die englische Einrichtung in Plymouth (Laboratory on the Hoe der Marine Biological Association, eröffnet 1888[11]), die schottische Forschungseinrichtung in St. Andrews, die niederländische Zoologische Station in Den Helder sowie die norwegische Station in Bergen. In Deutschland jedoch ging es nicht voran. Dabei mangelte es nicht an Initiativen. Ein entscheidender Hemmschuh war der bereits erfolgreiche Stationsgründer Anton Dohrn, legte er doch einer deutschen Stationsgründung immer wieder Steine in den Weg. Er hatte seine Zoologische Station Neapel u. a. mit Geldern aus seinem Bekanntenkreis finanziert, erhielt aber auch staatliche Förderung. Er befürchtete im Falle der Errichtung einer deutschen Anstalt Konkurrenz und vor allem einen Rückgang der finanziellen Unterstützung.

DIE IDEE EINER DEUTSCHEN FORSCHUNGSSTATION 4.1.3

DIE IDEE, auch an der deutschen Küste eine Forschungsstation zu etablieren, stammt von dem Zoologen Ernst Ehlers. Er umriss 1876 in einem Brief an den preußischen Kulturminister ein erstes Konzept. Im gleichen Jahr lancierte der Zoologe Robby August Kossmann auf der Hamburger Versammlung der Gesellschaft Deutscher Naturforscher und Ärzte einen ähnlichen Vorschlag. Dies führte zur Gründung einer Kommission, die einen Entwurf zur Errichtung zoologisch-botanischer Stationen an

Abb. 4.7. Erste meeresbiologische Forschungsanstalt Europas in Neapel. Die zoologische Station in Neapel wurde von Anton Dohrn gegründet. Sie war ein Modell für viele andere Stationsgründungen weltweit. Anton Dohrn hemmte Bestrebungen zum Aufbau einer meeresbiologischen Forschungsanstalt in Deutschland, da er befürchtete, dass eine deutsche Station die finanzielle Unterstützung für seine Anstalt mindern würde. Fotografie von ca. 1890.

deutschen Meeresküsten erarbeitete. Die Einbeziehung botanischer Aspekte ist Nathanael Pringsheim zu verdanken, der sich in allen wichtigen Gremien für die Belange der Botanik stark machte.

Auf dem Weg zur Stationsgründung musste allerdings eine Vielzahl von Hindernissen überwunden werden. An der Nordsee wurden die Standorte Norderney und Helgoland favorisiert. Für Helgoland sprach, dass die Insel über eine einzigartige Fauna und Flora verfügte und auf engstem Raum auf den Felsklippen und dem benachbarten Meeresboden einer Fülle verschiedener Meerestiere und Pflanzen einen geschützten Lebensraum bot (**Abb. 4.8., 4.10. und 4.11.**). Auch die angeblich mit den Deutschen stammverwandte Bevölkerung wurde ins Feld geführt, ebenso die ökonomisch nutzbare wissenschaftliche Optimierung der Hummerzucht (**Abb. 4.9.**).

Abb. 4.8. Biotopvielfalt auf Helgoland. Helgoland bietet eine Vielzahl unterschiedlicher Lebensräume auf kleinstem Raum. Hier sehen wir die Gezeitenzone. Sie beginnt unterhalb der Flutgrenze und ist von einem breiten Band von Grünalgen durchzogen. Der Algenreichtum von Helgoland war der Hauptgrund für Nathanael Pringsheims zahlreiche Besuche auf der Insel. Sein Ziel war die Aufklärung der sexuellen Fortpflanzung dieser einfachsten Pflanzenformen (siehe **ABSCHNITT 3.3**).

Trotz aller guten Argumente blieben die Bemühungen um eine deutsche Meeresforschungsstation viele Jahre erfolglos. Es gelang weder, sich auf Standort und Größe, noch über organisatorische und finanzielle Rahmenbedingungen zu einigen. So war unklar, ob die Station an der Ost- oder Nordsee errichtet werden sollte und ob eine Forschungsstation Preußen oder aber dem Deutschen Reich unterstellt werden sollte. Einflussreichster Gegner der Helgoland-Idee blieb jedoch Anton Dohrn, der Leiter der Meeresforschungsstation in Neapel, der in Deutschland bestens wissenschaftlich und politisch vernetzt war und – wie bereits beschrieben – Konkurrenz für seine Station fürchtete. Dohrn bekannte in einem Brief an seine Frau, dass er

> *„ganz im Stillen dem Helgoland-Kiel-Projekt ein Bein nach dem anderen stelle, es sowohl in Potsdam beim Kronprinzen denunziert habe als auch im Unterrichtsministerium und bei Reichstagsabgeordneten."*[12]

Im Jahr 1890 war Deutschland noch immer der einzige größere europäische Küstenstaat ohne eigene Meeresforschungsstation.

Abb. 4.9. „Helgolandhummer". Der Europäische Hummer (*Homarus gammarus*) war einst das heimliche Wappentier der Helgoländer. Der Helgoländer Felssockel ist der einzige Lebensraum des Hummers in Deutschland. Seine Bestände sind allerdings beträchtlich zurückgegangen. Die Optimierung der Hummerzucht war eine Motivation für die Einrichtung einer biologischen Forschungsstation auf Helgoland. Heute wird in der Biologischen Anstalt Helgoland das Leben der Hummer erforscht und nach Möglichkeiten gesucht, die natürlichen Bestände zu vermehren.

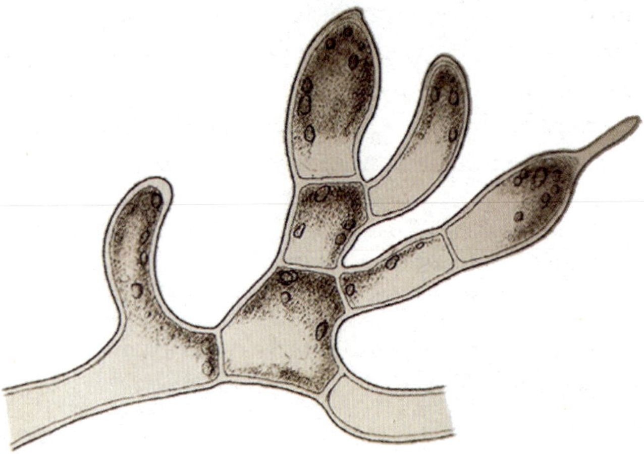

Abb. 4.10. und 4.11. Meeresbiologische Entdeckungen auf Helgoland. Auf Helgoland wurde nachgewiesen, dass das Meeresleuchttierchen (*Noctiluca miliaris*, **oben**) für das Meeresleuchten verantwortlich ist. Zudem wurden in den Gewässern rund um Helgoland viele pflanzliche und tierische Meeresbewohner neu entdeckt. Die Grünalge *Acrochaete repens* (**unten**) wurde beispielsweise von Nathanael Pringsheim erstmals dort beschrieben.

BIOLOGISCHE ANSTALT HELGOLAND 4.2

WIE BEREITS BESCHRIEBEN, EINIGTEN SICH 1890 England und das Deutsche Reich auf einen Tausch von Kolonien. England übernahm die bis dahin in deutschem Kolonialbesitz befindliche ostafrikanische Insel Sansibar. Im Gegenzug erhielt das Deutsche Reich am 1. Juli die bis dahin britische Kronkolonie Helgoland, das unmittelbar Preußen zugeschlagen wurde. Damit verbesserten sich die Aussichten für die meeresbiologische Forschung hierzulande deutlich. Nathanael Pringsheim hatte für eine Station auf Helgoland viele Jahre an den verschiedensten Fronten letztlich erfolglos gekämpft. Er erkannte sofort die Chancen, die in der Übernahme durch das Deutsche Reich lagen und erweckte die Initiative

Abb. 4.12. HELGOLAND WIRD DEUTSCH. Auf diesem Foto vom 9. August 1890 dokumentierte der Helgoländer Fotograf Franz Schensky die feierliche Übergabe der Insel an das Deutsche Reich. Kaiser Wilhelm II. sagte in seiner Rede anlässlich der Übergabe: „Heute ... verleibe ich diese Insel als das letzte Stück deutscher Erde dem deutschen Vaterlande wieder ein.“ Kurz vor diesem Ereignis hatte Nathanael Pringsheim seine Initiative zur Einrichtung einer Biologischen Forschungsanstalt auf Helgoland gestartet.

zur Stationsgründung auf Helgoland zu neuem Leben. Nun ging es plötzlich Schlag auf Schlag. Noch vor der offiziellen Übernahme der Insel im August 1890 (siehe ABB. 4.12.) wurde auf Pringsheims Initiative im Juli 1890 eine Kommission mit dem Ziel einer Stationsgründung ins Leben gerufen. Diese erstellte eine Denkschrift, die noch einmal pointiert den dringenden wissenschaftlichen Bedarf einer derartigen Einrichtung dokumentierte. Entscheidend für den Erfolg von Pringsheims Initiative war die nachhaltige Unterstützung durch den preußischen Kultusminister Gustav von Goßler und den Geheimen Oberregierungsrat Friedrich Althoff. Dieser gilt aufgrund seiner herausragenden Tüchtigkeit als positive Ausnahmeerscheinung unter den preußischen Ministerialbeamten. Er traf visionäre Entscheidungen und erkannte sofort, dass er in Pringsheim den idealen Sprecher der verschiedenen Initiativen zur Gründung einer Biologischen Anstalt auf Helgoland vor sich hatte.

Pringsheim war als ideenreicher Wissenschaftler, kluger Vermittler und gewiefter Organisator national und international geschätzt. Er war zudem finanziell unabhängig und gehörte einer vermögenden kaiserlich-national gesinnten Familie an.

Abb. 4.13. **Botanische Forschung auf Helgoland.** Nathanael Pringsheim ist der Nestor der botanischen Forschung auf Helgoland. Er kam erstmals 1852 auf die Insel, um die Entdeckungen zur Sexualität von Braunalgen (im Bild zu sehen der Blasentang *Fucus vesiculosus*) zu überprüfen, die sein französischer Kollege Gustave Thuret kurz zuvor veröffentlicht hatte (siehe KAP. 3).

Nathanael Pringsheim war erstmals 1852 als 28-jähriger Dozent der Botanik in Berlin auf Helgoland, um Proben für seine Forschung zur Sexualität von Algen zu sammeln (Abb. 4.13., siehe auch KAP. 3). Er kehrte später immer wieder auf die Insel zurück. Ein Augenzeugenbericht aus Helgoland liefert einen Beleg von Pringsheims großem Verhandlungsgeschick nicht nur mit Wissenschaftlern:

> *„In dem einen Jahre unterbrach ein plötzlich eintretender Sturm den Verkehr zwischen der Insel und der Düne, auf der eine grosse Zahl der Badegäste sich befand. Man drang in die Schiffer, die Verbindung wieder herzustellen (Abb. 4.14.). Diese aber lehnten das Unternehmen wegen der damit verbundenen Lebensgefahr ab. Nachdem das Unwetter schon mehrere Tage und Nächte gewährt und die schutzlos, ohne Nahrungsmittel ihm preisgegebenen Abgeschlossenen in der grössten Gefahr schwebten, gelang es endlich der zündenden Rede Pringsheims, die Seeleute zu bewegen, den Versuch einer Rettung zu machen, der auch gelang. Ihm wurde dafür das Ehrenbürgerrecht der Insel zu teil und feierlich eine Ehren-Flagge überreicht."*[13]

Abb. 4.14. Fährverkehr zur Düne in Helgoland. Urlauber beim Verlassen der Fähre auf der Badedüne. Bei einer stürmischen Wetterlage hatte Nathanael Pringsheim einmal die Gelegenheit, sein enormes Verhandlungsgeschick mit den Fährschiffern zu beweisen und eine kritische Situation erfolgreich zu entschärfen. Das Foto stammt von Franz Schensky.

Pringsheims Initiative zur Gründung einer Station auf Helgoland stieß beim Kaiser auf offene Ohren. Es ist wahrscheinlich, dass der Kaiser die Unterstützung der Station auch im Kontext seiner politischen Manöver auf Helgoland als positiv ansah. Noch vor der offiziellen Übergabe der Insel bekundete Wilhelm II. in einem Kabinettschreiben vom 31. Juli 1890 sein großes Interesse am Bau einer biologischen Station für Zoologen, Botaniker und Physiologen auf Helgoland und erklärte seine Bereitschaft, das Projekt zu fördern.

Pringsheim musste nun sein ganzes Verhandlungsgeschick ausspielen, um die verschiedenen und zum Teil konkurrierenden Initiativen zu einen. So gab es weiterhin Intrigen des Zoologen Anton Dohrn, der Beeinträchtigungen „seiner Station" in Neapel fürchtete. Hinzu kamen Quertreibereien aus Süddeutschland gegen die „Oberzoologen" in Berlin. So bemühte Pringsheim in einem Schreiben an Geheimrat Althoff Ebbe und Flut, um die Vorzüge Helgolands gegenüber einer Station an der Ostsee und der italienischen Station seines Widersachers Dohrn zu unterstreichen:

> *„... Vom Standpunct der Biologie erscheint die Ostsee mehr wie ein Brack-Wasserbecken, sowohl bezüglich der Menge als der Ausbildung der Organismen, die sie enthält, und außerdem besitzt sie keine Ebbe und Fluth, wenigstens keine solche, die für die biologische Forschung in Betracht kommt. In dem Vorhandensein von Ebbe und Fluth liegt auch der große Vortheil, den eine Station an der Nordsee einer solchen an den westlichen Küsten von Italien, z. B. von der in Neapel voraus hat."*[14]

Der Plan zum Bau der Station auf Helgoland wurde schließlich von der Akademie der Wissenschaften, allen maßgeblichen zoologischen und botanischen Fachgesellschaften und der Sektion für Hochseefischerei unterstützt. Auch die von Pringsheim mobilisierte Zoologische Gesellschaft bat im Dezember 1890 den deutschen Kaiser, auf Helgoland eine Biologische Station zu gründen, die den „Lehrenden und Lernenden eine wohnliche Stätte und reiche Hilfsmittel biete, um die Kenntnis des Meeres und seiner Schätze zu fördern und immer weiteren Kreisen unseres Volkes zugänglich zu machen". Man wollte auf Helgoland das Meer als „einen der reichsten, allein nicht unerschöpflichen, sondern nur bei rationeller Nutzung dauernd fruchtbringenden Teil des Naturhaushaltes kennenlernen und nutzbar machen". Damit sprachen die Zoologen neben der Grundlagenforschung zwei Aufgaben an, die wir heute Öffentlichkeitsarbeit und fischereibiologische Nachhaltigkeitsforschung nennen.[15]

1891 reiste Pringsheim als Vertreter der Preußischen Akademie der Wissenschaften gemeinsam mit dem Zoologen Franz Eilhard Schulze im Auftrage von Kultusminister von Goßler und auf Anregung Althoffs nach Helgoland, um noch offene Fragen zur Errichtung einer Forschungsstation an Ort und Stelle zu prüfen. Noch im Juni 1891 war das Projekt aufgrund ungeklärter Finanzierung und einer fehlenden Immobilie unsicher. Schließlich wurde aber ein passendes Gebäude gefunden. Im März 1892 wurde dann der Antrag für den Erwerb des künftigen Stationsgebäudes vom Berliner Abgeordnetenhaus positiv beschieden. Nun stand dem Kauf des Gebäudes und der Stationsgründung nichts mehr entgegen.

Erster Direktor auf Helgoland wurde der Zoologe Friedrich Heincke. Ein weiterer aussichtsreicher Kandidat war der Zoologe Hugo Eisig gewesen, ein langjähriger Mitarbeiter Anton Dohrns. Dohrn selbst hatte Eisig vorgeschlagen, um, nachdem er die Entscheidung für Helgoland schon nicht hatte aufhalten können, zumindest seinen Einfluss auf Helgoland sichern zu können. Gegen Eisig führte Althoff allerdings dessen jüdische Herkunft ins Feld:

> *„Außerdem scheint noch, wie ich höchst vertraulich bemerke, ein anderes Bedenken gegen Eisig zu sprechen. Helgoland ist ganz evangelisch und es würde dort sehr unangenehm empfunden werden, wenn wir einen Andersgläubigen importieren wollten. Herr Eisig ist aber, wie ich höre und mir auch von Excellenz von Keudell gesagt wurde, Jude. Daß es sich bei diesen Bedenken nicht um Antisemitismus handelt, brauche ich nicht zu sagen".*[16]

Interessant ist, dass Antisemiten schon damals großen Wert darauf legten, nicht als Antisemiten gebrandmarkt zu werden. Man war sich also der Schändlichkeit seiner Haltung durchaus bewusst. Dohrn antwortet Althoff:

Abb. 4.15. (nächste Doppelseite) Heringsschwarm. Friedrich Heincke, der erste Direktor der Biologischen Anstalt hat sich um die Erforschung von Heringsschwärmen (im Bild) verdient gemacht.

> *„Es thut mir leid, dass Eisig qua Jude ausgeschlossen ist, und ich kann meinerseits nur sagen, dass ich keinen Juden kenne, der weniger spezifisch Jüdisches an sich hat, als Eisig. So sehr ist das der Fall, dass die Wenigsten wissen, dass er Jude ist.“*[17]

Im selben Brief warnt Dohrn noch davor, ein zu großes Institut zu errichten und empfiehlt „mit verhältnismäßig kleinen Dimensionen“ zu beginnen. Auch beschreibt er Schwierigkeiten des Standorts, die die Suche nach einem geeigneten Kandidaten mit genügender psychischer Stabilität weiter erschweren würden:

> *„Es darf ferner nicht ausser Acht gelassen werden, dass die Existenz in Helgoland, so angenehm sie während einiger Sommermonate sein mag, doch für den größeren Theil des Jahres eine recht einsame ist, und wohl kaum von Jedermann ausgehalten werden dürfte. Manch Einer, der sich*

Abb. 4.16. Erste Diensträume. Die Biologische Forschungsanstalt war zuerst in einem ehemaligen Logierhaus untergebracht. Im Bild ist ein in ein Labor umgewandeltes Logierzimmer zu sehen.

vielleicht für die neue Stellung als geeignet erweisen könnte, hält vielleicht dieses Abgeschlossensein von der übrigen Welt nicht aus, und erleidet Einbusse an seiner natürlichen Leistungskraft. Der geborene Einsiedler wiederum ist schwerlich ein richtiger Mann für solch ein Institut."[18]

Dohrns Vorstöße blieben jedoch alle erfolglos.

Im Juni 1892 wurde die Königliche Biologische Anstalt auf Helgoland eröffnet (Abb. 4.16.).[19] Ihr Gründungsdirektor Heincke sprach zur Eröffnung:

„Das ist der hohe Wert Helgolands für die Wissenschaft, für die Erforschung großer Probleme des Lebens im Meer und in der Luft. Es verdient wohl, jener Bedeutung an die Seite gestellt zu werden, die unsere Insel als Marinefort und Signalturm für den Schutz der vaterländischen Küsten besitzt."

Abb. 4.17. Biologische Forschungsanstalt Helgoland.
Die 1892 gegründete Biologische Anstalt zog 1894 in das vordere Gebäude ein, das zuvor als Post gedient hatte.

Heincke erwies sich als Glücksgriff. In seinen 29 Dienstjahren baute er die Biologische Anstalt behutsam zu einem auch international anerkannten Zentrum für Meeresforschung aus.[20]

Bis zur Errichtung der Biologischen Anstalt aber auch danach wurde Pringsheim nicht müde, sich mit dem ganzen Gewicht seiner wissenschaftlichen Reputation in ihren Dienst zu stellen. Wesentlich ihm ist es zu danken, dass in der Biologischen Station nicht nur die zoologische, sondern

Abb. 4.18. Erstes Forschungsschiff. Im Jahr 1893, kurz nach der Gründung der Forschungsanstalt, wurde bereits ein erstes Forschungsschiff in Betrieb genommen, die Kutterschaluppe Augusta.

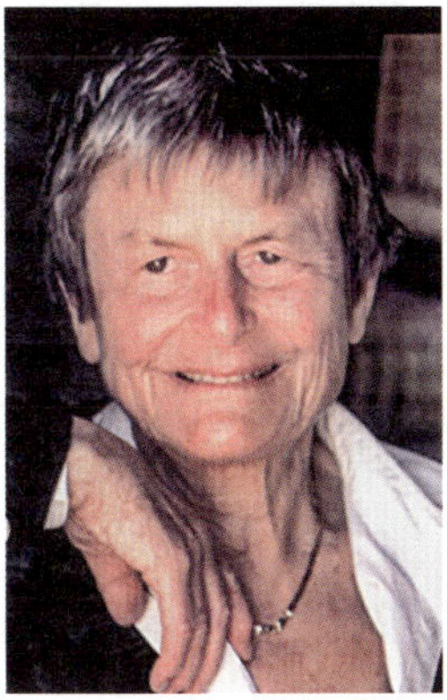

auch die botanische Meeresforschung zu ihrem Recht kamen, also in der Station die ganze Breite des Meereslebens erforscht werden konnte. Bereits 1894 konnte ein eigenes Dienstgebäude bezogen werden (Abb. 4.17.). Schon 1893 stand der Anstalt ein Forschungsschiff zur Verfügung (Abb. 4.18.).

Bis zum Zweiten Weltkrieg wurde die Helgoländer Anstalt massiv ausgebaut, und es entstanden stetig verbesserte Forschungs- und Ausbildungsmöglichkeiten. So wurde 1924 eine Zweigstelle auf der Insel Sylt eröffnet. Im Jahr 1945 führte ein Bombenangriff zur Zerstörung der Forschungsstation auf Helgoland sowie ihrer umfangreichen Bibliothek. Die verbliebenen Bewohner mussten die Insel verlassen. Im April 1947, also zwei Jahre nach Kriegsende, erfolgte auf Helgoland in der von britischen Militärs organisierten Operation „Big Bang“ die Sprengung von 6.700 Tonnen Explosivstoffen, die noch aus dem Zweiten Weltkrieg stammten. Zudem wurde die Insel jahrelang als Übungsplatz britischer Kampfflugzeuge, die mit scharfer Munition schossen, genutzt. Erst Anfang der fünfziger Jahre konnten die ersten Bewohner auf die Insel zurückkehren, die den Wiederaufbau in Angriff nahmen. 1959 konnte die Biologische Anstalt auf Helgoland wieder eröffnet werden. Seit 1998 ist sie gemeinsam mit der Wattenmeerstation Sylt Teil des Alfred-Wegener-Instituts für Polar- und Meeresforschung in Bremerhaven.

Die Anstalt auf Helgoland hat insbesondere eine Vielzahl internationaler Symposien mit enormer wissenschaftlicher und politischer Strahlkraft veranstaltet. 1992 fand ein Symposium zum hundertjährigen Bestehen der Institution statt. Sprecherin war u. a. Elisabeth Mann Borgese, eine Tochter von Thomas und Katia Mann, geb. Pringsheim (Abb. 4.19.). Sie war weitläufig mit Nathanael Pringsheim verwandt (siehe

Abb. 4.19. ELISABETH MANN BORGESE. Elisabeth Mann Borgese, Tochter von Thomas und Katia Mann, geb. Pringsheim, war eine anerkannte Seerechtsexpertin und zu Gast bei einem von der Biologischen Anstalt veranstalteten Symposium.

Abb. 2.21.).[21] Die weltweit anerkannte Expertin für Internationales Seerecht und Coautorin des Club-of-Rome-Berichtes über die Zukunft der Weltmeere forderte, dass Meeresbiologen an allen die Ozeane betreffenden politischen Entscheidungen beteiligt werden müssten.

4.3 NORDSEEMUSEUM

Der Name Nathanael Pringsheim ist auch mit der Gründung des Nordseemuseums auf Helgoland eng verbunden. Nach dem Tod ihres Vaters Nathanael im Jahre 1894 dachten seine beiden Töchter Margarete und Marta darüber nach, wie sie das umfangreiche wissenschaftliche Erbe ihres berühmten und hochangesehenen Vaters für die Nachwelt erhalten könnten. Zum einen entstand die Idee, dessen wichtigste wissenschaftlichen Arbeiten als gesammelte Abhandlungen herauszugeben. Diese erschienen bereits 1895 in vier Bänden und enthielten insbesondere auch die Originalfarbtafeln der Veröffentlichungen, die das große künstlerische Geschick des Vaters zeigten.[22]

> *„Dieses Werk enthält die wissenschaftliche Lebensarbeit unseres Vaters, zumeist Resultate sorgfältiger mikroskopischer Untersuchungen während eines Zeitraumes von 40 Jahren. Es sind wortgetreue Abdrücke von Abhandlungen, welche in den Schriften der königlichen Akademie der Wissenschaften zu Berlin, in den Jahrbüchern für wissenschaftliche Botanik, in den Berichten der deutschen botanischen Gesellschaft u. s. w., zum Teil auch als selbständige Broschüren erschienen sind. Sie sind hier zusammengestellt nach einer sachlichen Anordnung, welche der Verfasser selbst, angeregt durch die Feier seines 70. Geburtstages, hinterlassen hat.*

Abb. 4.20. Einweihung des Nordseemuseums. Anlässlich der Einweihung festlich geschmückte Büste Nathanael Pringsheims. Die Büste wurde von Friedrich Schaper geschaffen, von dem auch die Büste von Hoffmann von Fallersleben auf Helgoland stammt.

Wir erfüllen mit der Herausgabe derselben nicht nur eine Pflicht der Pietät, wir hoffen auch, die Erinnerung an den seltenen Mann und an seine Leistungen lebendig zu erhalten, einer kommenden Generation gleichstrebender Arbeitsgenossen die Uebersicht über die Art und das Maass seiner wissenschaftlichen Thätigkeit zu erleichtern, und wir hoffen endlich, dem engeren Kreis der Pflanzenphysiologen, die auf seinen Arbeiten fussend, weiter eindringen wollen in die Erkenntniss der lebenden Materie, einen Dienst zu erweisen.“[23]

Ein weiterer Gedanke der Töchter war die Gründung einer Stiftung zur Erinnerung an ihren Vater. Albert Ladenburg, Chemiker und Margaretes Ehemann, und der mit Albert Ladenburg und der Familie Pringsheim gut befreundete Geheimrat Althoff hatten die Idee, diese Stiftung für die Errichtung eines Pringsheim-Museums einzusetzen. Althoff hatte wie bereits beschrieben gemeinsam mit Nathanael Pringsheim die Forschungsstation auf Helgoland geplant und das Projekt zu einem erfolgreichen Abschluss geführt (siehe ABSCHNITT 4.2). Das geplante Museum würde das Andenken an Nathanael Pringsheim in besonderer Weise ehren und

Abb. 4.21. Gebäude des Nordseemuseums.

auch späteren Generationen die Erinnerung an sein Lebenswerk ermöglichen. Althoff wusste, dass Pringsheim auf Helgoland hohes Ansehen genoss und dass man dort ein großes Interesse an ihm hatte. Es gelang Ladenburg und Althoff, die Töchter für ihre Idee zu gewinnen. Diese stellten für den Museumsbau eine Summe von 25.000 Reichsmark zur Verfügung.[24] Ladenburg reiste daraufhin mit einem kleinen Erkundungstrupp nach Helgoland. Die hohe Bedeutung der Unternehmung unterstreicht die Tatsache, dass diesem Trupp neben Althoff sogar der damalige preußische Kultusminister Bosse angehörte. Erwartungsgemäß stießen die Männer auf Helgoland allseits auf breite Unterstützung der Museumsidee. Auch der Kaiser war hocherfreut. Im Frühjahr 1896 wurde durch Kabinettsbeschluss die Einrichtung des Nordseemuseums besiegelt. Der für Bau und Einrichtung erforderliche Restbetrag wurde vom Staat beigesteuert.

Das Nordseemuseum wurde 1897 im 1844 als Kurgast-Treffpunkt errichteten Alten Konversationshaus eingeweiht, das an der Siemens-Terrasse gelegen war. Die feierliche Eröffnungsrede hielt Friedrich Heincke, der Leiter der Biologischen Forschungsstation (**Abb. 4.20. – 4.21.**). Heincke sagte damals:

Abb. 4.22. und 4.23. Der Maler und Ornithologe Heinrich Gätke. Heinrich Gätke war als Maler nach Helgoland gekommen und dort zum Vogelexperten geworden. Seine Vogelpräparate bildeten eine wichtige Basis der Sammlungen des Nordseemuseums Helgoland. Links: Ein Gemälde von Heinrich Gätke mit dem Titel „Helgoland“ (1838). Rechts: Gätke im Jagdanzug bei der Vogeljagd (1893).

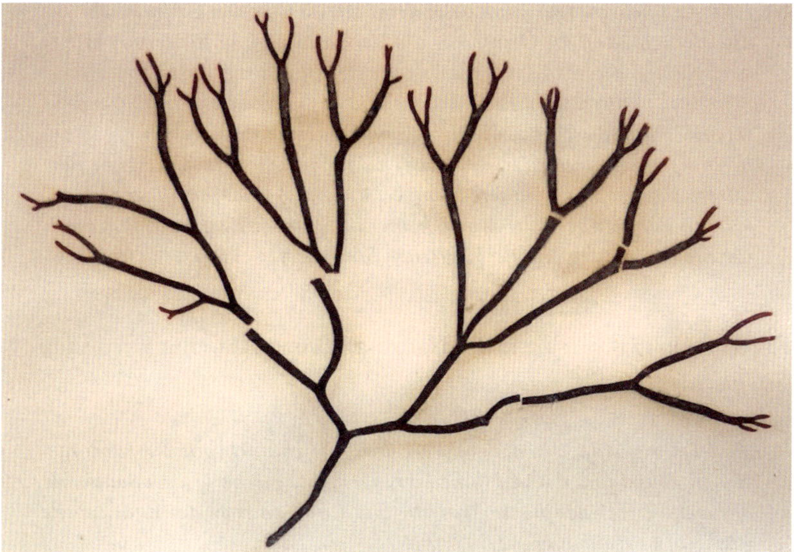

„So ist Helgoland für die zoologische Wissenschaft eine klassische Stätte geworden. Diese ehrende Bezeichnung darf unserer Insel aber gewiß auch für die botanische Meeresforschung beigelegt werden. Einmal weil Helgoland ja die einzige Stelle der ganzen deutschen Nordsee, an der eine üppige marine Pflanzenwelt sich findet. Sodann weil einer der bedeutendsten Botaniker der letzten 50 Jahre, gleich hervorragend durch den Fleiß und die Sorgfalt des Gelehrten wie durch die geniale Intuition des Forschers eine lange Reihe von Jahren nach einander auf Helgoland wissenschaftlich gearbeitet und durch seine hiesigen Untersuchungen wesentlich an den Grundlagen mitgebaut hat, auf denen unsere Kenntnis der niederen kryptogamischen Pflanzen beruht. Ich meine Nathanael Pringsheim, den hervorragenden Morphologen und Physiologen, den bahnbrechenden Erforscher der Algen, den genialen Entdecker der Geschlechtsverhältnisse der niedersten Pflanzen. Wir

Abb. 4.24. ALGENHERBAR. Beispiel eines Herbarblattes mit der auf Helgoland vorkommenden Rotalge *Polyides rotundus*. Ähnliche Herbarien wurden im Nordseemuseum gezeigt und von Paul Kuckuck betreut, der damit an Pringsheims wegweisende Algenforschung erinnerte.

> *gedenken heute seiner ganz besonders! Dies hat seinen Grund nicht allein darin, daß die Gründung des Nordseemuseums für immer mit dem Namen dieses bedeutenden und seltenen Mannes verknüpft ist. Wir thun es auch deshalb und vor allem deshalb, weil von den zahlreichen Naturforschern, die Helgoland besucht haben, keiner ein so lebendiges und dauerndes Interesse, keiner eine so tiefe Zuneigung für unsere Insel gezeigt hat, wie Pringsheim, keiner so viel von ihrer biologischen Bedeutung hielt, wie er, keiner mit solcher Kraft und Wärme für die Errichtung einer biologischen Station hier eingetreten ist.“*[25]

Zur Eröffnung waren die Erben Nathanael Pringsheims mit ihren Familien erschienen.

> *„Die Feier wurde … in dem oberen, durch geschmackvolle Netzdekorationen, Guirlanden und Blumenarrangements geschmückten Saale, vor der wohlgetroffenen Büste Pringsheims, durch das von der Badekapelle gespielte Largo von Händel eröffnet.*[26]

Träger des Museums war die auf Nathanael Pringsheims Initiative gegründete Biologische Forschungsanstalt Helgoland (s. o.). Grundlage der Sammlung waren die Vogelpräparate des Ornithologen und Kunstmalers Heinrich Gätke, dem Stammvater der Helgoländer Ornithologie (**Abb. 4.22. – 4.23.**). Hinzu kam das Algenherbar von Paul Kuckuck, dem Ersten Kustos für Botanik an der Biologischen Station Helgoland. Damit wurde an Pringsheims wegweisende Algenforschung erinnert (**Abb. 4.24.**). Auch Heinrich Gätkes umfangreiche Sammlung von Käfern, Schmetterlingen und Pflanzen der Insel war in den Besitz des Museums übergegangen. Der Schwerpunkt der sich im Laufe der Zeit stetig vergrößernden Sammlungen lag auf der Fauna, Flora und Geologie der Insel. Eine Neuheit waren vollständige evolutionäre Entwicklungsserien der wichtigsten Nutzfischarten der Nordsee. Das Museum entwickelte sich rasch zu einem Publikumsmagneten auf der Insel.

Das Nordseemuseum wurde 1944 im Zweiten Weltkrieg durch Bomben zerstört. Während die Biologische Forschungsstation bereits 1959 wiedereröffnet werden konnte, entstand erst 1996 – getragen von vielen Initiativen – ein neues Nordseemuseum, das heute wieder einen wichtigen Anziehungspunkt für die Besucher der Insel darstellt.

DAS SCHAUAQUARIUM

1902 WURDE ZUDEM ein erstes Schauaquarium eröffnet, das sich ebenfalls rasch großer Beliebtheit erfreute (Abb. 4.27.).[27] Der Bau wurde durch die großzügige Spende von Moritz Nathan Oppenheim, einem Mäzen der Forschungsanstalt und Ehrenbürger der Insel, ermöglicht.[28] Das Aquarium wurde im Ersten Weltkrieg schwer beschädigt. Bereits 1922 konnte ein doppelt so großes Aquarium eröffnet werden. In diesem wurde erstmals die Schwarmbildung von Heringen gezeigt (Abb. 4.15.). Ähnlich wie das bereits 1874 von Dohrn eröffnete Aquarium in Neapel, inspirierte das Helgoländer Aquarium viele Künstler und Fotografen zur Darstellung der Meerestiere (Abb. 4.25., Abb. 4.26.). Bei den Luftangriffen vom Mai 1945 wurde das Wasserbecken stark beschädigt.

Abb. 4.25. KOMPASSQUALLE. Das Bild der Kompassqualle (*Chrysaora hysoscella*) wurde die Vorlage für das Logo der Biologischen Anstalt Helgoland. Das Bild stammt von Franz Schensky, Helgoland.

Abb. 4.26. SEEHUNDE IM HELGOLÄNDER AQUARIUM. Anfang des zwanzigsten Jahrhunderts waren solche Aufnahmen eine Sensation. Ein wasserdichter Fotoapparat war noch nicht erfunden, als Franz Schensky diese Aufnahme schwimmender Seehunde (*Phoca vitulina*) gelang.

In beiden Weltkriegen wurde die Zivilbevölkerung aus Helgoland evakuiert und es bedurfte in den Nachkriegszeiten großer Anstrengungen beim Wiederaufbau. Im Jahre 1959 wurde das neu errichtete Aquarium eröffnet. Die Verse aus Goethes Faust von der Giebelwand des ersten Aquariumbaus waren nun in der neuen Eingangshalle zu lesen (**Abb. 4.27.**).[29]

Abb. 4.27. Helgoländer Aquarium. Das Aquarium am Nordstrand wurde 1902 eröffnet. Am vorderen Ende ist ein Mosaik zu erkennen. Es stellt einen gekrönten Adler dar, der über den Wassern schwebt. Darunter sind die Worte des Thales aus dem II. Teil von Goethes Faust zu lesen:

„Alles ist aus dem Wasser entsprungen!!
Alles wird durch das Wasser erhalten!
Ozean, gönn uns dein ewiges Walten."

Neben dem Aquarium befindet sich das Dienstgebäude der Forschungsanstalt.

BOTANISCHER VERSUCHSGARTEN 4.4

DER VERSUCHSGARTEN geht zurück auf den Einsatz des botanischen Kustos Paul Kuckuck. Bei der Gründung der Forschungsanstalt im August 1892 war zur großen Verärgerung Pringsheims zunächst aus finanziellen Gründen kein Kustos für die Botanik vorgesehen. Er hielt eine solche Stelle jedoch für unverzichtbar. So nutzte er noch einmal seinen großen Einfluss in der Akademie der Wissenschaften, und auch diese Initiative war erfolgreich. Die Akademie der Wissenschaften stellte im November

Abb. 4.28. HELGOLÄNDER „KLIPPENKOHL". Nathanael Pringsheim setzte sich dafür ein, die Botanik in der Biologischen Forschungsanstalt zu etablieren. Helgoland bietet aufgrund seiner geologischen und klimatischen Besonderheiten nur eingeschränkte Lebensräume für Pflanzen. Die von Pringsheim untersuchten Algen sind die einzigen Pflanzen im Meer um Helgoland. Im Bild zu sehen ist der Helgoländer Wildkohl (*Brassica oleracea*), der Vorfahre aller gängigen Kohlarten. Er wächst an den Steilhängen der roten Sandsteinfelsen. Dies ist das letzte Vorkommen in Deutschland. Möglicherweise fand man diesen Kohl auch im Versuchsgarten der Biologischen Anstalt.

1892 auf seinen Antrag hin Geld für einen botanischen Kustos zur Verfügung. Pringsheim setzte daraufhin mit dem Botaniker Kuckuck seinen Wunschkandidaten durch.

Kuckuck war ein anerkannter Spezialist für Braunalgen und knüpfte an Arbeiten Pringsheims an, der seit 1852 algologische Studien auf Helgoland betrieben hatte. Im Meer, dem in Helgoland dominierenden Biotop, gibt es keine Höheren Pflanzen, dafür aber eine umso reichere Algenflora. So war der Algenspezialist Kuckuck für Pringsheim die erste Wahl bei der Besetzung der Kustodenstelle für Botanik. Kuckuck begann im Jahr 1906 mit der Einrichtung eines botanischen Versuchsgartens auf dem Helgoländer Oberland. Welche Pflanzen dort gezeigt wurden, ist leider nicht überliefert. Auf Helgoland wachsen seltene Pflanzen wie Meerfenchel und Klippenkohl, aber auch Orchideen. Vermutlich wurden einige dieser Arten auch im Versuchsgarten gezeigt (**Abb. 4.28.**). Der Garten wurde zu Beginn des Ersten Weltkrieges völlig zerstört. Kuckuck baute ihn zwar noch einmal auf. Er wurde aber nach seinem Tod 1918 nicht weiterbetrieben.[30]

Ernennung von *Herrn Professor Dr. Otto Kinne*

zum Präsidenten

der Nathanael-Pringsheim Gesellschaft
zur Förderung der Biologischen Anstalt Helgoland e.V.

Hamburg, den 15. Juni 1992

Dr. W. Greve, Vorsitzender — Prof. Dr. K. Lüning, Stellvertretender Vorsitzender — G. Fürstenberg, Stellvertretende Vorsitzende — Dr. H.-G. Andres, Schatzmeister

Abb. 4.29. ERNENNUNGSURKUNDE. Urkunde zur Ernennung von Otto Kinne zum Präsidenten der Pringsheim-Gesellschaft.

DIE NATHANAEL-PRINGSHEIM-GESELLSCHAFT 4.5

PRINGSHEIMS NACHRUHM führte 1990 zur Errichtung einer Nathanael-Pringsheim-Gesellschaft zur Förderung der Biologischen Anstalt Helgoland e. V. in Hamburg.[31] Diese Gesellschaft machte es sich zur Aufgabe, die Biologische Anstalt Helgoland im Sinne ihres ersten Förderers Nathanael Pringsheim bei der Verfolgung ihrer Ziele zu unterstützen. Diese bestanden u. a. in der Förderung meeresbiologischer Forschung, der Wissenschaftlerausbildung und von Bibliothek, Aquarium und Museum sowie dem Ausbau nationaler und internationaler Kontakte aber auch der Öffentlichkeitsarbeit. Die Initiative zur Stiftungsgründung ging von Wulf Greve aus. Greve war Wissenschaftler an der Biologischen Anstalt, für die er auch die Öffentlichkeitsarbeit aufbaute. Die Biologische Anstalt war zu dieser Zeit eine dem Bundesministerium für Forschung und Technologie direkt nachgeordnete Bundesforschungseinrichtung.

Der Verein finanzierte sich aus Mitgliedsbeiträgen und Spenden. Für die 100-Jahrfeier der Biologischen Anstalt im Jahr 1992, bei der Elisabeth Mann Borgese eine der Hauptrednerinnen war, hatte die finanzielle Unterstützung durch den Förderverein nicht unerhebliche Bedeutung. Die Stiftung beteiligte sich auch bei der Versicherung von Forschern auf den Expeditionsschiffen der Biologischen Anstalt. Hintergrund für diese Art der Unterstützung war ein Attentat in Dschibuti (Ostafrika) im Jahr 1987, bei dem auch vier deutsche Wissenschaftler getötet und weitere schwer verletzt wurden. Die Gelehrten wollten in Dschibuti eine Expedition mit dem deutschen Forschungsschiff „Meteor" beginnen. Die Opfer bzw. deren Angehörige gerieten in der Folge wegen mangelnder oder nicht vorhandener Versicherungen in eine finanzielle Notlage.[32]

Von 1992 bis 2001, also von der Gründung bis zur Auflösung der Stiftung, waren die Zoologen Wulf Greve Vorsitzender und Otto Kinne Präsident der Nathanael-Pringsheim-Gesellschaft zur Förderung der Biologischen Anstalt Helgoland e. V. in Hamburg, BAH (**Abb. 4.29.**). Otto Kinne war in dieser Zeit auch Leiter der Biologischen Anstalt Helgoland. Am 6. Oktober 1994, dem 100. Todestag von Nathanael Pringsheim, veranstaltete die Gesellschaft ein Gedenktreffen mit

Vorträgen von Dieter Mollenhauer („Nathanael Pringsheim – ein Algenforscher im 19. Jahrhundert"), Ludwig Kies („Nathanael Pringsheims Entdeckung des Befruchtungsvorganges bei *Vaucheria*: Voraussetzungen und Bedeutung") und Malte Elbrächter („150 Jahre nach Pringsheims Arbeiten zur Sexualität der Algen – was wissen wir über die Sexualität bei Dinoflagellaten?"). Vom ursprünglich geplanten Veranstaltungstitel „Sexualität mariner Algen" hatte man aus nicht bekannten Gründen Abstand genommen.

Durch Rechtsformänderung wurde die Biologische Anstalt Helgoland (BAH) zum Ende 1997 aufgelöst und ab 1998 in die Stiftung AWI (Alfred-Wegener-Institut) eingegliedert. Dies hatte zur Folge, dass der Standort Hamburg (Sitz der Zentrale des AWI und einiger wissenschaftlicher Teilbereiche) aufgegeben wurde. Das Hamburger Personal wurde daraufhin nach Bremerhaven versetzt. Die übrigen Standorte Helgoland und List auf Sylt blieben erhalten. Da beim AWI bereits ein Förderverein bestand, wurde mit der Schließung des Standorts Hamburg auch die Pringsheim-Gesellschaft aufgelöst und das Restvermögen dem AWI-Förderverein zugeführt.[33]

ANMERKUNGEN

1 Brief an das Preußische Kultusministerium vom 21. Juli 1890, aufgeführt im Dokumentenanhang S. 231 – 232.

2 Rede zur Einweihung des Nordseemuseums, Heincke 1899.

3 Quellen für dieses Kapitel sind Heincke 1899, Kinne 1967, Mollenhauer 1993, Mollenhauer 1995 und Werner 1993. Des Weiteren werden in diesem Kapitel mehrere Originalfotografien von Franz Schensky gezeigt, der die Inselgeschichte auf ganz besondere Weise über viele Jahrzehnte Fotografisch dokumentierte. Für die Möglichkeit, diese Aufnahmen verwenden zu dürfen, danke ich ganz herzlich dem Freundeskreis des Nordseemuseums e. V. und besonders Gerd Köhn, einem Großneffen von Franz Schensky.

4 Helgolands Geschichte 2022.

5 Humboldt schrieb in seinen Reiseerinnerungen: „Ich war noch jung, gerade mal 21 Jahre, … Allerlei Raritäten kamen dort im Hafen an, und als ich dort die Naturalien von Helgoland gesehen hatte, ergriff mich die Begier, sie selbst zu haben. Ich schiffte mich ein und machte in acht Tagen eine sehr stürmische Seereise von 45 Meilen. Allein drei Tage musste unser Schiff hinter einer Sandbank vor dem Sturm Schutz suchen. Pflanzen, Tiere und Gesteine auf der Insel waren für mich von äußerstem Interesse. Vergeblich fragte ich allerdings nach einem Seehundskopf, den ich so gern nach Göttingen zu Johann Friedrich Blumenbach gesandt hätte. Mit Freude erinnere ich mich der Zeit auf der Insel."

6 Bartels et al. 1931, 56 – 58.

7 Hoppe 1966.

8 Greenspan 2005.

9 Wilhelm Heidelck, der einzige Bruder meines Großvaters Friedrich Heidelck aus Schwerin, war beim Bau des Kriegshafens beteiligt. Wilhelm Heidelck fiel 1914 in Frankreich und liegt auf dem Soldatenfriedhof in Verdun.

10 Aubrecht et al. 2020.

11 Southward et al. 1984, 158 – 162.

12 Zit. n. Werner 1993.

13 Schumann 1895, 45.

14 Schreiben Nathanael Pringsheim an Friedrich Althoff vom 21. Juli 1890.

15 Werner 1993.

16 Brief Friedrich Althoffs an Anton Dohrn vom 3. April 1891, Geheimes Staatsarchiv Preußischer Kulturbesitz. Bl. 1, Rep. 92, Nachlass Althoff, Abt. A, Nr. 211b.

17 Zit. n. Werner 1993.

18 Es gilt aber auch: „Auf kleinen Inseln mit wenig Auslauf, da muss man sich die Zeit vertreiben, da kommt man von selber ins Geschichten erzählen." (James Krüss, auf der Insel geboren, zit. n. James Krüss 2021).

19 Um 1896 wurde die Anstalt um das alte Postgebäude erweitert.

20 Werner 1993.

21 Engel 2005.

22 Pringsheim 1895.

23 Pringsheim 1895, Bd. 1, VII.

24 Das war ein ansehnlicher Betrag. Der durchschnittliche Jahresverdienst in Preußen lag zu dieser Zeit bei 1.000 Reichsmark, ein Ei kostete 1 Pfennig.

25 Heincke 1899, 8.

26 Morgenausgabe der *Nationalzeitung* vom 24. August 1897.

27 Ich bedanke mich herzlich für einige interessante Informationen in diesem Abschnitt bei dem ehemaligen Aquariumsleiter Olaf Goemann.

28 Moritz Nathan Oppenheim entstammte einer jüdischen Familie in Frankfurt. Die kommende Entrechtung im Nationalsozialismus erkennend, nahmen sich er und seine Ehefrau Katharina Oppenheim am 9. Juni 1933 gemeinsam das Leben. Steen 2003.

29 Hagmeier 1998.

30 Die unvollendeten botanischen Arbeiten von Paul Kuckuck wurden nach dem Zweiten Weltkrieg teilweise von Peter Kornmann fortgeführt und vollendet. Kornmann 1977.

31 Einige Angaben in diesem Abschnitt verdanke ich Uwe Kersten, der ab 1971 Verwaltungsleiter der Biologischen Anstalt war. Außerdem bedanke ich mich für Informationen bei Karsten Reise, ehemaliger Leiter der Wattenmeerstation Sylt.

32 Uwe Kersten, persönliche Mitteilung an den Autor.

33 Ebd.

5 ÄSTHETIK:

KUNSTFORMEN DER MIKROSKOPIE

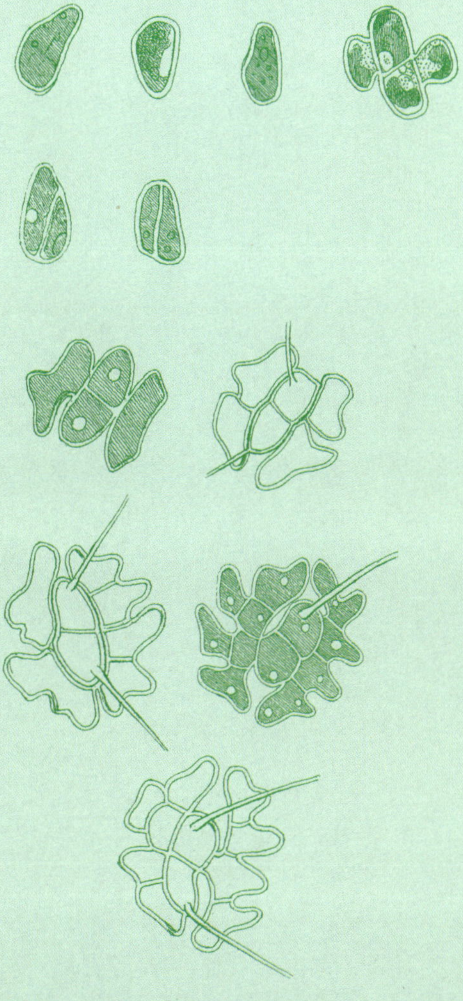

„In jedem Mikrokosmos liegt der ganze Makrokosmos, und dieser enthält nichts mehr als jener."

— Arthur Schopenhauer, Die Welt als Wille und Vorstellung (1819)

Nach Irrungen und Wirrungen zu Studienbeginn wandte sich Nathanael Pringsheim in seinen Leipziger Jahren endgültig der Botanik zu (siehe ABSCHNITT 2.2). Diese bestimmte fortan sein Forscherleben. Er erwarb ein modernes Mikroskop und vertiefte sich damit in die faszinierende, für ihn völlig neue Welt pflanzlicher Lebenserscheinungen. Außerdem nahm er Zeichenunterricht, denn die wissenschaftliche Zeichnung war zu Pringsheims Zeiten das wichtigste Medium des Naturstudiums.[1]

Wissenschaftliches Zeichnen ist eine Kunst, die auf eine lange Tradition zurückblickt. Die Geschichte der Biologie ist untrennbar mit der Kunst des Zeichnens verbunden. Eine Zeichnung bietet die Möglichkeit, bestimmte Bestandteile der vielfältigen Natur von Pflanzen oder Tieren nicht nur darzustellen, sondern je nach Bedarf hervorzuheben, visuell zu analysieren und teilweise in neue Ordnungsstrukturen zu überführen. Zeichnungen werden an einem bestimmten Ort, zu einer bestimmten Zeit und mit einem bestimmten Ziel angefertigt. Das sollte man sich beim Betrachten einer Zeichnung immer bewusst machen. So erfüllten die ersten botanischen Nachschlagewerke in mittelalterlichen Klöstern ihren Hauptzweck in der Bestimmung von Pflanzen, insbesondere von Heilpflanzen.

Pringsheims Ziel war die Sichtbarmachung der Entwicklungsgeschichte von Niederen und Höheren Pflanzen. Es ging ihm nicht um eine quantitative Auswertung, sondern er ließ seine Zeichnungen für sich sprechen. Ein Zeichner muss sich in das Objekt „einfühlen", das er darstellen und „verstehen" möchte. Beim Zeichnen geht es darum, ein Individuum mit „durchschnittlicher Merkmalsausprägung" darzustellen. Gesucht wird also die Norm. Der Zeichner kann reduzieren und gewichten, er kann manches kräftiger zeichnen und anderes zurückdrängen.

Das Zeichnen nach der Natur in der Botanik und Zoologie ist also eine lang bewährte Methode. Doch mit der Weiterentwicklung der Mikroskopietechnik ab etwa 1800 und der dadurch ermöglichten tieferen und detaillierteren Beobachtung von Organismen stiegen die Anforderungen an die Zeichentechnik. Wissenschaftler konnten nun eine größere Bandbreite an Details erkennen und benötigten daher genauere Zeichentechniken, um diese Feinheiten korrekt darzustellen. Es war nun erforderlich, auch die kleinsten Strukturen und Details zu visualisieren. Zudem forderte die wachsende Gemeinschaft von Wissenschaftlern reproduzierbare Darstellungen der visualisierten Forschungsergebnisse, wobei Farbe eine wichtige zusätzliche Information darstellte. Hierfür waren hochpräzise Reproduktionstechniken nötig, die mit der 1798 von Alois Senefelder eingeführten Lithographie zur Verfügung standen. Ein herausragendes Beispiel für die Synthese all dieser Technologien sind Ernst Haeckels „Kunstformen der Natur". Dieses Werk umfasst eine Sammlung von über 100 Farblithographien von Organismen, die zwischen 1899 und 1904 veröffentlicht wurden.[2]

Die wissenschaftliche Zeichnung ist heute eine aussterbende Kunst. Aktuell werden Bilddarstellungen verlangt, die digital animiert werden können. Damit geht eine „ganzheitliche Betrachtungsweise" zu Ende, denn beim Zeichnen fließt das Wissen über die Hand ins Gehirn und umgekehrt. Wer zeichnet, erhält ein Gefühl für das Objekt, kann es viel besser bestimmen und erfährt schließlich die ganze Variationsbreite einer Art. Mit dem Zeichnen geht zudem die Ausbildung des Auges zu einem differenzierenden, analytisch agierenden Sinnesorgan einher. All dies geht verloren, wenn das Zeichnen nicht mehr trainiert wird.

Die von Pringsheim kunstvoll gestalteten Zeichnungen spielen eine zentrale Rolle in seinen wissenschaftlichen Veröffentlichungen. Sie zeigen: Pringsheim war nicht nur Wissenschaftler, sondern auch Künstler. Aus dem reichen Material an wissenschaftlichen Zeichnungen von ihm wird in diesem Kapitel eine Auswahl vorgestellt. Es handelt sich um Farblithographien von Pringsheims Originalzeichnungen. Dafür muss ein Lithograph die Steinzeichnung der Originalzeichnung als Druckvorlage auf einem Lithographiestein seitenverkehrt anfertigen. Soll eine Farblithographie entstehen, so muss für jede Farbe ein eigener Stein vorbereitet werden. Zu Pringsheim Zeit gehörte die Farblithografie zu den am meisten angewendeten Drucktechniken für farbige Drucksachen. Ich hoffe, dass meine Auswahl aus Pringsheims „Kunstformen der Mikroskopie" neben dem Text eine zusätzliche Möglichkeit bietet, sein faszinierendes wissenschaftliches Werk zu erkunden.

ANMERKUNGEN

1 Cohn 1895, 12.

2 Haeckel 1904.

Abb. 5.1. DAS ERSTE MAL. Befruchtungsakt der Goldgelben Alge *Vaucheria sessilis*. Man erkennt begeißelte Spermatozoiden, die das männliche Geschlechtsorgan (Mitte) in Richtung der geöffneten weiblichen Geschlechtsorgane links und rechts verlassen. In diesen befinden sich Eizellen. Bei dieser Alge war Nathanael Pringsheim erstmals Zeuge einer Befruchtung in einem lebenden Organismus.

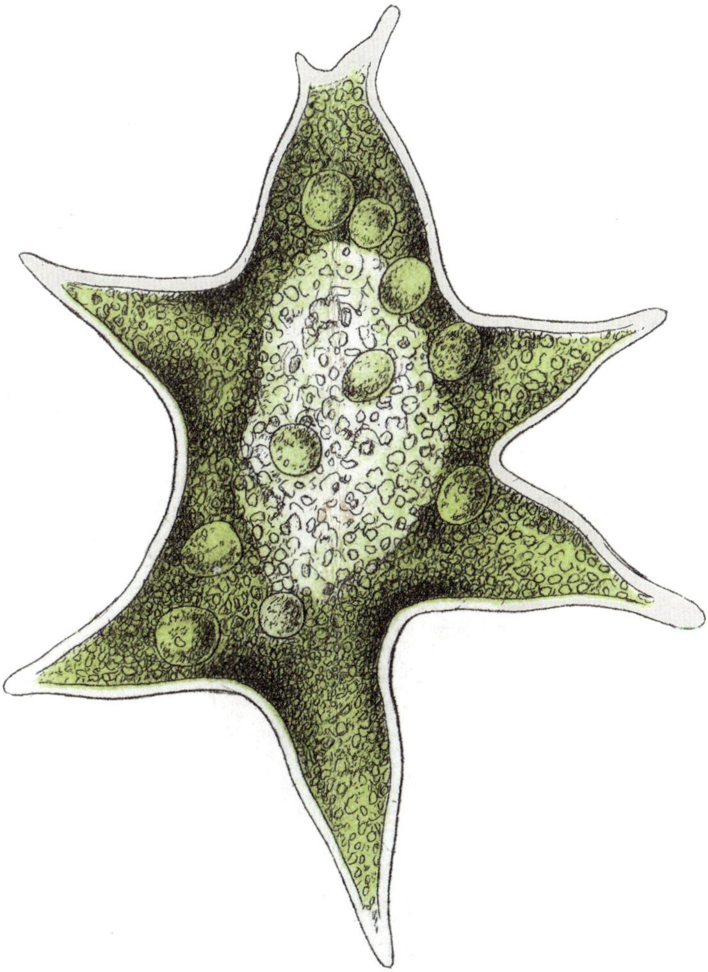

Abb. 5.2. MIT ECKEN UND KANTEN. Zu sehen ist das „Polyederstadium“ einer Grünalge der Gattung *Hydrodictyon* (Wassernetz). Im Inneren des Polyeders sind Sporen zu erkennen, aus denen asexuell neue Netze entstehen können. Nathanael Pringsheim zeigte, dass sich das Wassernetz auch sexuell fortpflanzt. Nathanael Pringsheims Erkenntnisse zur Sexualität der Grünalgen sind bedeutsam, da vermutlich Vertreter der Grünalgen die Urahnen aller heute lebenden Landpflanzen sind.

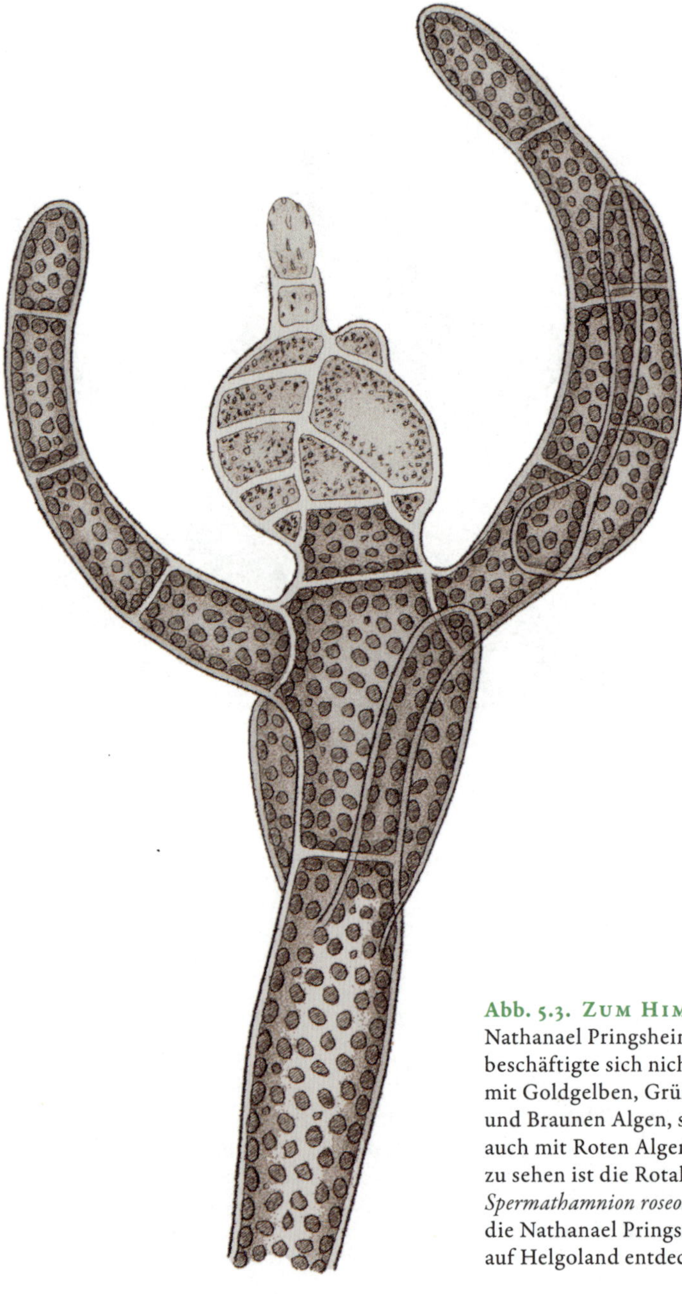

Abb. 5.3. Zum Himmel. Nathanael Pringsheim beschäftigte sich nicht nur mit Goldgelben, Grünen und Braunen Algen, sondern auch mit Roten Algen. Hier zu sehen ist die Rotalge *Spermathamnion roseolum*, die Nathanael Pringsheim auf Helgoland entdeckte.

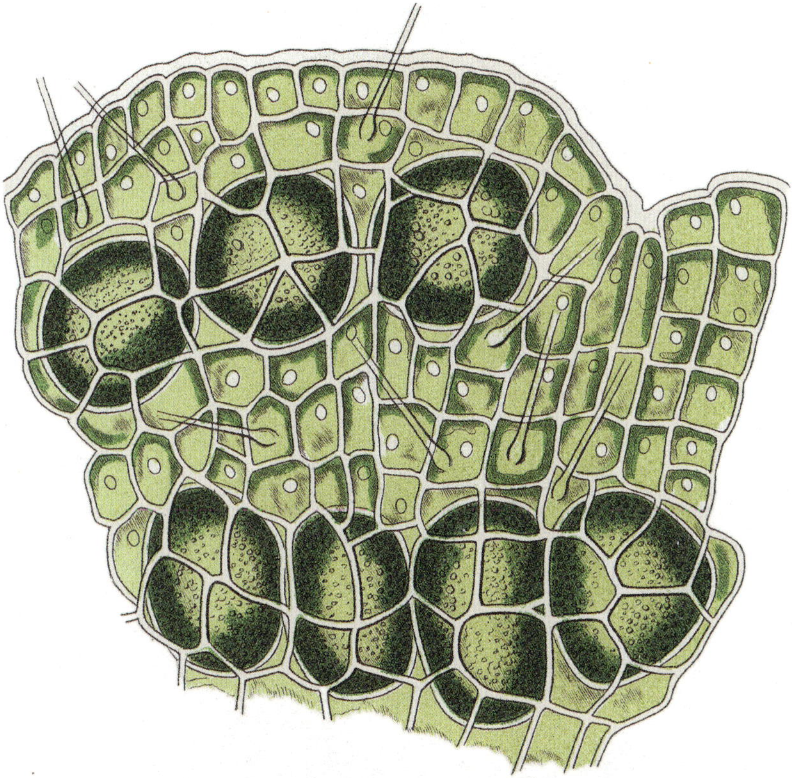

Abb. 5.4. Ordnung muss sein. Bei der gezeigten Grünalge *Coleochaeta scutata* entdeckte Nathanael Pringsheim die sexuelle Fortpflanzung und einen sexuell-asexuellen Generationswechsel. Man erkennt deutlich die für die Gattung typischen stachelförmigen „Zellhaare“, die Pflanzenfresser abschrecken. Pringsheim wies auf die Analogie zum Generationswechsel der Moose hin. Die Evolution der Landpflanzen lässt sich als Anpassung des erstmals von Pringsheim bei Grünalgen beschriebenen Generationswechsels verstehen.

Abb. 5.5. ARMLEUCHTER. Vertreter der Armleuchteralge *Chara fragilis*. Die Armleuchteralgen sind sehr urtümliche Organismen und bilden eine Schwestergruppe der Landpflanzen. Nathanael Pringsheim interessierte sich für diese Algen, da ihr Habitus Höheren Pflanzen ähnelt.

Abb. 5.6. PARKETTIERUNG. Schnitt durch den Stiel des Schlafmooses *Hypnum serpens*. Moose waren die ersten Landpflanzen. Pringsheim gewann auch aus der Analyse dieser Pflanzen neue Erkenntnisse zu ihrer Sexualität und Entwicklung.

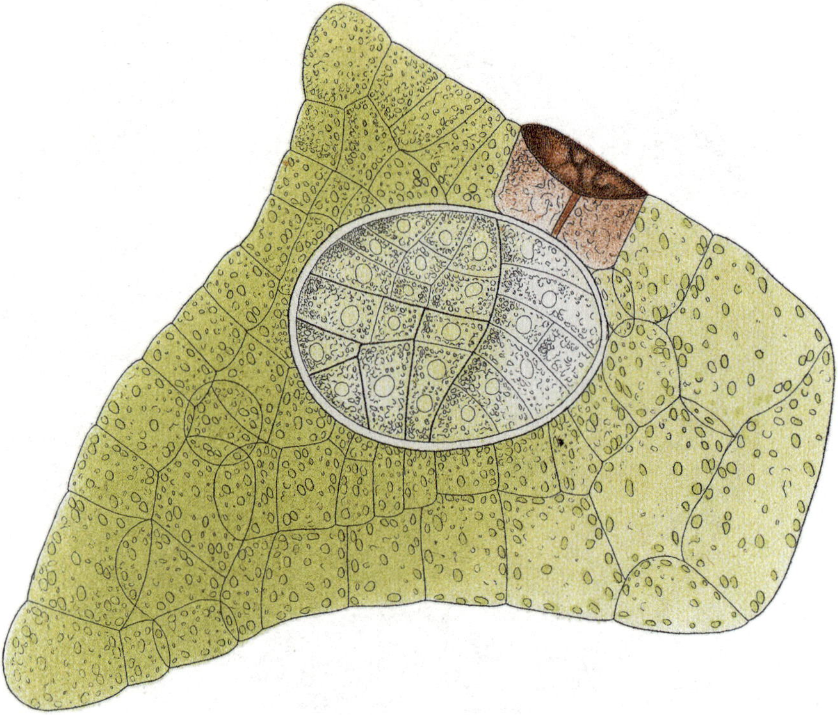

Abb. 5.7. VOGELPERSPEKTIVE. Nathanael Pringsheim entdeckte die sexuelle Fortpflanzung des Schwimmfarns *Salvinia natans*. Hier zu sehen ist ein Schnitt durch den Embryo (heller Bereich). Rot erkennbar die Schlusszellen des Archegoniums (weibliches Geschlechtsorgan), in welchem der Embryo entstand.

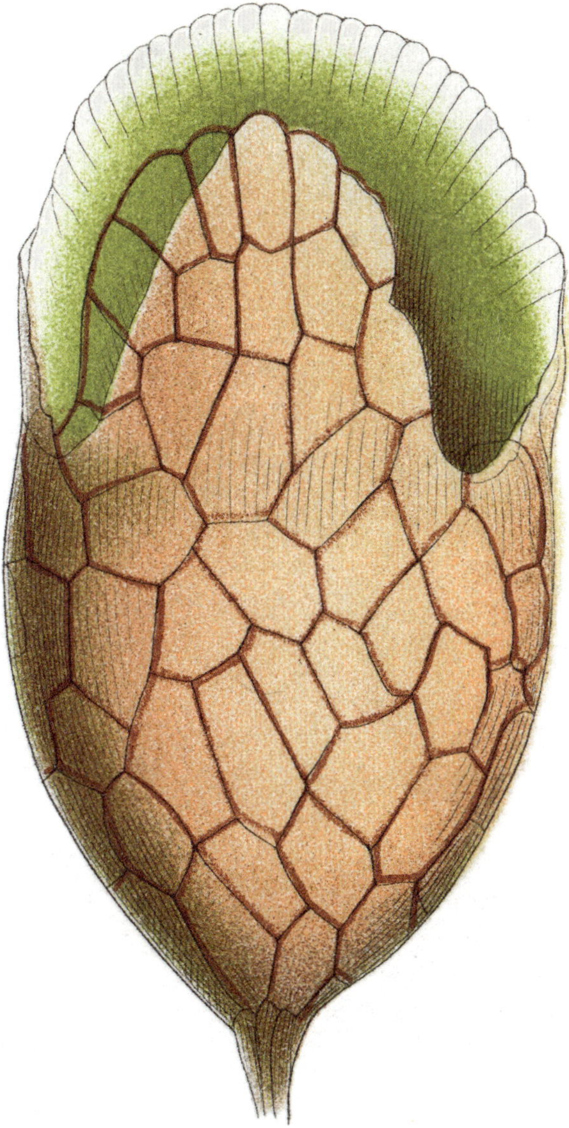

Abb. 5.8. FARNKELCH. Makrospore des Schwimfarns *Salvinia natans*. Im hinteren Bereich der Spore entwickelt sich der „Proembryo".

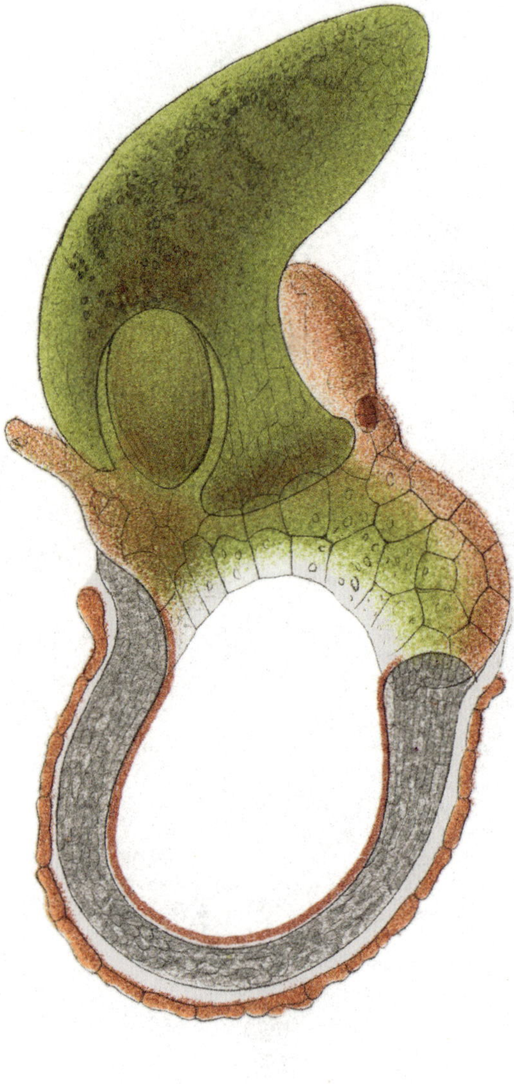

Abb. 5.9. FARNERHEBUNG. Schnitt durch Makrospore (unten) und Protallium (hellgrün) des Schwimmfarns *Salvinia natans*. Dreidimensional zu sehen ist der Embryo. Nathanael Pringsheim beschrieb erstmals den gesamten sexuell-asexuellen Entwicklungszyklus des Schwimmfarns.

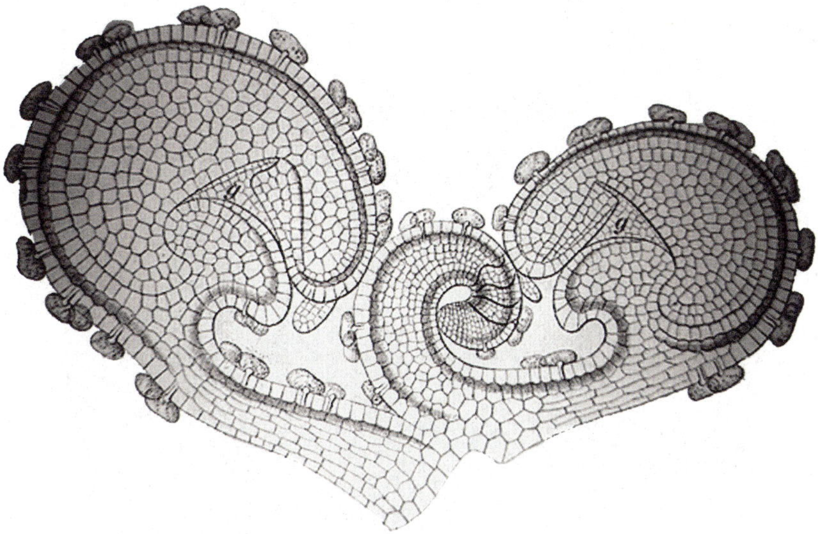

Abb. 5.10. **Verschlungen.** Querschnitt durch zwei Schläuche des Wasserschlauchs, *Utricularia vulgaris*. Diese Wasserpflanze fängt kleine Wassertiere mit Schluckfallen, die sie an ihren Blättern ausbildet. Pringsheim erforschte die Entwicklung dieser Schläuche. Im Bild sind die Trichter erkennbar, die den Zugang ins Innere ermöglichen. Auch Charles Darwin zeigte ein großes Interesse an diesen faszinierenden fleischfressenden Pflanzen.

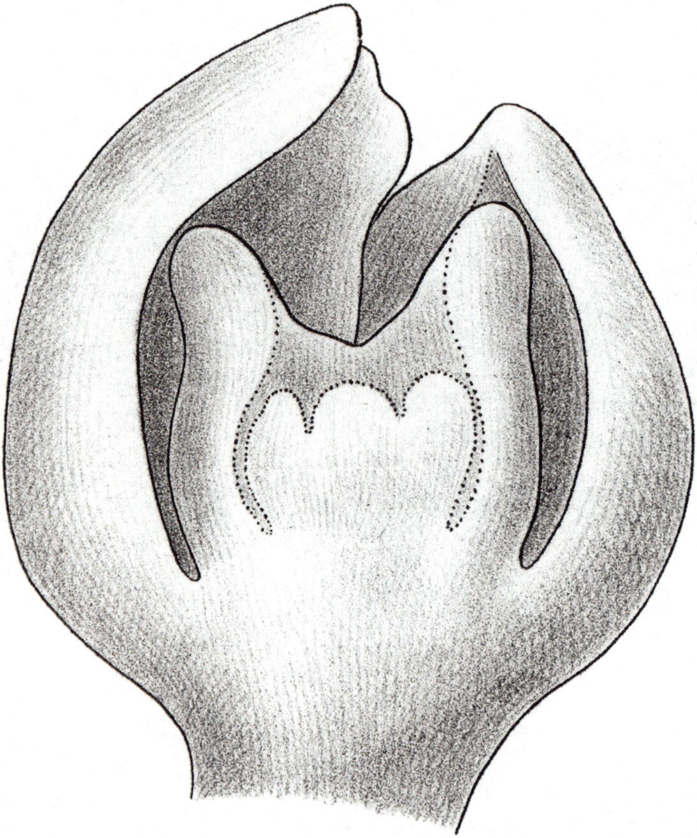

Abb. 5.11. BLÜTEZEIT. Blick in die weiblichen Blütenorgane des Einjährigen Bingelkrauts *Mercurialis annua*. Nathanael Pringsheim untersuchte die Entwicklung der Blüte. Sie bietet dem Embryo Schutz und ermöglicht den Blütenpflanzen die Eroberung neuer Lebensräume.

chemiae publicus ordinarius nec non laboratorii
latem literariam Jenensem vocatus, hanc professionem
dicta oratione rite auspicatus sum.

Ego Nathanael Pringsheim
Wziesko, vico Silesiae superior
culi vigesimo tertio die XXX m
Testimonium maturitatis in Gy
ciano Vratislaviensi anno MDC
Quo facto primum Vratislaviae, tu
Berolini per quinque annos med
naturalium disciplinis operam
pro doctoris gradu in alma Un
Berolinensi rite superato u
phiae honoribus die XIX mens.
CCXLVIII in me collatis Pari
ibique per annum in studiis
tus sum. Anno MDCCCLI
veniam docendi in Universi
impetravi et hic per novem
imprimis Anatomiam et
tanium docui. Anno MDCC
eorum qui inter sacra secu
nostrae Jenensis conditae ter
honoris causa medicinae
creati sunt, quam honorem
animo maxime insigne
Anno MDCCCLX Academiae
Borussiae socius declarat

DOKUMENTE 6.1

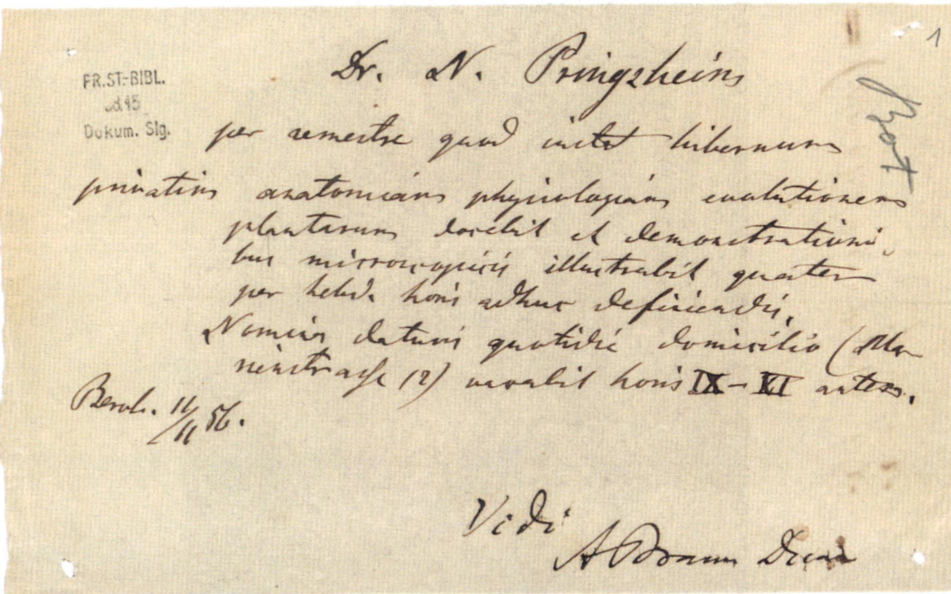

Dr. N. Pringsheim
per semestre quod instat hibernum
privatim anatomiam physiologiam evolutionem
plantarum docebit et demonstrationi-
bus microscopicis illustrabit quater
per hebd. horis adhuc definiendis.
Nomina dantur quotidie domicilio (Ma-
rienstraße 12) vocabit horis IX–XI antem.

Berol. 11/11 56.

Vidi: A Braun Dec.

Abb. 6.1. Vorlesungsankündigung Universität Berlin, Wintersemester 1856.

Abb. 6.2. (oben) Foto von Nathanael Pringsheim um 1860, als er in Berlin zum ordentlichen Mitglied der Preußischen Akademie der Wissenschaften gewählt wurde, aufgenommen von Albert Grundner, Berlin.

Abb. 6.3. – 6.9. (folgende Seiten) Brief von Nathanael Pringsheim an das Preußische Kultusministerium vom 9. März 1863, mit Bearbeitungsvermerken des Ministeriums.

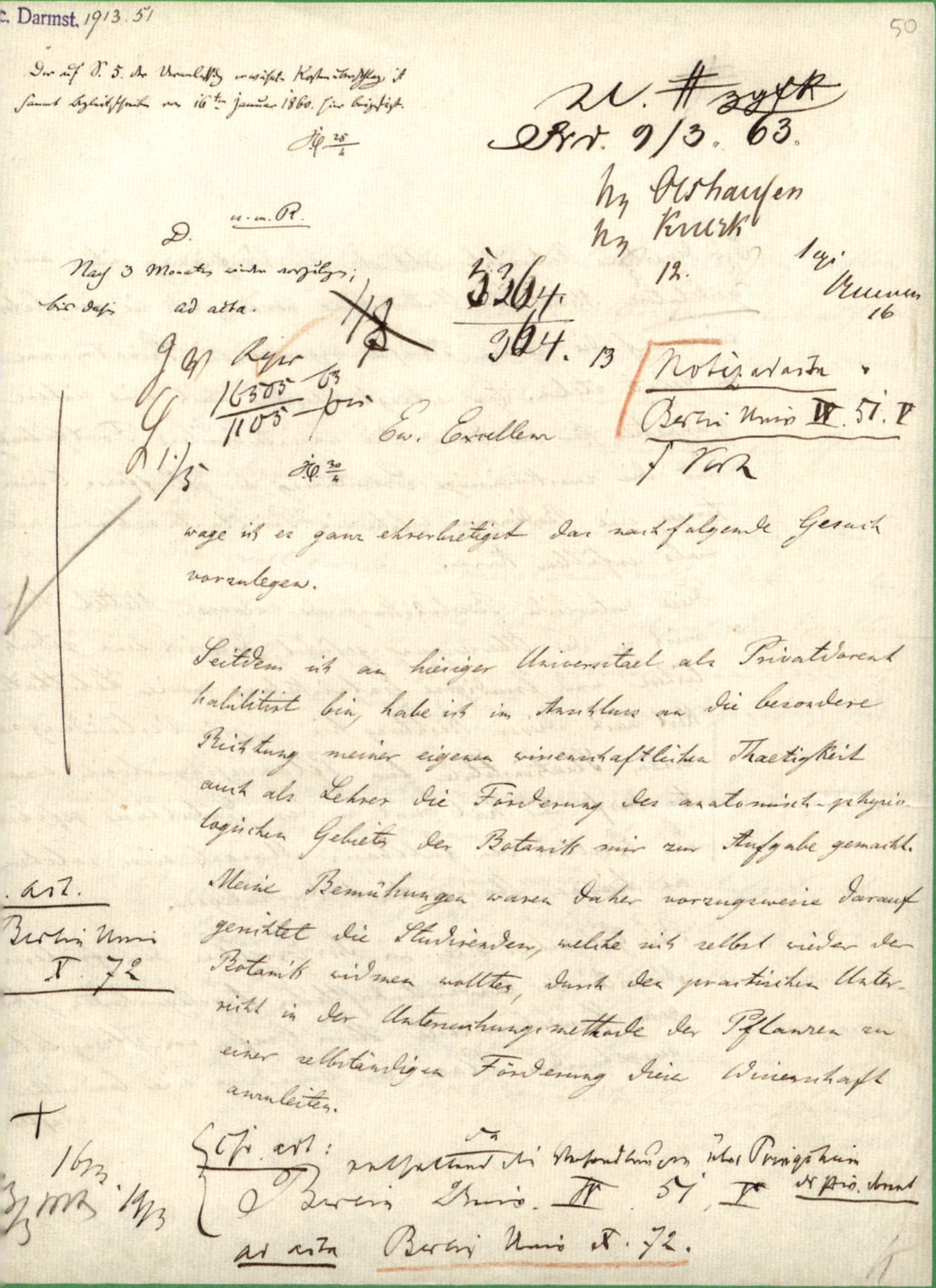

Rep. 9/3. 63.

Ew. Excellenz

wage ich es ganz ehrerbietigst das nachfolgende Gesuch vorzulegen.

Seitdem ich an hiesiger Universitaet als Privatdocent habilitirt bin, habe ich im Anschluss an die besondere Richtung meiner eigenen wissenschaftlichen Thaetigkeit auch als Lehrer die Förderung des anatomisch-physiologischen Gebiets der Botanik mir zur Aufgabe gemacht. Meine Bemühungen waren daher vorzugsweise darauf gerichtet die Studirenden, welche sich selbst wieder der Botanik widmen wollten, durch den practischen Unterricht in der Untersuchungsmethode der Pflanzen zu einer selbständigen Förderung dieser Wissenschaft anzuleiten.

ad acta Berlin Univ. X. 72.

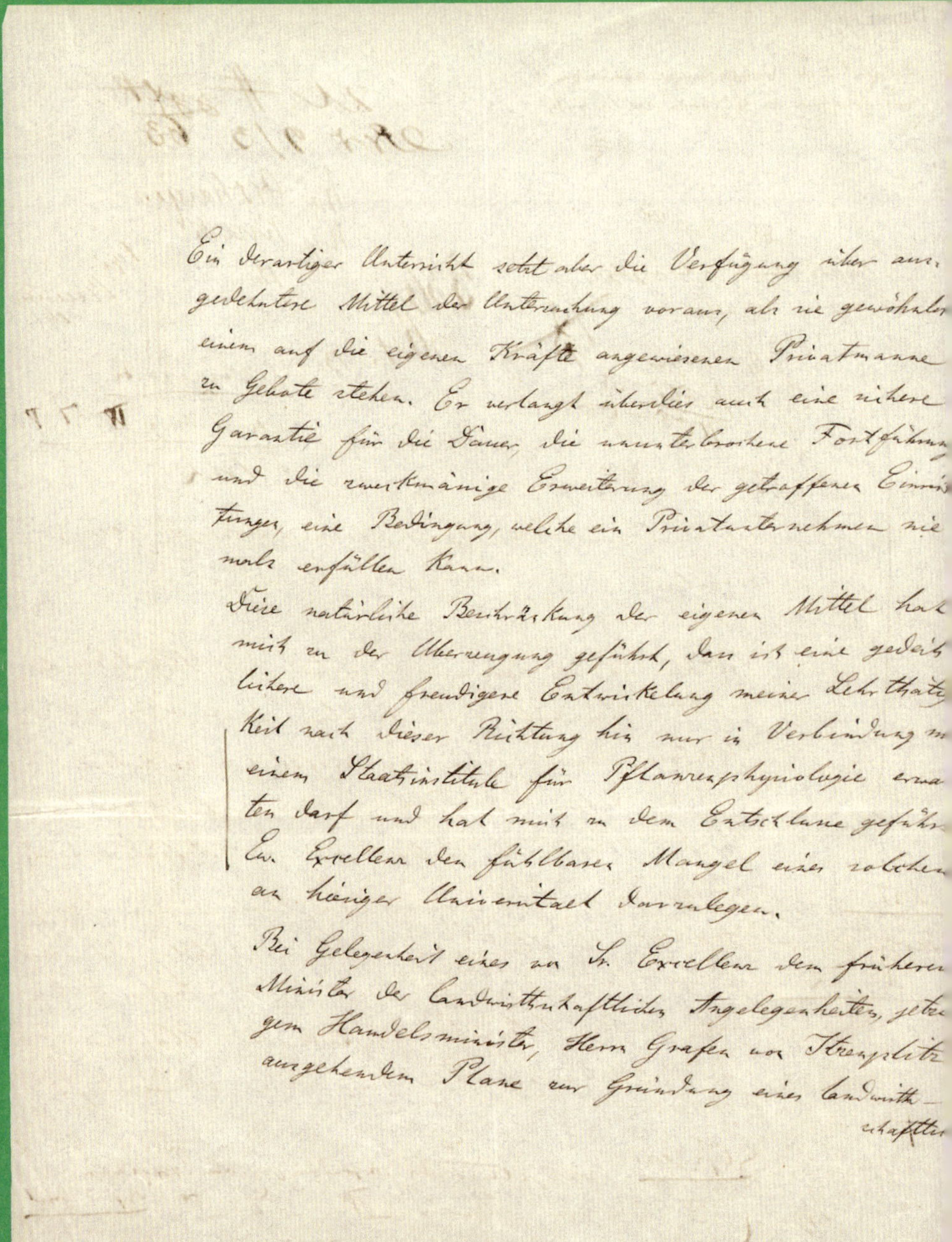

Ein derartiger Unterricht setzt aber die Verfügung über ausgedehntere Mittel der Untersuchung voraus, als sie gewöhnlich einem auf die eigenen Kräfte angewiesenen Privatmanne zu Gebote stehen. Er verlangt überdies auch eine sichere Garantie für die Dauer, die ununterbrochene Fortführung und die zweckmässige Erweiterung der getroffenen Einrichtungen, eine Bedingung, welche ein Privatunternehmen niemals erfüllen kann.

Diese natürliche Beschränkung der eigenen Mittel hat mich zu der Überzeugung geführt, dass ich eine gedeihlichere und freudigere Entwickelung meiner Lehrthätigkeit nach dieser Richtung hin nur in Verbindung mit einem Staatsinstitute für Pflanzenphysiologie erwarten darf und hat mich zu dem Entschlusse geführt Ew. Excellenz den fühlbaren Mangel eines solchen an hiesiger Universität darzulegen.

Bei Gelegenheit eines von Sr. Excellenz dem früheren Minister der landwirthschaftlichen Angelegenheiten, jetzigem Handelsminister, Herrn Grafen von Itzenplitz ausgehenden Plane zur Gründung eines landwirth-

schaftlichen

51

physiologischen Institutes in Berlin hatte ich schon im verflossenen Jahre die Ehre vor Ew. Excellenz persönlich auf den vielseitigen Nutzen hinweisen zu dürfen, welcher der wissenschaftlichen Seite der Botanik aus einem mit der Universitaet in Verbindung gesetzten Staatsinstitute für Pflanzenphysiologie erwachsen würde.

Ew. Excellenz schienen damals einem Unternehmen dieser Art nicht geradezu abgeneigt und wollen daher verzeihen, wenn ich es wage dasselbe hiermit nochmals Ew. Excellenz wohlwollender Erwägung zu unterbreiten und wenn ich mir erlaube einige Worte zu dessen Begründung hinzuzufügen.

Der natürliche Entwickelungsgang, den die Botanik in der neuesten Zeit genommen hat, hat ihre Ziele von ihrer früheren vorwiegend systematischen Aufgabe abgelenkt und hat diese mehr und mehr auf das Streben nach einem tieferen Einblick in den Zusammenhang der Form und Function der Pflanzenorgane gerichtet. Es ist dies derselbe Gang, den die durch ihr Untersuchungsobject verwandte Zoologie genommen hat

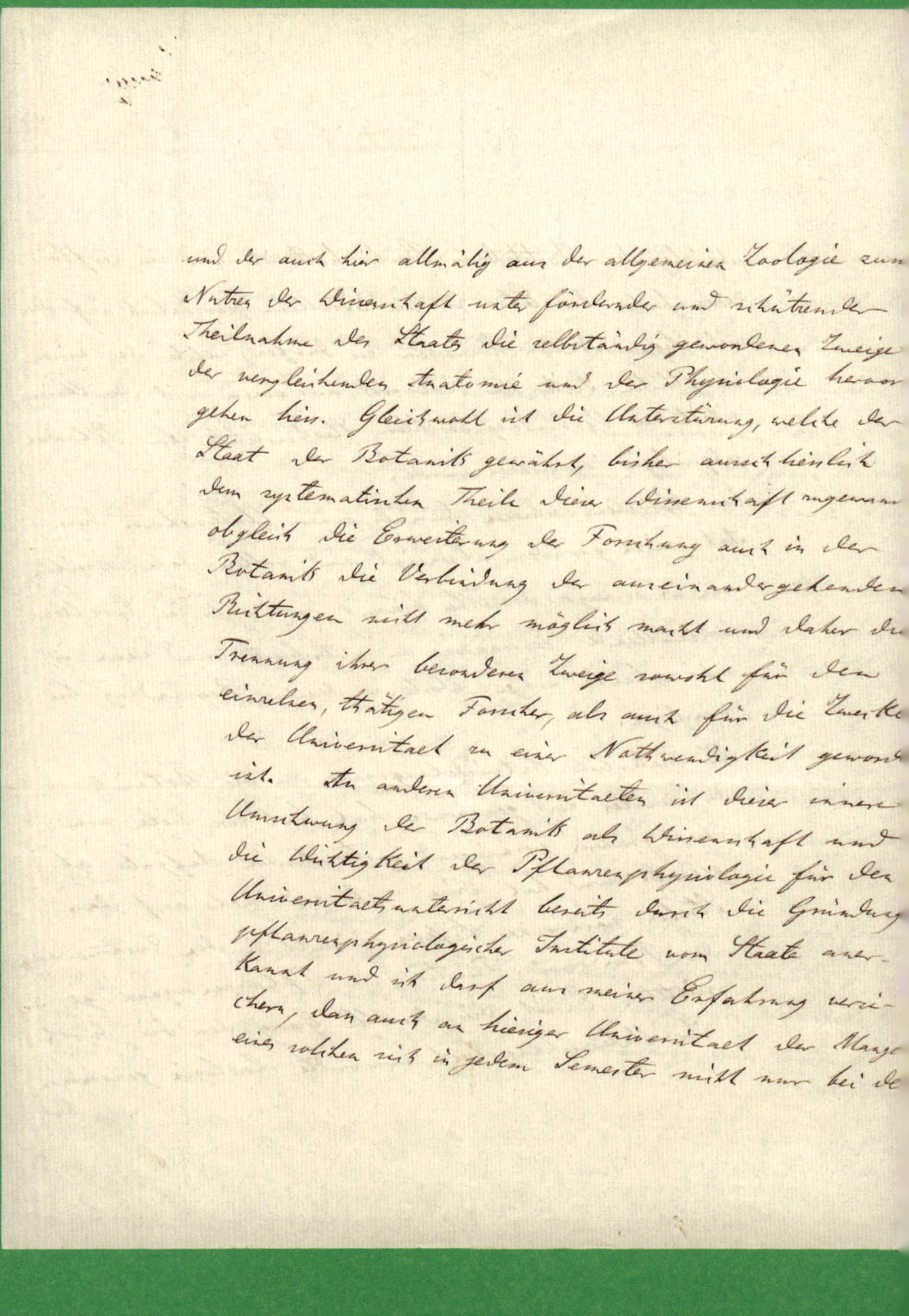

und der auch hier allmälig aus der allgemeinen Zoologie zum Nutzen der Wissenschaft unter fördernder und schützender Theilnahme des Staats die selbständig gewordenen Zweige der vergleichenden Anatomie und der Physiologie hervorgehen hieß. Gleichwohl ist die Unterstützung, welche der Staat der Botanik gewährt, bisher ausschließlich dem systematischen Theile dieser Wissenschaft zugewandt, obgleich die Erweiterung der Forschung auch in der Botanik die Verbindung der auseinandergehenden Richtungen nicht mehr möglich macht und daher die Trennung ihrer besonderen Zweige sowohl für den einzelnen, thätigen Forscher, als auch für die Zwecke der Universitaet zu einer Nothwendigkeit geworden ist. An anderen Universitaeten ist diese innere Umwälzung der Botanik als Wissenschaft und die Wichtigkeit der Pflanzenphysiologie für den Universitaetsunterricht bereits durch die Gründung pflanzenphysiologischer Institute vom Staate anerkannt und ich darf aus meiner Erfahrung versichern, daß auch an hiesiger Universitaet der Mangel eines solchen sich in jedem Semester nicht nur bei de

52

Studirenden der Botanik, sondern auch in den Kreisen derer, die die Botanik als Hülfswissenschaft betrachten, fühlbar macht. Denn die vielfachen Berührungspunkte der Pflanzenphysiologie mit der Physiologie und Histiologie der Thiere, wie ihre Beziehungen zur landwirthschaftlichen Cultur der Gewächse wenden ihr ein stets wachsendes Interesse von Seiten der Physiologen, Mediciner und Landwirthe zu und weisen auf die Bedeutung dieses Zweiges der Wissenschaft für die unmittelbar practischen Bedürfnisse des Staats hin.

Sollten Ew. Excellenz sich aber bewogen fühlen dem angeregten, gewiss von jeder competenten Seite anerkannten Mangel an hiesiger Universitaet abzuhelfen, so darf ich vielleicht die Bemerkung hinzufügen, dass ich schon vor einigen Jahren die Ehre hatte einen kurzen Umriss über die nöthigen Einrichtungen und einen allgemein gehaltenen Kosten-Überschlag in die Hände des Herrn Geheimrath Olshausen

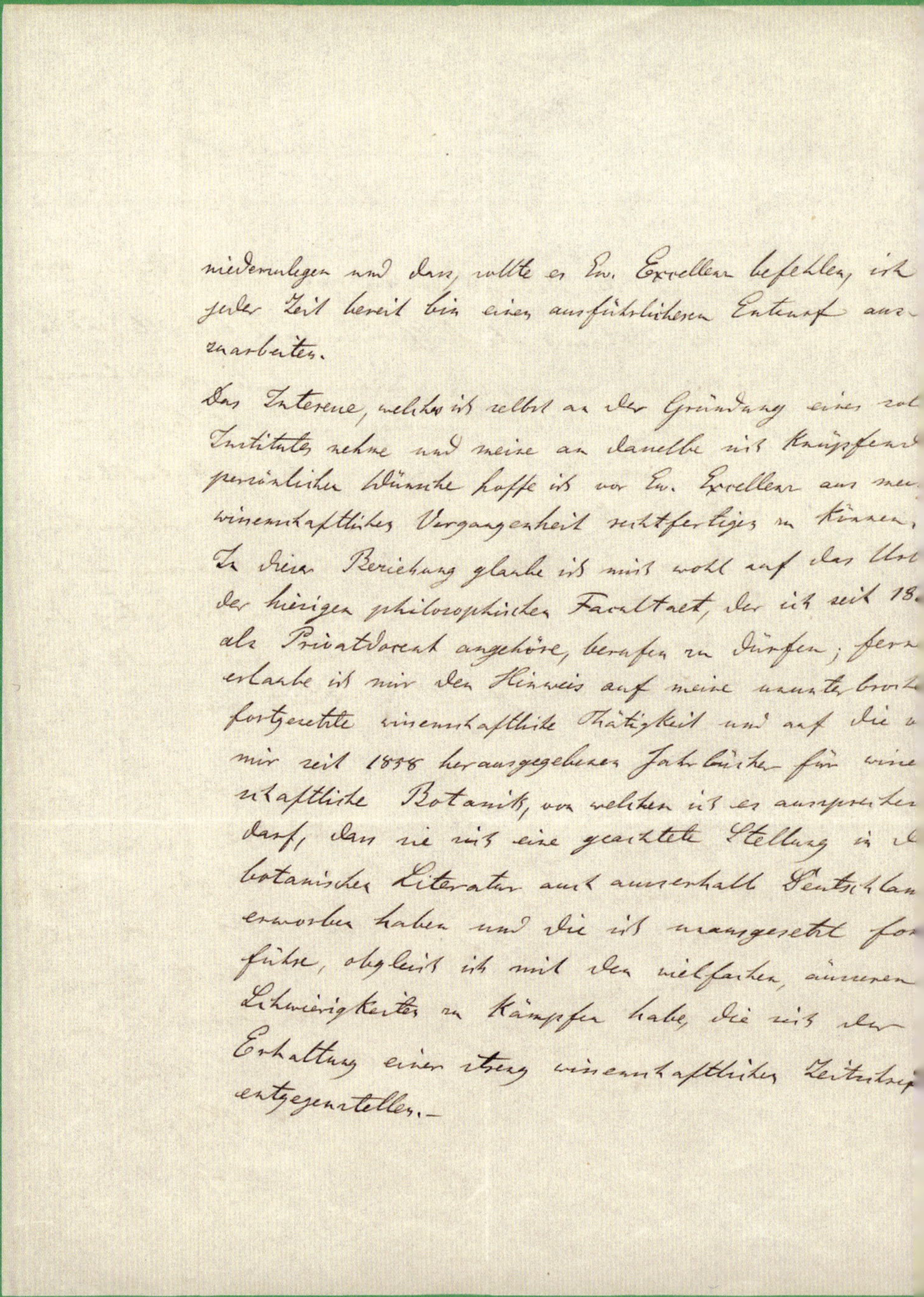

niederzulegen und dass, sollte es Ew. Excellenz befehlen, ich jeder Zeit bereit bin einen ausführlicheren Entwurf auszuarbeiten.

Das Interesse, welches ich selbst an der Gründung eines sol Institutes nehme und meine an dasselbe sich knüpfend persönlichen Wünsche hoffe ich vor Ew. Excellenz aus mei wissenschaftlichen Vergangenheit rechtfertigen zu können. In dieser Beziehung glaube ich mich wohl auf das Urt der hiesigen philosophischen Facultaet, der ich seit 18 als Privatdocent angehöre, berufen zu dürfen; fern erlaube ich mir den Hinweis auf meine ununterbroch fortgesetzte wissenschaftliche Thätigkeit und auf die v mir seit 1858 herausgegebenen Jahrbücher für wisse schaftliche Botanik, von welchen ich es aussprechen darf, dass sie sich eine geachtete Stellung in d botanischen Literatur auch ausserhalb Deutschlan erworben haben und die ich unausgesetzt for führe, obgleich ich mit den vielfachen, äusseren Schwierigkeiten zu kämpfen habe, die sich der Erhaltung einer streng wissenschaftlichen Zeitschrif entgegenstellen.–

53

Ew. Excellenz wolle das nothgedrungene Hervorheben der eigenen Thätigkeit verzeihen, es möge mir zur Entschuldigung dienen, wenn ich es hiermit wage Ew. Excellenz ganz ehrerbietigst zu ersuchen

mir die Leitung eines zu gründenden Instituts für Pflanzenphysiologie übertragen und mich in Berücksichtigung meiner langjährigen, wissenschaftlichen Thätigkeit und Wirksamkeit als Privatdocent zum ausserordentlichen Professor an hiesiger Universitaet befördern zu wollen.

Ew. Excellenz verharre ich

in ehrfurchtsvollster Ergebenheit

lin den 9ten Maerz 1863.

ganz gehorsamer

Dr. N. Pringsheim
Privatdocent an hiesiger Universitaet
und Mitglied der Königl. Academie
der Wissenschaften.

+ 1855

Abb. 6.10. – 6.12. (folgende Seiten) Brief von Nathanael Pringsheim an das Preußische Kultusministerium vom 29. März 1864, mit Bearbeitungsvermerken des Ministeriums.

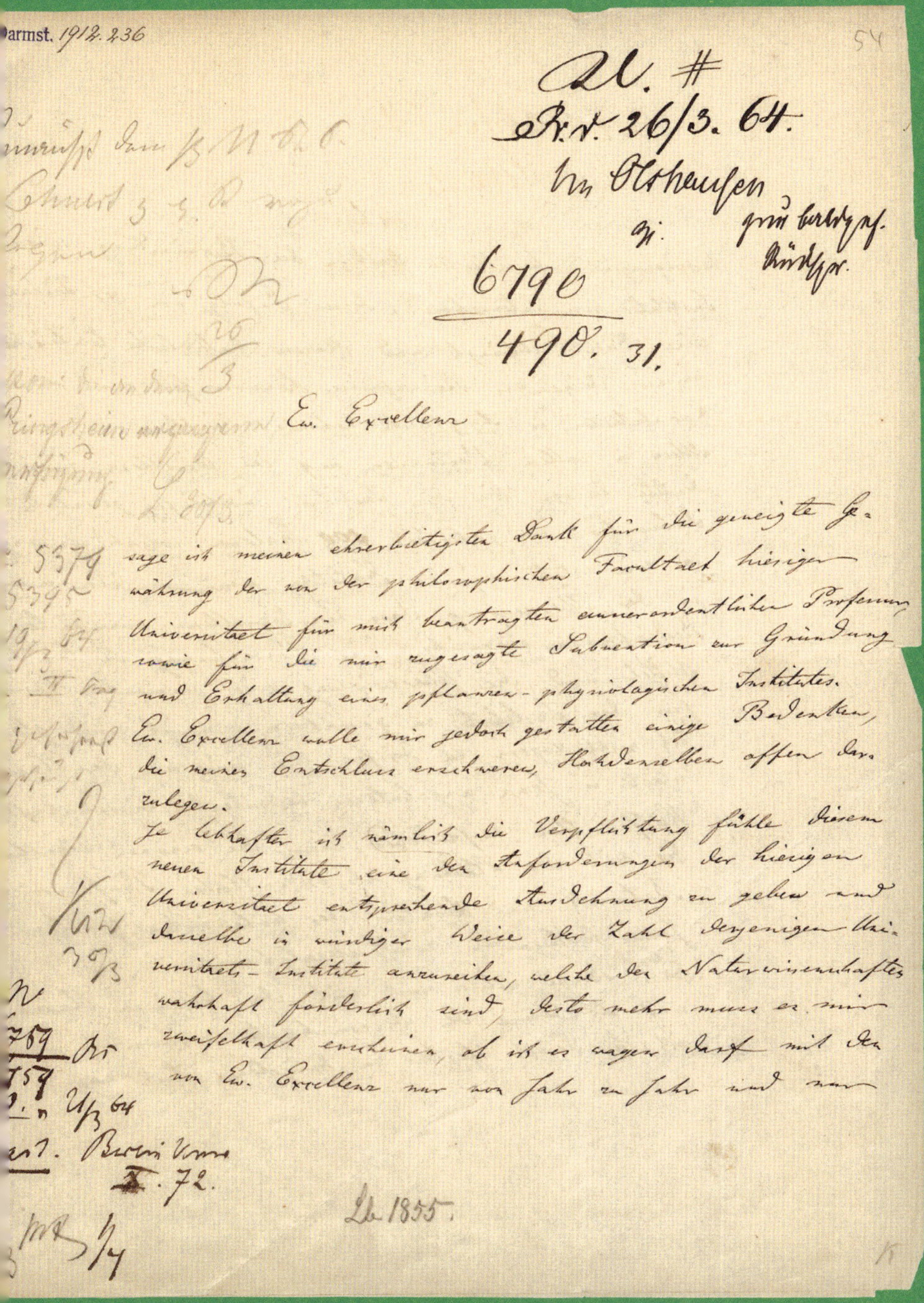

Darmst. 1912.236

Nr. 26/3. 64.

6790

490. 31.

Ew. Excellenz

sage ich meinen ehrerbietigsten Dank für die geneigte Gewährung der von der philosophischen Facultaet hiesiger Universitaet für mich beantragten ausserordentlichen Professur sowie für die mir zugesagte Subvention zur Gründung und Erhaltung eines pflanzen-physiologischen Institutes. Ew. Excellenz wolle mir jedoch gestatten einige Bedenken, die meinen Entschluss erschweren, Hochdenselben offen darzulegen.

Je lebhafter ich nämlich die Verpflichtung fühle diesem neuen Institute eine den Anforderungen der hiesigen Universitaet entsprechende Ausdehnung zu geben und dasselbe in würdiger Weise der Zahl derjenigen Universitaets-Institute anzureihen, welche den Naturwissenschaften wahrhaft förderlich sind, desto mehr muss es mir zweifelhaft erscheinen, ob ich es wagen darf mit den von Ew. Excellenz nur von Jahr zu Jahr und nur

Lb 1855.

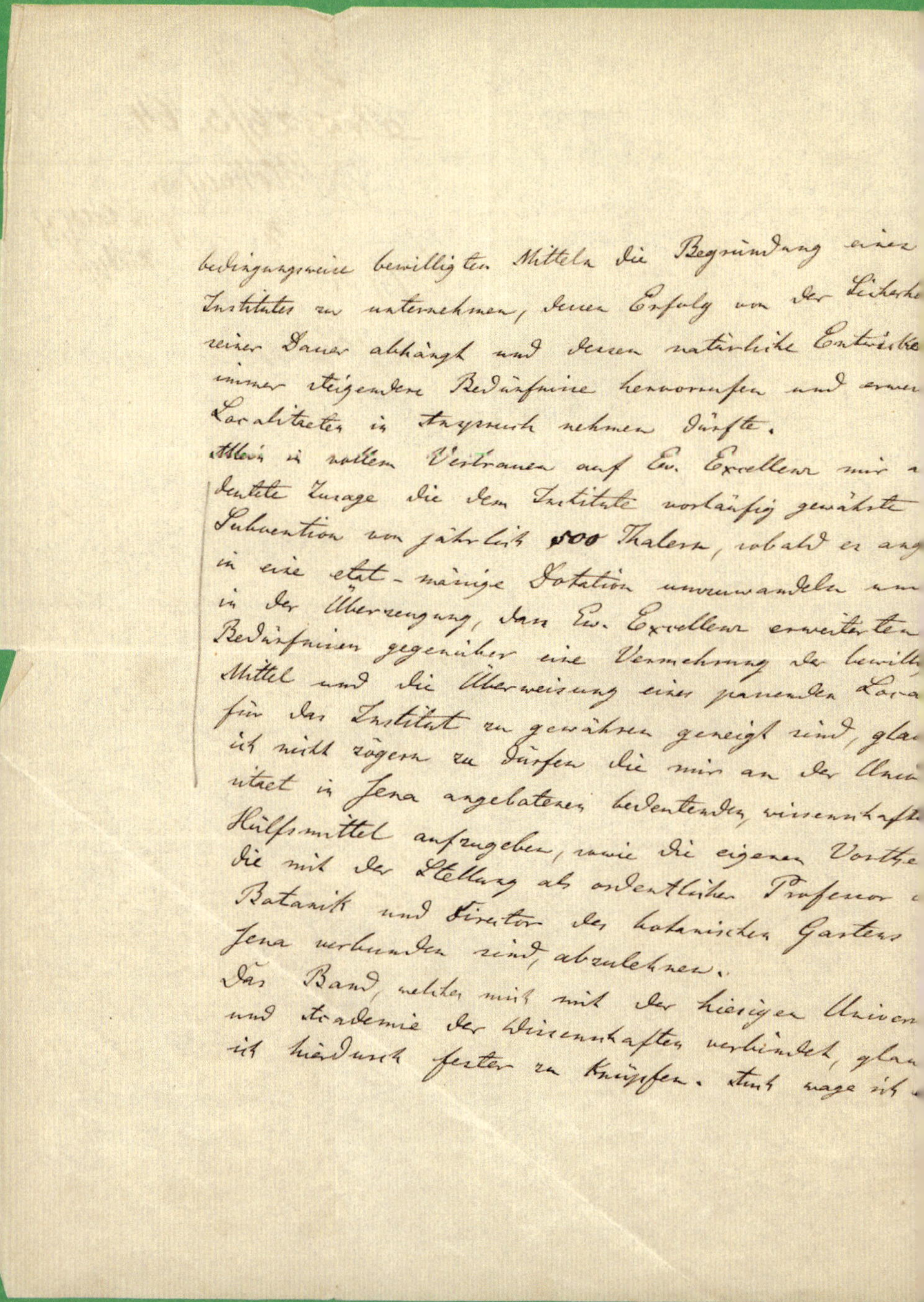

bedingungsweise bewilligten Mitteln die Begründung eines
Institutes zu unternehmen, dessen Erfolg von der Sicherhe
seiner Dauer abhängt und dessen natürliche Entwicke
immer steigendere Bedürfnisse hervorrufen und erwe
Localitaeten in Anspruch nehmen dürfte.
Allein in vollem Vertrauen auf Ew. Excellenz mir a
deutete Zusage die dem Institute vorläufig gewährte
Subvention von jährlich 500 Thalern, sobald es an
in eine etat-mässige Dotation umzuwandeln un
in der Überzeugung, dass Ew. Excellenz erweiterten
Bedürfnissen gegenüber eine Vermehrung der bewill
Mittel und die Überweisung eines passenden Loca
für das Institut zu gewähren geneigt sind, glau
ich nicht zögern zu dürfen die mir an der Univ
itaet in Jena angebotenen bedeutenden wissenschaft
Hülfsmittel aufzugeben, wie die eigenen Vorthe
die mit der Stellung als ordentlicher Professor d
Botanik und Director des botanischen Gartens
Jena verbunden sind, abzulehnen.
Das Band, welches mich mit der hiesigen Univer
und Academie der Wissenschaften verbindet, glau
ich hierdurch fester zu knüpfen. Auch wage ich

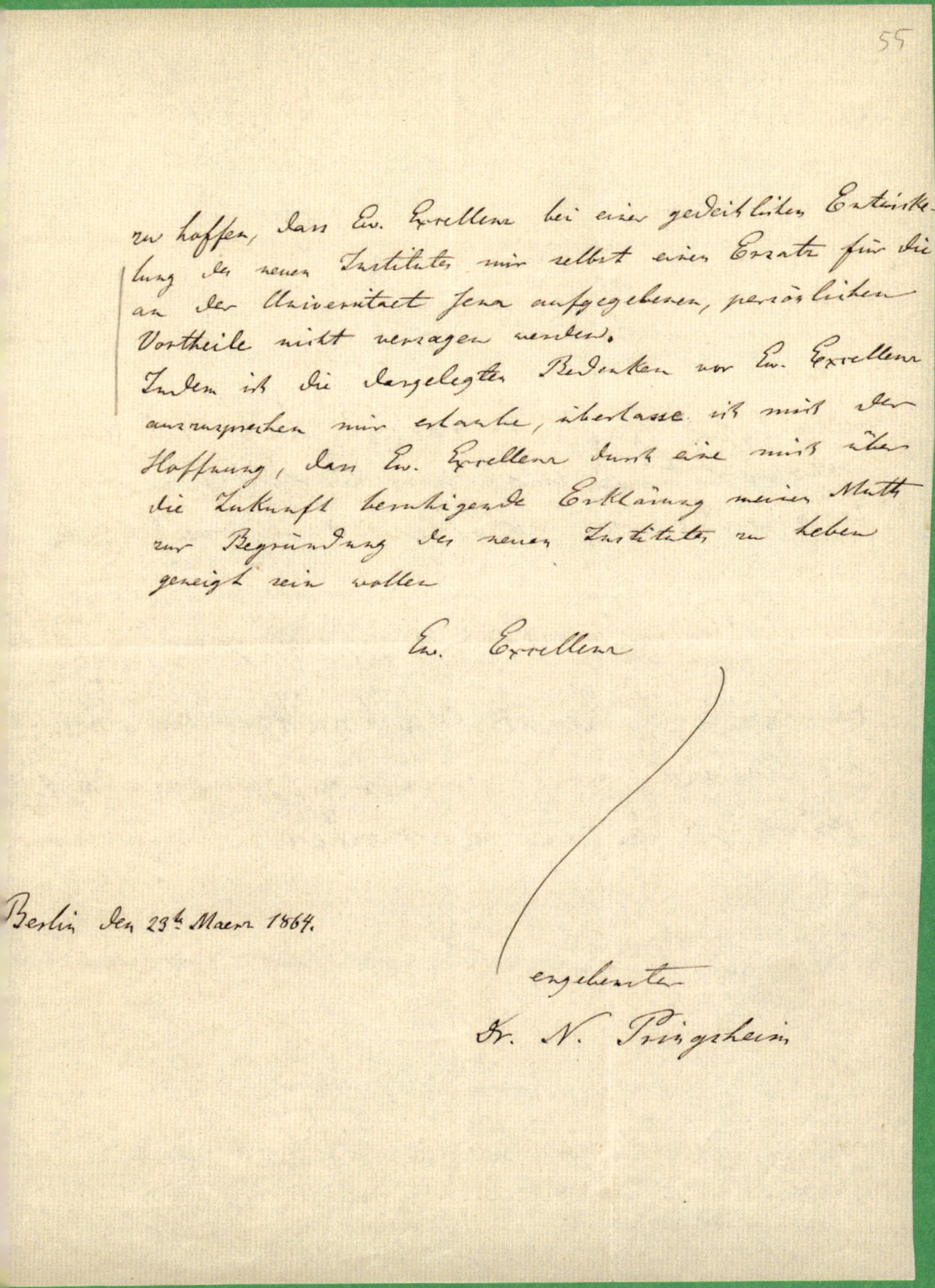

55

zu hoffen, dass Ew. Excellenz bei einer gedeihlichen Entwickelung des neuen Institutes mir selbst einen Ersatz für die an der Universitaet Jena aufgegebenen, persönlichen Vortheile nicht versagen werden.

Indem ich die dargelegten Bedenken vor Ew. Excellenz auszusprechen mir erlaube, überlasse ich mich der Hoffnung, dass Ew. Excellenz durch eine mich über die Zukunft beruhigende Erklärung meinen Muth zur Begründung des neuen Institutes zu heben geneigt sein wollen

Ew. Excellenz

ergebenster

Dr. N. Pringsheim

Berlin den 23t. Maerz 1864.

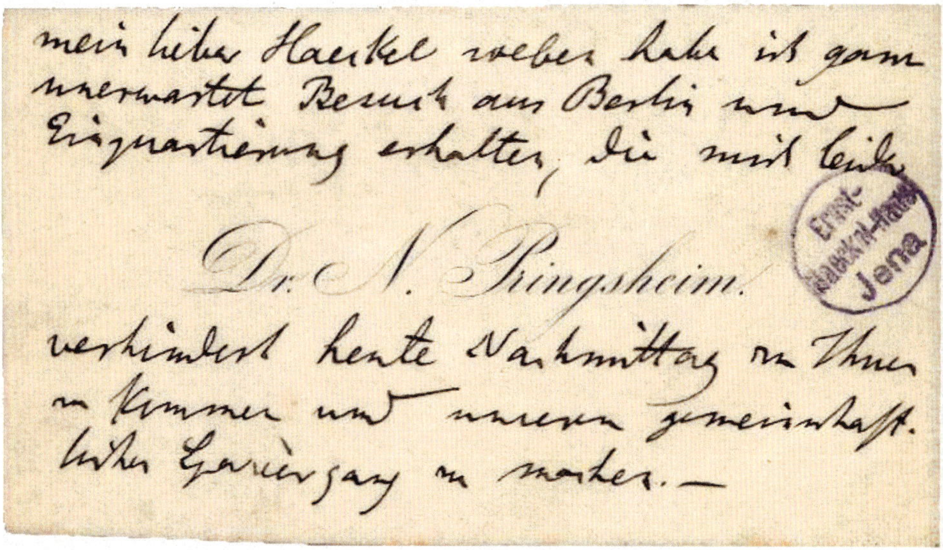
mein lieber Haeckel soeben habe ich ganz unerwartet Besuch aus Berlin und Einquartierung erhalten, die mich leider

Dr. N. Pringsheim.

verhindert heute Nachmittag zu Ihnen zu kommen und unseren gemeinschaftlichen Spaziergang zu machen. —

Abb. 6.13. (oben) Karte von Nathanael Pringsheim an Ernst Haeckel, o. J.

Abb. 6.14. – 6.20. (folgende Seiten) Brief von Nathanael Pringsheim an Ernst Haeckel vom 8. Januar 1881.

Pringsheim 8. 1. 81.

Verehrtester College

Seit meinem Abgange von Jena habe ich eine so treue Erinnerung an die Jenenser Universität und meine damaligen Collegen dort bewahrt und ein so lebhaftes Interesse für das botanische Institut, als dessen Gründer ich mich noch betrachte, behalten, dass ich es nicht nur für eine wissenschaftliche Pflicht, sondern für eine Ehren- und Herzens-Sache für mich betrachte Ihre Anfrage wegen der Wiederbesetzung der botanischen Professur nach bestem Wissen zu beantworten. Doch ist die Beantwortung in diesem Falle nicht leicht, wenn man das Interesse der Facultät im Auge behalten und zugleich den Leistungen und Befähigungen der möglichen Candidaten volle Gerechtigkeit widerfahren und sich von persönlichen Sympathien nicht leiten lassen will.

In der That ist kein Mangel an befähigten und brauchbaren jüngeren Kräften in der Botanik, vielmehr embarras de richesses und die Wahl wird dadurch erschwert, dass von den möglichen Candidaten keiner die anderen wissenschaftlich so entschieden überragt, dass er unbedingt an die Spitze zu stellen wäre.

Sie selbst haben in Ihrem Briefe schon 6 befähigte jüngere Botaniker in Aussicht genommen. Mit denselben Rechte können aber noch mehrere Andere genannt werden, namentlich Frank, Luerssen, Müller, Prantl. Man müsste die Geschichte der Botanik der letzten 10 Jahre schreiben, wollte man die Befähigung und Berechtigung der Einzelnen abwägen. Um mich kurz zu fassen, will ich per exclusionem den Kreis verengen. Es wäre nun meiner Meinung nach – und hierin allein stimme ich vielleicht nicht ganz mit Collegen Strasburger überein – zunächst von Göbel, Falkenberg und Haberlandt abzusehen, da ihnen zweifellos gegenüber den anderen Genannten die geringste literarische Anciennetaet und Leistung zur Seite steht. Sie sind eigentlich noch kaum selbständig gewordene Schüler ihrer resp. Lehrer. Wenigstens gilt dies von Göbel und Haberlandt. Wenn Sie diese nennen, so muss es auffallen, warum Frank und Müller, die anerkannt begabte und literarisch ältere Forscher sind, gar nicht genannt werden. Diese Beiden haben allerdings mehrfach das Unglück gehabt bei Berufungen übergangen zu werden, vielleicht weil sie öfters ausserhalb der Ideengänge der herrschenden Schule sich bewegt haben. Wenn hierin der Grund ihrer Zurücksetzung liegen sollte, so vielleicht auch mit Recht eine mögliche Gefahr bei der Besetzung eines Lehrstuhles der gesammten Botanik an einen

Universität gefunden werden kann, an welcher die Botanik nur durch einen Extraordinarius vertreten wird, so bleiben dann noch Luerssen, Prantl, Schmitz, Stahl und Vöchting übrig. Zwischen diesen 5 wird einem die Wahl sehr schwer. Stahl kenne ich persönlich nicht und kann ihn nur nach seiner literarischen Thätigkeit beurtheilen. Er ist zweifellos ein befähigter und zuverlässiger Naturforscher. Seine Arbeiten über Flechten sind an Genauigkeit und Fleiss ein Muster einer entwickelungsgeschichtlichen und anatomischen Untersuchung. Freilich entsprang die gestellte Aufgabe nicht einer ihm eigenen originellen Idee und der Gedankengang bewegt sich ganz in dem Kreise der von Anderen gebahnten Forschung. Aber die von ihm erreichten Resultate bringen eine sehr wesentliche und wichtige Bereicherung der thatsächlichen Kenntnisse von der Entwickelung der Flechten. Auch auf physiologischem Gebiete hat er sich in ähnlicher Weise glücklich bewegt und ausserdem soll er, wie ich gehört habe, ein durchweg gut geschulter Botaniker sein. Vielleicht nicht ganz so gut und regelmässig geschult, aber in der Auffassung seiner wissenschaftlichen Aufgaben origineller ist oder scheint mir Vöchting zu sein. Abgesehen

von älteren, sehr fleissigen anatomischen Arbeiten, welche eine volle Beherrschung der histologisch-anatomischen Untersuchungsmethoden nachweisen, hat namentlich sein Werk über Theilbarkeit im Pflanzenreiche, welches Sie wahrscheinlich kennen, die Aufmerksamkeit auf ihn gelenkt und gezeigt, dass er zu den denkenden und selbständigen Naturforschern gehört. Diese Untersuchungen Vöchtings hat ein Mann wie Pflüger mit der Bemerkung eingeleitet, „dass es für die gesammte allgemeine Physiologie höchst bedeutungsvolle Untersuchungen sind."
Ausserdem ist Vöchting eine ideal angelegte Natur. Er gehört noch zu den Naturforschern, die, wie wir, die der alten Schule angehören, in ihrer wissenschaftlichen Aufgabe noch ihren ganzen Lebensberuf und ihre Religion finden. Die Menschenclasse, oder Race, die wie mir scheint auf dem Aussterbeetat der Natur steht. Er steht mir allerdings persönlich nahe, da er fast 2 Jahre lang in meinem Hause gewohnt hat und mein Privat-Assistent war.
Sie werden daher wohl gut thun, namentlich wenn Sie von Frank und Müller aus mir unbekannten Gründen gern absehen, bei Vöchting und Stahl, wie es ja auch Ihre Absicht zu sein scheint, stehen zu bleiben und falls Sie noch einen Dritten nennen wollen, entweder Luerssen, Prantl oder

Schmitz zu erteilen. Ich kenne alle drei persönlich und kann sie alle drei empfehlen. Sie sind völlig befähigt, einen Lehrstuhl der Botanik auszufüllen. Luerssen ist ein äusserst kenntnisreicher, fleissiger und strebsamer Mann, der auf systematischem, morphologischem und anatomischem Gebiete gleich gut bewandert ist. Vielleicht kennen Sie ihn noch von Jena her, wo er zu meiner Zeit dort studierte und mein Assistent war. Seine Befähigung als Lehrer hat er auf dem ganzen Gebiete, sowohl durch theoretische Vorträge, als praktisch im Laboratorium die ganze Zeit, die er nun in Leipzig Assistent und Custos und auch Privatdocent ist, auf das Glänzendste bewährt. Er hat immer vor einem zahlreichen Auditorium gelesen und seine Zuhörer nicht nur zu befriedigen und anzuregen, sondern auch sich zu erhalten gewusst. Ich weiss genau, dass er als Lehrer der Botanik in jeder Beziehung äusserst begabt ist. Er hat jetzt ein Lehrbuch der Botanik geschrieben, welches an Reichthum an Genauigkeit, Literaturkenntnis und Gründlichkeit die vorhandenen Lehrbücher bei weitem übertrifft und wohl auch von den meisten älteren Professoren der Botanik bei ihren Vorlesungen an den Universitaeten zur Grundlage genommen wird oder dort genommen zu werden verdient. Auch hat er besonders auf morphologisch-kryptogamischem Gebiet tüchtige eigene Arbeiten aufzuweisen und ist vielleicht der beste Kenner der einheimischen und exotischen Farne. Ich würde diesem verdienten Manne, der schon zu den älteren, oder doch nicht mehr ganz jungen Botanikern zählt und der leider gezwungen ist neben seinen rein wissenschaftlichen Aufgaben die Wissenschaft noch als melkende die Kuh zu behandeln, die ihm gebührende Anerkennung, die ihm mit Unrecht bis jetzt versagt ist, von Herzen wünschen.

Aber auch Prantl und Schmitz sind empfehlenswerth. Prantl ist ein Schüler von Naegeli, Schmitz ein Schüler von de Bary und Hanstein. Beide gehören der morphologischen Richtung an. Sie haben unzweifelhaft mehrere gute wissenschaftliche eigene Arbeiten producirt. Prantl hat auch ein gutes Lehrbuch der Botanik geschrieben; Schmitz hat mit Vorliebe sich den neueren histologischen Arbeiten zugewendet, in welchen Freund Strasburger so Bedeutendes geleistet hat. Er hat aber auch in botanischer Weise sich mit allgemein-vergleichenden Untersuchungen und Betrachtungen über die Deutung der Blüthentheile bei Phanerogamen beschäftigt und ist damit bei den gegenwärtigen

Vertretern dieser Richtung gerade keine Freunde gemacht. Nichtsdestoweniger halte ich dafür, dass die Wissenschaft noch viel Brauchbares und Gutes von ihm zu erwarten hat. Aus seinen älteren Stellungen in Halle u. Bonn scheint mir hervorzugehen, dass er der Verwaltung eines Institutes völlig gewachsen ist. –
Wäre ich in der Commission – und hiermit will ich schliessen – und müsste ich endlich mich für Einen entscheiden und den anderen fallen lassen, so würde mein Vorschlag: Vöchting, Stahl, Luerssen sein.

Nach dieser langen Expectoration drücke ich Ihnen noch meine Befriedigung darüber aus, dass diese Berufung die Gelegenheit gegeben hat unsere so lang unterbrochenen persönlichen Beziehungen wieder aufzunehmen. Ich hoffe dass sie dies nicht wieder eine Pause von 14 Jahren unterbrechen wird. Meine Frau erwidert Ihre freundlichen Gesinnungen, denen Sie für dieselbe Ausdruck gegeben haben und so schliesse ich mit besten Grüssen von

Haus zu Haus — Ihr ergebener

Berlin Sonntag d 8 Januar 81. — Pringsheim.

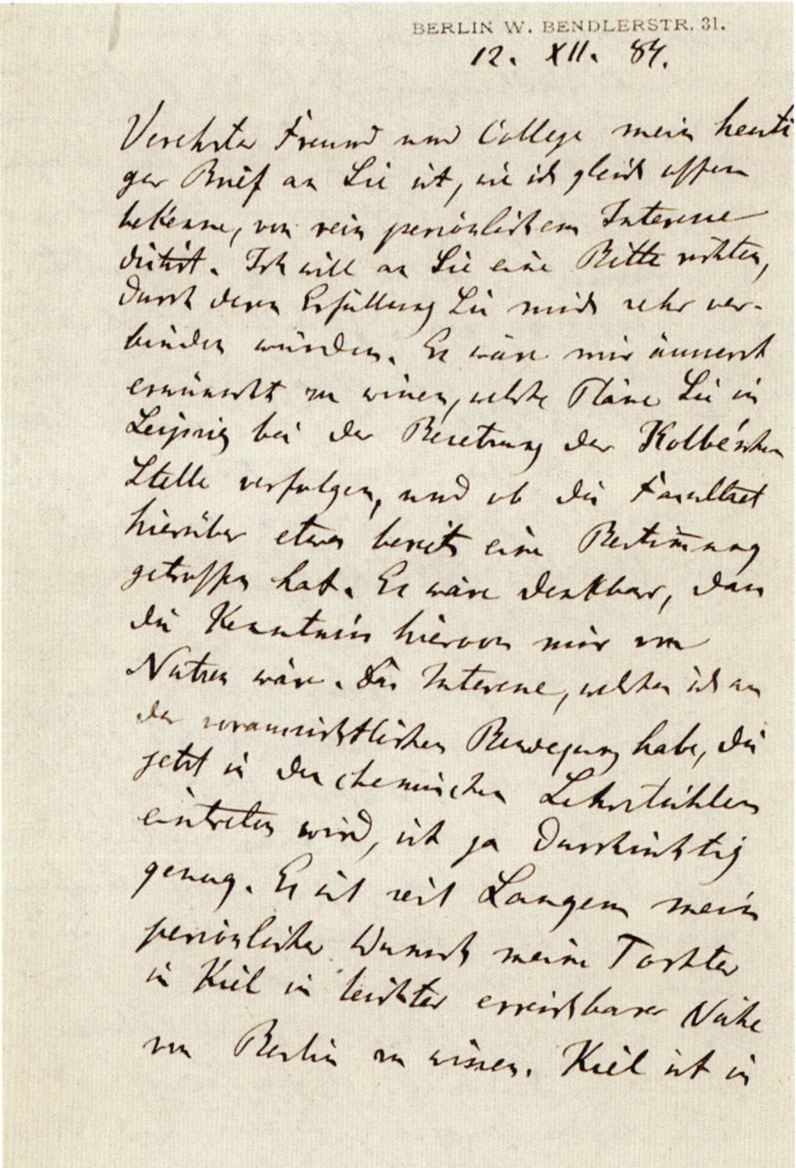
BERLIN W. BENDLERSTR. 31.
12. XII. 84.

Verehrter Freund und College mein heutiger Brief an Sie ist, wie ich gleich offen bekenne, von rein persönlichem Interesse dictirt. Ich will an Sie eine Bitte richten, durch deren Erfüllung Sie mich sehr verbinden würden. Es wäre mir äusserst erwünscht zu wissen, welche Pläne Sie in Leipzig bei der Besetzung der Kolbe'schen Stelle verfolgen, und ob die Facultaet hierüber etwa bereits eine Bestimmung getroffen hat. Es wäre denkbar, dass die Kenntniss hiervon mir von Nutzen wäre. Das Interesse, welches ich an der voraussichtlichen Bewegung habe, die jetzt in den chemischen Lehrstühlen eintreten wird, ist ja durchsichtig genug. Es ist seit Langem mein persönlicher Wunsch meine Tochter in Kiel in leichter erreichbarer Nähe von Berlin zu wissen. Kiel ist in

Abb. 6.21. – 6.22. Brief von Nathanael Pringsheim an August Schenk vom 12. Dezember 1884.

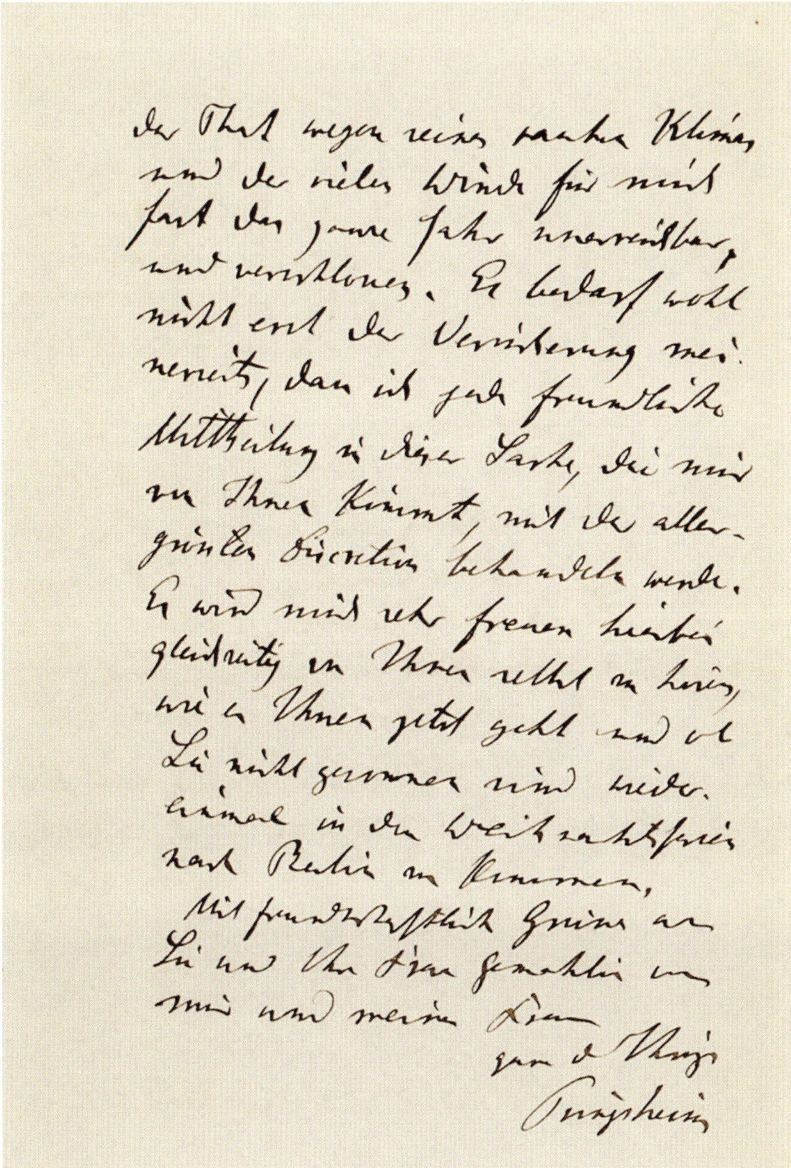

der That wegen seines rauhen Klimas
und der vielen Winde für mich
fast das ganze Jahr unerreichbar
und verschlossen. Es bedarf wohl
nicht erst der Versicherung mei-
nerseits, dass ich jede freundliche
Mittheilung in dieser Sache, die mir
von Ihnen kommt, mit der aller-
größten Discretion behandeln werde.
Es wird mich sehr freuen hierbei
gleichzeitig von Ihnen selbst zu hören,
wie es Ihnen jetzt geht und ob
Sie nicht gesonnen sind wieder-
einmal in den Weihnachtsferien
nach Berlin zu kommen.

Mit freundschaftlichem Gruße an
Sie und Ihre Frau Gemahlin von
mir und meiner Frau

ganz der Ihrige

Pringsheim

Abb. 6.23. – 6.29. (folgende Seiten) Brief von Nathanael Pringsheim an das Preußische Kultusministerium vom 21. Juli 1890, mit Bearbeitungsvermerken des Ministeriums.

UI 13008 acc. Darmst. 1913. 51 60 I.

Professor PRINGSHEIM. 49. Königin-Augustastrasse

BERLIN W. den 21. Juli 1890

Hochgeehrter Herr Geheimrath

Althoff

In der Helgolander Angelegenheit verfehle ich nicht ferner mitzutheilen, dass der Bericht über Gründung einer biologischen Station auf der Insel bereits fertig redigirt und revidirt ist. Es sind nur noch einige Formalien zu und so hoffe ich, dass derselbe bestimmt schon in den nächsten Tagen im Ministerium eingehen wird.

Zur näheren Orientirung erlaube ich mir vorläufig noch Folgendes hinzuzufügen.

Es war ein längst gefühltes Bedürfniss der deutschen Botaniker und Zoologen an einem Punkt der Deutschen Küste eine „biologische Station" zu errichten, denn es war ein allgemein anerkannter Übelstand,

Ger 307 25/7

dass die derzeitig vorhandenen ähnlichen Institute, die übrigens theils schon ihrem Ursprunge und ihrem Umfange nach den Bedürfnissen der Wissenschaft nicht voll und allseitig genügen können, in überwiegender Anzahl an südlichen und tropischen Meeren gelegen sind. Die Kenntniss der eigenartigen Fauna und Flora der nördlichen Meere, namentlich der Nord- und Ostsee und ganz besonders die unserer deutschen Küsten, die unserem Interesse ja doch am allernächsten liegt, musste hierdurch nothwendig leiden.

Unter allen Punkten der deutschen Küste nun, die man wählen könnte – darüber sind Zoologen und Botaniker einig – ist Helgo land weitaus der geeignetste, sogar der einzig passende Ort für die Gründung einer biologischen Station. Helgoland bietet Vorzüge, welche die gedeihliche Entwickelung eines derartigen Institutes, wenn es Staatsinstitut ist, in vollem Maasse verbürgen, und die sich an keinem Punkte der deutschen Küste wiederfinden. Ein Reichthum der Meeresformen an Thieren und Pflanzen, und eine Bequemlichkeit der Untersuchung ihrer normalen Lebensverhältnisse, wie sie Helgoland dem Naturforscher bietet, findet sich sonst nirgends an den deutschen Nord= und Ostsee-Küsten.

Die Ostsee zunächst ist bei der Wahl eines Ortes für die Station ganz auszuscheiden. Vom Standpunkt der Biologie erscheint die Ostsee mehr wie ein Brack=Wasserbecken, sowohl bezüglich der Menge als der Ausbildung der Organismen, die sie enthält, und ausserdem besitzt sie keine Ebbe und Fluth, wenigstens keine solche, die für die biologische Forschung in Betracht kommt. In dem Vorhandensein von Ebbe und Fluth liegt auch der grosse Vortheil, den eine Station an der Nordsee vor einer solchen an der westlichen Küste von Italien, z. B. vor der in Neapel voraus hat.

An der Nordsee nun bieten mit Ausnahme von Helgoland, welches jetzt deutsch wird, sämmtliche Punkte der deutschen Küste, an die man denken könnte, nur sandige Ufer, keine Klippen dar. Hierin liegt ein ungemeiner Nachtheil, denn grade an

und

62 II.

Professor PRINGSHEIM. 49. Königin-Augustastrasse
BERLIN W., den 188

zwischen den Klippen finden sich die vorzüglichsten und reichsten Fundstätten für Pflanzen und Thiere.

Helgoland bietet in dieser Beziehung Beides, Klippen und Sanddünen. Die Standorte der Pflanzen und Thiere finden sich hier gewissermaassen vor der Thür des Beobachters und die mächtige Ebbe und Fluth auf Helgoland ermöglicht es zugleich Pflanzen und Thiere täglich unter ihren normalsten Lebensbedingungen, in den zahlreichen, zur Ebbezeit zurückbleibenden, seichteren und tieferen Wasserrinnen und Wasserbecken zwischen den Klippen vor jedem störenden Eingriffe geschützt zu beobachten und das nöthige Untersuchungsmaterial in seiner vollkommensten und besten Erhaltung zu sammeln.

Ich selbst habe mich mehrere Jahre meines Lebens monatelang in Helgoland botanischen Studien hingegeben und kann nach eigener Erfahrung an verschiedenen Meeren versichern, dass ähnlich günstige Verhältnisse, wie in Helgoland, sich nur noch an der westlichen französischen und englischen Küste und vielleicht in Norwegen wiederfinden.

Ein deutsches biologisches Staatsinstitut auf Helgoland, wie es jetzt geplant wird, welches sich nicht nur der Systematik und Morphologie der Meeresorganismen, sondern auch ihre Lebensbedingungen und physiologischen Vorgänge zur Aufgabe macht, würde nicht nur der allgemeinen Wissenschaft überhaupt und im Besondern der deutschen Wissenschaft die grössten Dienste erweisen, sondern auch für alle practischen sich anschliessenden Fragen der Küstenfischerei und der Nutzanwendung der Meeres-Pflanzen und Thiere von nachhaltigem Nutzen werden.

In vorzüglichster Verehrung

Ihr ganz ergebener

Pringsheim

6.2 ZITIERTE LITERATUR

Aubrecht, Gerhard; Dalla Via, Josef; Goldschmid, Alfred; Stagl, Verena; Walzl, Manfred: Die Geschichte der k. k. Zoologischen Station in Triest (1875 – 1918), ihrer Sammlung und Bibliothek – ein Projekt über die Ursprünge und Erfolge der österreichischen meeresbiologischen Forschung. *Acta Zoologica-Botanica Austria* **2020**, *157*, 21 – 24.

Bartels, Johann-Heinrich; Fricke, J. C. G.: *Amtlicher Bericht über die Versammlung Deutscher Naturforscher und Ärzte in Hamburg im September 1830. Nebst einer lithographirten Sammlung eigenhändiger Namenszüge der Theilnehmer.* Perthes & Besser, Hamburg, **1831**.

Bennici, Andrea: Origin and early evolution of land plants. Problems and considerations. *Commun. Integr. Biol.* **2008**, *1*, 2, 212 – 218.

Bertolotti, Mario: *The History of the Laser.* CRC Press, Boca Raton, **2005**.

Bliedner, Arno: *Goethe und die Urpflanze*. Rütten & Loening, Frankfurt am Main, **1901**.

Bower, Frederick Orpen: On antithetic as distinct from homologous alternation of generations in plants. *Ann. Bot. (Oxford, U. K.)* **1890**, *4*, 3, 347 – 370.

Braun, Johann: Thibauts Haltung zu Promotion, Habilitation und Professur jüdischer Kandidaten. *Jahrbuch der juristischen Zeitgeschichte* **2017**, *18*, 1, 297 – 316.

Bryan, Virginia S.: Apospory in mosses discovered by Nathanael Pringsheim in a brilliant epoch of botany. *The Bryologist* **2001**, *104*, 1, 40 – 46.

Carpenter, Eric J.; Gitzendanner, Matthew A. et al.: One thousand plant transcriptomes and the phylogenomics of green plants. *Nature* **2019**, *574*, 679 – 685.

Chamisso, Adelbertus de; Eysenhardt, Carolus Guilelmus: De animalibus quibusdam e classe vermium Linnaeana, in circumnavigatione terrae, auspicante Comite N. Romanzoff, duce Ottone de Kotzebue, annis 1815 – 1818 peracta, observatis. Fasciculus secundus, reliquos vermes continens. *Nova Acta Acad. Leop.-Carol.* **1821**, *10*, 2, 343 – 374.

Cohn, Ferdinand: Nathanael Pringsheim. *Berichte der Deutschen Botanischen Gesellschaft* **1895**, *13*, 10 – 33.

—: *Ferdinand Cohn. Blätter der Erinnerung. Zusammengestellt von seiner Gattin Pauline Cohn.* J. U. Kern, Breslau, **1901**.

Darwin, Charles: *On the origin of species by means of natural selection, or the preservation of favoured races in the struggle for life*. John Murray, London, **1859**.

—: *Über die Entstehung der Arten im Thier- und Pflanzen-Reich durch natürliche Züchtung, oder Erhaltung der vervollkommneten Rassen im Kampfe um's Daseyn*. 1. Aufl., E. Schweizerbart, Stuttgart, **1860**.

Deutsch, Andreas: Nathanael Pringsheim und die sexuelle Revolution in der Algenforschung – Eine Hommage zum 200. Geburtstag. *Biologie in unserer Zeit* **2024**, *54*, in Vorbereitung.

Donoghue, Philip C. J. et al.: The evolutionary emergence of land plants. *Curr. Biol.* **2021**, *31*, 19, R1281 – R1298.

Einstein, Albert: *Aus meinen späten Jahren*. Melzer, Neu-Isenburg, **2005**.

Engel, Michael: Die Pringsheims. Zur Geschichte einer schlesischen Familie (18. – 20. Jahrhundert). In: *Wissenschaftsgeschichte und -theorie. Hubert Laitko zum 70. Geburtstag überreicht von Freunden, Kollegen und Schülern* (Hrsg.: Horst Kant, Annette Voigt). Verlag für Wissenschafts- und Regionalgeschichte Engel, Berlin, **2005**, 189 – 220.

Gätke, Heinrich: *Die Vogelwarte Helgoland* (Hrsg.: Rudolf Blasius). Joh. Heinr. Meyer, Braunschweig, **1900**.

Gerlach, Dieter: *Geschichte der Mikroskopie*. Harri Deutsch, Frankfurt am Main, **2009**.

Gidāl, Naḥûm Tim: *Die Juden in Deutschland von der Römerzeit bis zur Weimarer Republik*. Könemann, Köln, **1997**.

Goethe, Johann Wolfgang von: *Zur Naturwissenschaft überhaupt, besonders zur Morphologie. Erfahrung, Betrachtung, Folgerung, durch Lebensereignisse verbunden*. Band 1. Cotta, Stuttgart, Tübingen, **1820**.

Goethes Werke. Hamburger Ausgabe in 14 Bänden (Hrsg.: Erich Trunz). Christian Wegener, Hamburg, **1948** ff.

Greenspan, Nancy Thorndike: *Max Born – Baumeister der Quantenwelt. Eine Biographie.* Elsevier Spektrum, München, **2006**.

Haeckel, Ernst: *Arabische Korallen. Ein Ausflug nach den Korallenbänken des Rothen Meeres und ein Blick in das Leben der Korallenthiere. Populäre Vorlesung mit wissenschaftlichen Erläuterungen*. Georg Reimer, Berlin, **1876**.

—: *Kunstformen der Natur. 100 Tafeln mit Text*. Bibliographisches Institut, Leipzig, Wien, **1899 – 1904**.

Hagmeier, Erik: Aus der Geschichte der Biologischen Anstalt Helgoland (BAH) ab 1945. *Helgoländer Meeresuntersuchungen* **1998**, *52*, Suppl., 1 – 106.

Hanle, Wilhelm: Zum Gedenken an Peter Pringsheim. *Die Naturwissenschaften* **1964**, *51*, 7, 153 – 154.

Hannabuss, Keith C.: The complex life of Alfred Pringsheim. *The Mathematical Intelligencer* **2021**, *44*, 215 – 224.

Hartsoeker, Nicolas: *Essai de Dioptrique*. J. Anisson, Paris, **1694**.

Heincke, Friedrich: *Die Einweihung des Nordseemuseums auf Helgoland, verbunden mit einer Gedächtnisfeier für Nathanael Pringsheim am 20. August 1899. Festrede des Direktors der Biologischen Anstalt, Professor Dr. Fr. Heincke.* Ad. Littmann, Oldenburg i. Gr., **1899**.

Heisenberg, Werner: *Der Teil und das Ganze*. Piper, München, **1969**.

Helgolands Geschichte – Eine Chronik. NDR 12.4.**2022**. <https://www.ndr.de/geschichte/schauplaetze/Helgolands-Geschichte-Chronik-der-Nordseeinsel,helgoland1148.html>.

Hertwig, Oscar: *Das Problem der Befruchtung und der Isotropie des Eies. Eine Theorie der Vererbung.* Gustav Fischer, Jena, **1884**.

Herzig, Arno: *Jüdisches Leben in Deutschland.* Informationen zur politischen Bildung, 307. Bundeszentrale für Politische Bildung, Bonn, **2010**.

Höpfner, Günther: Nees von Esenbeck (1776 – 1858) – ein deutscher Gelehrter an der Seite der Arbeiter. In *Nachmärz-Forschungen*. Schriften aus dem Karl-Marx-Haus, 47. Studienzentrum Karl-Marx-Haus, Trier, **1994**, 9 – 102.

Höxtermann, Ekkehard: Pringsheim, Nathanael. In *Neue Deutsche Biographie* **2001**, *20*, 722 – 723.

—: Von der „Märkischen Pflanze" zur „Pflanze im Allgemeinen" und von der Region zur Nation – Die frühen Wagnisse und Fährnisse der Vereinsgeschichte (1859 bis 1882). *Verhandlungen des Botanischen Vereins von Berlin und Brandenburg* **2010**, *143*, 19 – 38.

Hofmeister, Wilhelm: *Vergleichende Untersuchungen der Keimung, Entfaltung und Fruchtbildung höherer Kryptogamen und der Samenbildungen der Coniferen*. Friedrich Hofmeister, Leipzig, **1851**.

Hoppe, Brigitte: Meeresbiologie in den ersten hundert Jahren der Versammlungen Deutscher Naturforscher und Ärzte. *Medizinhistorisches Journal* **1966**, *1*, 1, 31 – 42.

Jahn, Ilse: Zur Gründungs- und Entwicklungsgeschichte der Jenaer Botanischen Gärten (von 1586 bis 1864). *Wissenschaftliche Zeitschrift der Friedrich-Schiller-Universität Jena, Naturwissenschaftliche Reihe* **1988**, *37*, H. 1., 17 – 25.

James Krüss, der Erzähler von Helgoland. NDR 11.5.**2021**. <https://www.ndr.de/geschichte/koepfe/James-Kruess-der-Erzaehler-von-Helgoland,kruess6.html>.

Junker, Thomas: *Geschichte der Biologie. Die Wissenschaft vom Leben*. Beck'sche Reihe, C. H. Beck Wissen, 2334. Beck, München, **2004**.

Karafyllis, Nicole Christine: *Naturphilosophie. Ein Lehr- und Studienbuch*. Mohr Siebeck, Tübingen, **2017**.

Kekulé, August: Über einige Condensationsproducte des Aldehyds. *Liebigs Ann. Chem.* **1872**, *162*, 77 – 124.

Kinne, Otto: Die biologische Anstalt Helgoland: Ihre Entstehung und Aufgaben. *Nordfriesland* **1967**, *6*, 1 – 14.

Kornmann, Peter; Sahling, Paul-Heinz: Meeresalgen von Helgoland – Benthische Grün-, Braun- und Rotalgen. *Helgoländer Wissenschaftliche Meeresuntersuchungen* **1977**, *29*, 1 – 289.

Kruft, Hanno-Walter: Die Wagnerbearbeitungen von Alfred Pringsheim. *Jahrbuch der Bayerischen Akademie der Schönen Künste* **1994**, *8*, 157 – 164.

Ladenburg, Albert: Synthese der activen Coniine. *Berichte der deutschen chemischen Gesellschaft* **1886**, *19*, 2578 – 2583.

—: *Lebenserinnerungen*. Trewendt & Granier, Breslau, **1912**.

Lamla, Ernst: Peter Pringsheim zum achtzigsten Geburtstag. *Die Naturwissenschaften* **1961**, *48*, 6, 145.

Mägdefrau, Karl: *Geschichte der Botanik. Leben und Leistung großer Forscher*. Springer, Berlin, Heidelberg, 2. Aufl., **2013**.

Mayr, Ernst: *Die Entwicklung der biologischen Gedankenwelt: Vielfalt, Evolution und Vererbung*. Springer, Berlin, Heidelberg et al., **2002**.

—: *Das ist Evolution*. Bertelsmann, München, **2003**.

Mollenhauer, Dieter: Biologische Anstalt gründete Förderverein. *Seevögel* **1993**, *14*, 2, 21 – 24.

—: Nathanael Pringsheim and the foundation of the Biologische Anstalt Helgoland. *Helgoländer Meeresuntersuchungen* **1995**, *49*, 113 – 116.

—: The protistologist Ernst Georg Pringsheim and his four lives. *Protist* **2003**, *154*, 157 – 171.

—: Historical aspects of culturing microalgae in Central Europe and the impact of Ernst Georg Pringsheim, a pioneer in algae culture collections. *Nova Hedwigia* **2004**, *79*, 1, 1 – 26.

Neigebaur, Johann Ferdinand: *Geschichte der Kaiserlichen Leopold Carolinischen Deutschen Akademie der Naturforscher während des zweiten Jahrhunderts ihres Bestehens*. Friedrich Frommann, Jena, **1860**.

Oken, Lorenz: *Die Zeugung*. Joseph Anton Goebhardt, Würzburg, **1805**.

Perron, Oskar: Alfred Pringsheim. *Jahresbericht der Deutschen Mathematiker Vereinigung* **1953**, *56*, I. Abt., 1 – 5.

Physics and National Socialism: An Anthology of Primary Sources (Hrsg.: Klaus Hentschel). Birkhäuser, Basel, **1996**.

Pringsheim, Ernst Georg: Eine autobiographische Skizze. *Medizinhistorisches Journal* **1970**, *5*, 2, 125 – 137.

Pringsheim, Hedwig: *Tagebücher 1898 – 1904, Band 3* (Hrsg.: Cristina Herbst). Wallstein, Göttingen, **2014**.

Pringsheim, Nathanael: *De forma et incremento stratorum crassiorum in plantarum cellula observationes quaedam novae*. Diss., Universität Berlin, **1848**. [„Einige neue Beobachtungen über Form und Wachstum der dickeren Schichten in der Pflanzenzelle".]

—: Entwicklungsgeschichte des Stempels, des Samenträgers und der unbefruchteten Samenknospen von *Mercurialis annua*. *Botanische Zeitung* **1851**, *9*, 6.

—: Ueber die Befruchtung und Keimung der Algen und das Wesen des Zeugungsacts. *Monatsberichte der Berliner Akademie der Wissenschaften* **1855**, 1 – 33.

—: Untersuchungen über Befruchtung und Generationswechsel der Algen. *Monatsberichte der Berliner Akademie der Wissenschaften* **1856**, 225 – 237.

—: Beiträge zur Morphologie und Systematik der Algen. III. Die Coleochaeten. *Jahrbücher für Wissenschaftliche Botanik* **1859**, *2*, 1 – 38.

—: Über die Dauerschwärmer des Wassernetzes und über einige ihnen verwandte Bildungen. *Monatsberichte der Königlichen Akademie der Wissenschaften* **1861**, 775 – 794. **[a]**

—: Beiträge zur Morphologie der Meeres-Algen. *Abhandlungen der Königlichen Akademie der Wissenschaften* **1861**, 1 – 37. **[b]**

—: Ueber die Vorkeime und die nacktfüßigen Zweige der Charen. *Jahrbücher für Wissenschaftliche Botanik* **1862**, *3*, 2, 294 – 324.

—: Vorläufige Mitteilung über die Embryobildung der Gefässkryptogamen. *Monatsberichte der Berliner Akademie der Wissenschaften* **1863**, 168 – 177. [**a**]

—: Zur Morphologie der Salvinia natans. *Jahrbücher für Wissenschaftliche Botanik* **1963**, 3. [**b**]

—: Ueber Paarung von Schwärmsporen, die morphologische Grundform der Zeugung im Pflanzenreiche. *Monatsberichte der Königlichen Akademie der Wissenschaften* **1869**, 721 – 738. [**a**]

—: Zur Morphologie der Utricularien. *Monatsberichte der Berliner Akademie der Wissenschaften* **1869**, 92 – 115. [**b**]

—: Ueber Sprossung der Moosfrüchte und den Generationswechsel der Thallophyten. *Jahrbücher für Wissenschaftliche Botanik* **1878**, *11*, 1 – 46.

—: *Gesammelte Abhandlungen. 4 Bände.* Gustav Fischer, Jena, **1895**.
Erster Band: Befruchtung, Vermehrung und Systematik der Algen.
Zweiter Band: Phycomyceten, Charen, Moose, Farne.
Dritter Band: Zellenbau, Morphologisches, Historisches.
Vierter Band: Chlorophyll, Assimilation, Lichtwirkung, Sauerstoffabgabe, Osmotische Versuche.

Qiu, Yin-Long; Taylor, Alexander B.; McManus, Hilary A.: Evolution of the life cycle in land plants. *J. Syst. Evol.* **2012**, *50*, 3, 171 – 194.

Rechenberg, Helmut: Ladenburg, Rudolf. *Neue Deutsche Biographie* **1982**, *13*, 391 – 392.

—: Pringsheim, Ernst. *Neue Deutsche Biographie* **2001**, *20*, 723 – 724.

Rigden, John S.: *The standard of greatness.* Harvard University Press, Cambridge (Mass.), **2005**.

Sandig, Marina: *Martha Liebermann. Ein Leben in Hoffnung auf künftige andere Zeiten.* Jüdische Miniaturen, 247. Hentrich & Hentrich, Berlin, Leipzig, **2019**.

Schaefer, Clemens: Ernst Pringsheim. *Physikalische Zeitschrift* **2017**, *18*, 23, 557 – 560.

Schelling, Friedrich Wilhelm: *Erster Entwurf eines Systems der Naturphilosophie. Zum Behuf seiner Vorlesungen.* Jena, Leipzig, Christian Ernst Gabler, **1799**.

Schleiden, Matthias Jacob: *Grundzüge der wissenschaftlichen Botanik nebst einer methodologischen Einleitung zum Studium der Pflanze.* W. Engelmann, Leipzig, **1842**.

Schumann, Karl: Nathanael Pringsheim. *Verhandlungen des Botanischen Vereins der Provinz Brandenburg* **1895**, *36*, 40 – 48.

Schwann, Theodor: *Mikroskopische Untersuchungen über die Uebereinstimmung in der Struktur und dem Wachsthum der Thiere und Pflanzen.* Sander, Berlin, **1839**.

Scott, Dunkinfield Henry: Nathanael Pringsheim. *Nature* **1895**, *51*, 1321, 399 – 402.

Siegesbeck, Johann Georg: Botanosophiae verioris brevis sciagraphia. Sankt Petersburg, **1737**.

Southward, A. J.; Roberts, E. K.: The Marine Biological Association 1884 – 1984. One hundred years of marine research. *Report of the Transcations of the Devon Association for the Advancement of Science* **1984**, 116, Dec., 155 – 199.

Steen, Jürgen: Katharina und Moritz Nathan Oppenheim. In *Frankfurt am Main 1933 – 1945. Jüdisches Leben und Judenverfolgung. Einzelschicksale.* Institut für Stadtgeschichte, Frankfurt am Main, 2003. Nur online verfügbar: <https://www.frankfurt1933-1945.de/beitraege/einzelschicksale/beitrag/katharina-und-moritz-nathan-oppenheim>.

Steinhauser, Thomas; James, Jeremiah; Hoffmann, Dieter et al.: *Hundert Jahre an der Schnittstelle von Chemie und Physik. Das Fritz-Haber-Institut der Max-Planck-Gesellschaft zwischen 1911 und 2011.* De Gruyter, Berlin, Boston (Mass.), **2011**.

Strasburger, Eduard: *Neue Untersuchungen über den Befruchtungsvorgang bei den Phanerogamen als Grundlage für eine Theorie der Zeugung.* Gustav Fischer, Jena, **1884**.

—; Noll, Fritz; Schenck, Heinrich; Schimper, Andreas Franz Wilhelm: *Lehrbuch der Botanik für Hochschulen.* 1. Aufl. Gustav Fischer, Jena, **1894**.

Taltavull, Marta Jordi: Rudolf Ladenburg and the first quantum interpretation of optical dispersion. *Eur. Phys. J. H.* **2020**, *45*, 123 – 173.

Thuret, Gustave Adolphe: Recherches sur les zoospores des algues et les anthéridies des cryptogames. *Ann. Sci. Nat. Bot., Series 3* **1850**, *14*, 214 – 260.

Toepfer, Georg: *Historisches Wörterbuch der Biologie. Geschichte und Theorie der biologischen Grundbegriffe.* J. B. Metzler, Stuttgart, Weimar, **2011**.
Band 1: Analogie – Ganzheit.
Band 2: Gefühl – Organismus.
Band 3: Parasitismus – Zweckmäßigkeit.

Tschirch, Alexander: *Erlebtes und Erstrebtes. Lebenserinnerungen.* Friedrich Cohen, Bonn, **1921**.

Virchow, Rudolf: Cellular-Pathologie. *Virchows Archiv für pathologische Anatomie und Physiologie und für klinische Medicin* **1855**, 8, 3 – 39.

Volkmann, Dieter; Baluška, Frantisek; Menzel, Diedrik: Eduard Strasburger (1844 – 1912). Founder of modern plant cell biology. *Protoplasma* **2012**, *249*, 1163 – 1172.

Volkov, Shulamit: *Deutschland aus jüdischer Sicht. Eine andere Geschichte. Vom 18. Jahrhundert bis zur Gegenwart.* C. H. Beck, München, **2022**.

Werner, Petra: Die Gründung der Königlichen Biologischen Anstalt auf Helgoland und ihre Geschichte bis 1945. *Helgoländer Meeresuntersuchungen* **1993**, *47*, Suppl., 1 – 182.

Wissemann, Volker: Joseph Gottlieb Koelreuter. In *Lexikon der bedeutenden Naturwissenschaftler, Bd. 2, F bis Mei* (Hrsg.: Dieter Hoffmann, Hubert Laitko, Staffan Müller-Wille). Elsevier, Spektrum, Akad. Verl., München, **2004**.

Wunschmann, Ernst: Pringsheim, Nathanael. *Allgemeine Deutsche Biographie (ADB)* **1907**, *53*, 120 – 124.

Zimmermann, Walter: *Geschichte der Pflanzen – Eine Übersicht.* 2. Aufl. Deutscher Taschenbuch-Verlag, München, **1969**.

Alle im Buch aufgeführten URLs wurden zuletzt am 30.9.2023 abgerufen.

6.3 BILDNACHWEIS

Titeleiseite 3: Kunstauktionshaus Schloß Ahlden mit freundlicher Genehmigung.

Abb. 1.1.: Abb. 1.6., 1.11., 1.15. sowie ein Porträt von Nathanael Pringsheim um 1890, Humboldt-Universität zu Berlin, Universitätsbibliothek.

Abb. 2.5., 2.16., 2.17., 2.20., 2.21., 2.24., 2.25., 3.26., 4.24.: Andreas Deutsch, Privatarchiv.

Abb. 1.2.: Hartsoeker 1694, 230.

Abb. 1.3.: Haeckel 1876, 12.

Abb. 1.4.: Darwin, C. R.: Notebook B: Transmutation of species. CUL-DAR121 (Hrsg.: John van Wyhe), 1837 – 1838, 36. (Darwin Online: <darwin-online.org.uk>, reproduced with the permission of Cambridge University Library).

Abb. 1.5., 1.6.: Schwann 1839, Tafel I, Fig. 1 und 4.

Abb. 1.7., 1.8.: Lithographien von Rudolf Hoffmann 1856 / 57 nach Fotografien von Carl Schenk (Jena), Österreichische Nationalbibliothek, Wien.

Abb. 1.9.: Fotografie ca. 1881 von Messers, Elliot & Fry, veröffentlicht in einem Buch von Francis Darwin 1908. Aus Wikimedia Commons, Version vom 5.10.2020.

Abb. 1.10.: Borderland Magazine, April 1896, London Stereoscopic & Photographic Company. Aus Wikimedia Commons, Version vom 10.1.2023.

Abb. 1.11.: Certhidea. Wellcome Collection, photo number L0026712.

Abb. 1.12.: Bayerische Staatsgemäldesammlungen – Neue Pinakothek München, Inv.-Nr. WAF 1048, 1828 durch König Ludwig I. vom Künstler erworben.

Abb. 1.13.: Neigebaur 1860, 154.

Abb. 1.14.: Flickr, Gertrud K.

Abb. 1.15.: Bliedner 1901, Tafel 4.

Abb. 2.1.: Siehe Abb. 2.9.; Ölgemälde „Die Proklamierung des Deutschen Kaiserreiches“ von Anton Alexander von Werner 1885, Bismarck-Museum Friedrichsruh, Otto-von-Bismarck Stiftung; Porträt wie in Abb. 1.1.

Abb. 2.2.: Daguerrotypie von Philipp Graff 1860, aus Gidāl 1997.

Abb. 2.3., 2.26.: Archiv der Universität Wrocław, Signatur AUW. S168/1 (**Abb. 2.3.**), AUW.S-G-I/93 (**Abb. 2.26.**). Mit freundlicher Genehmigung.

Abb. 2.4.: Fotografie von Hermann Vogel um 1890, Deutsche Nationalbibliothek, Frankfurt am Main.

Abb. 2.5.: Timo Mappes, Museum optischer Instrumente, Karlsruhe, mit freundlicher Genehmigung.

Abb. 2.6.: Björn Uwe Kambeck < www.kambeck.de>, mit freundlicher Genehmigung.

Abb. 2.7.: Stahlstich aus *Berlin und seine Kunstschätze*. Albert Henry Payne, Leipzig und Dresden, ohne Jahr (um 1850).

Abb. 2.8.: Aus Pringsheim 1848.

Abb. 2.9.: Teilkolorierte Lithographie „Erinnerung an den Befreiungskampf in der verhängnisvollen Nacht 18.–19. März 1848" aus dem Historischen Zentrum Wuppertal, Heinrich-Heine-Institut Düsseldorf.

Abb. 2.10.: Historisches Biologielabor in Old Main, um 1905. Biology Department History – Lab/Research, St. Olaf College, Northfield, Minnesota (USA).

Abb. 2.11.: Botanischer Garten in Jena, Farblithographie aus der Sammlung Heuss, Stadtmuseum Jena, mit freundlicher Genehmigung.

Abb. 2.12.: Universitätsarchiv Jena, Bestand M, Nr. 107, Dekanatsbuch Philosophische Fakultät.

Abb. 2.13.: Pxhere.com (CC0 1.0 Public Domain).

Abb. 2.14.: Phytophysiologische Anstalt in Jena, Universitätsarchiv Jena, mit freundlicher Genehmigung.

Abb. 2.15.: Villa im Berliner Tiergarten, Kupferstich aus *Originalansichten der historisch merkwürdigsten Staedte in Deutschland*, 19. Jh., Bokelmann's Kunstverlag, Frankfurt am Main, o. J.

Abb. 2.18.: Southwest side, Wartburg, Thuringia, Germany. Library of Congress Prints and Photographs Division Washington, D. C., USA, Reproduction Number LC-DIG-ppmsca-01159.

Abb. 2.19.: Impressionen von der 50. Jahresversammlung 1877, aus *Illustrierter Kalender für das Jahr 1879*, Leipzig **1878**.

Abb. 2.21.: Andreas Deutsch unter Verwendung von Engel 2005 sowie private Kommunikation mit Michael Engel und Cristina Herbst (2012).

Abb. 2.22.: Nachruf in *Berichte der deutschen chemischen Gesellschaft* **1912**, *45*, 3597–3644.

Abb. 2.23.: Hampel Fine Art Auctions München, mit freundlicher Genehmigung.

Abb. 2.27., 2.30.–2.32.: ETH-Bibliothek Zürich, Thomas-Mann-Archiv, Signatur TMA_3003 (**Abb. 2.27.**), TMA_1304. (**Abb. 2.30.**, Fotograf: Julius Cornelius Schaarwächter), TMA_0030 (**Abb. 2.31., 2.32.**).

Abb. 2.28., 2.29.: Familienbesitz Monika von Koss, São Paulo. Der Autor dankt der Familie für die Überlassung der Reprovorlage.

Abb. 2.33.: Mollenhauer 2004, mit freundlicher Genehmigung von Nova Hedwigia <https://www.schweizerbart.de/journals/nova_hedwigia>.

Abb. 2.34.: Mit freundlicher Genehmigung von Museum Belvedere, Wien, Inv.-Nr. 2825.

Abb. 2.35.: Ölgemälde von Anders Zorn 1896. Aus Wikimedia Commons, Version vom 16.2.2018.

Abb. 2.36.: Ölgemälde von Anders Zorn 1891. Aus Wikimedia Commons, Version vom 19.12.2022.

Abb. 2.37.: Yair Haklai, <https://www.stolpersteine-berlin.de/de/pariser-platz/7/martha-liebermann>, Zugriff am 13.6.2023.

Abb. 2.38.: Familienbesitz Monika von Koss, São Paulo.

Abb. 2.39., 2.40.: Arolsen Archives, International Center on Nazi Persecution, Bad Arolsen, Signatur 1.2.3.3 / 129121458.

Abb. 3.1.: Siehe Abb. 5.1., 3.24.; Porträt wie Abb. 1.1.

Abb. 3.2.: Georg Ehrets Originalzeichnung zur Illustration des Sexualsystems der Pflanzen. The Natural History Museum, London: Natural History Museum.

Abb. 3.3.: Photo: Bjørn Christian Tørrissen, Maura, Norwegen.

Abb. 3.4.: Emőke Dénes, Wikimedia.

Abb. 3.5.: Oliver Dürhammer, Bayerisches Landesamt für Umwelt.

Abb. 3.6.: Christian Fischer, Wikimedia.

Abb. 3.7.: Pringsheim 1855, Tafel 1, Nr. 4.

Abb. 3.8.: Abb. 3.7., 5.1., Pringsheim 1855, Tafel I, Nr. 1, 14, 17, 19; Jörn Starruss, Dresden.

Abb. 3.9.: Photo: Derek Christie.

Abb. 3.10. – 3.12.: Pringsheim 1856, Tafel II, Nr. 2 – 4.

Abb. 3.13.: Pringsheim 1855, Tafel I, Nr. 4

Abb. 3.14.: Pringsheim 1869 a, Tafel IV, Nr. 2.

Abb. 3.15.: Abb. 3.13; Pringsheim 1869 a, Tafeln IV, Nr. 1, 4, 6; Jörn Starruss, Dresden.

Abb. 3.16.: Pringsheim 1859, Tafeln VIII und XVI.

Abb. 3.17., 3.18.: Pringsheim 1856, Tafel XVII, Nr. 3 und 9.

Abb. 3.19., 3.21., 3.23.: Jörn Starruss, Dresden; Shutterstock.

Abb. 3.20.: Pringsheim 1878, Tafel XXXI, Nr. 1.

Abb. 3.22.: Pringsheim 1851, 97, Tafel III.

Abb. 3.24.: Strasburger 1884, Tafel II, Nr. 64.

Abb. 3.25.: Photo: Eugen Lehle. Aus Wikimedia Commons, Version vom 11.10.2008.

Abb. 4.1.: Helgoland mit der Langen Anna, Foto von Franz Schensky, Museum Helgoland; Haus der Alten Post nach Gründung der Biologischen Anstalt Helgoland, Archiv der Biologischen Anstalt Helgoland; Porträt wie Abb. 1.1.

Abb. 4.2.: Das Foto von Franz Schensky entstand 1925. Staatliche Landesbildstelle Hamburg, Sammlung zur Geschichte der Photographie, Inventarnr. P1976.148.10, mit freundlicher Genehmigung Förderverein Museum Helgoland e. V.

Abb. 4.3.: Andreas Trepte <https://www.avi-fauna.info/>.

Abb. 4.4.: Timo Kamph, Hamburg.

Abb. 4.5.: Haeckel 1904, Tafel 8 „Discomedusae. Scheibenquallen".

Abb. 4.6.: Archiv der Biologischen Anstalt, mit freundlicher Genehmigung.

Abb. 4.7.: Liceo Statale Mazzini di Napoli, Italia.

Abb. 4.8.: Simon Fraser, Science Photo Library.

Abb. 4.9.: <https://pixabay.com/de/photos/hummer-wohnen-lebensmittel-mahlzeit-164479/>.

Abb. 4.10.: Olas de Luz (CC BY-NC-SA 2.0).

Abb. 4.11.: Pringsheim 1861 b, Tafel XIX, Nr. 4.

Abb. 4.12., 4.14., 4.25., 4.26.: Fotografie von Franz Schensky, mit freundlicher Genehmigung von Förderverein Nordseemuseum Helgoland e. V.

Abb. 4.13.: Martin Wahl, GEOMAR Helmholtz-Zentrum für Ozeanforschung Kiel.

Abb. 4.15.: Adobe Stock.

Abb. 4.16. – 4.18., 4.20., 4.21.: Archiv der Biologischen Anstalt Helgoland.

Abb. 4.19.: International Ocean Institute Headquarters (IOI HQ), University of Malta.

Abb. 4.22.: Artnet, Berlin. Aus Wikimedia Commons, Version vom 26.1.2007.

Abb. 4.23.: Gätke 1900, Tafelblatt nach S. 640.

Abb. 4.27.: Charles Atwood Kofoid: Biological Stations of Europe. Bulletin (United States. Bureau of Education [Washington, DC: Government Printing Office]) 1910, No. 4, Plate XXXIX. Foto: Dr. Ehrenbaum.

Abb. 4.28.: Andreas Trepte.

Abb. 4.29.: Archiv des Alfred-Wegener-Instituts Bremerhaven, Signatur: FE 2 A, Nr. 178.

Abb. 5.1.: Pringsheim 1855, Tafel I, Nr. 5.

Abb. 5.2.: Pringsheim 1861 a, Tafel III, Nr. 13.

Abb. 5.3.: Pringsheim 1861 b, Tafel XXI, Nr. 12.

Abb. 5.4.: Pringsheim 1859, Tafel XIV, Nr. 3.

Abb. 5.5.: Pringsheim 1862, Tafel XXIV, Nr. 4.

Abb. 5.6.: Pringsheim 1878, Tafel XXXI, Nr. 6.

Abb. 5.7.: Pringsheim 1863 a, Tafel XXIX, Nr. 8.

Abb. 5.8., 5.9.: Pringsheim 1863 a, Tafel XXVIII, Nr. 3 und 7.

Abb. 5.10.: Pringsheim 1869 b, Tafel IX, Nr. 6.

Abb. 5.11.: Pringsheim 1851, Tafel VII, Nr. 8 a.

Abb. 6.1., 6.2., 6.3. – 6.12., 6.23. – 6.29.: Stiftung Preußischer Kulturbesitz, Sammlung Darmstaedter, L b 1855, Bl. 1 (**Abb. 6.1.**), 38 (**Abb. 6.2.**), 50 – 55 (**Abb. 6.3. – 6.12.**), 60 – 63 (**Abb. 6.23. – 6.29.**).

Abb. 6.13. – 6.20.: Archiv des Ernst-Haeckel-Hauses Jena, A 22724 (**Abb. 6.13.**), A 22725, Bl. 3 – 7 (**Abb. 6.14. – 6.20.**), mit freundlicher Genehmigung.

Abb. 6.21., 6.22.: Universitätsbibliothek Leipzig. Nachlass August Schenk, R., NL 43/P/26.

Abb. 6.30.: Porträtfoto: Michael Kretzschmar, Dresden; Zeichnung aus Pringsheim 1895, Bd. 1, Taf. IX [= Pringsheim 1959].

Grafiken Kapitelanfangsseiten: Kap. 1 aus **Abb. 1.3.**, Kap. 2 aus **Abb. 5.6.**, Kap. 3 aus **Abb. 4.11.**, Kap. 4 aus **Abb. 5.10.**, Kap. 5 aus Pringsheim 1895, Bd. 1, Taf. XIII, Nr. 4, Kap. 6 aus **Abb. 2.12.**

6.4 ÜBER DEN AUTOR

Andreas Deutsch ist Theoretischer Biologe und außerplanmäßiger Professor an der Technischen Universität Dresden. Er hat ein breites und vielfältiges Interessenspektrum in der Biologie und zahlreiche wissenschaftliche Arbeiten dazu veröffentlicht. Seine Forschungsschwerpunkte umfassen die Entstehung von Krebserkrankungen, die Analyse biologischer Musterbildung, die Untersuchung von Pandemien sowie die Geschichte biologischer Ideen und Theorien. Dank seines vielseitigen Interesses hat er in jedem dieser Bereiche neue und innovative Perspektiven entwickelt. Seine Diplomarbeit verfasste er unter der Anleitung von Albrecht Beutelspacher, dem Gründer des Mathematikums in Gießen, dem ersten Mathematikmuseum in Deutschland. Sein Interesse an der Botanik wurde bereits in der Kindheit geweckt, und zwar durch fleischfressende Pflanzen, die er zu züchten versuchte. Zudem hat er eine große Leidenschaft für Musik. Andreas Deutsch ist Mitgründer der Weltmusikformation DHUN und unternahm mit dieser mehrere Tourneen.

Der Autor hat viele populärwissenschaftliche Vorträge zu unterschiedlichsten Themen gehalten und schon einige Bücher für ein breiteres Publikum verfasst und herausgegeben. Dazu zählen „Muster des Lebendigen“ (Vieweg, 1994) und, in Zusammenarbeit mit Simon Syga und Dieter Wolf-Gladrow, „Mathematik der Pandemie“ (Springer, 2022).

Im vorliegenden Buch nimmt Andreas Deutsch die Leserinnen und Leser mit auf eine spannende Reise zu den Anfängen der modernen Naturwissenschaften. Er schildert die spektakulären Entdeckungen des zu Unrecht vergessenen Botanikpioniers Nathanael Pringsheim, welche seinerzeit ein Erdbeben in der Fachwelt verursachten.

Abb. 6.30. ANDREAS DEUTSCH. Verschwommen im Hintergrund eine typische Bildtafel aus einer Veröffentlichung von Nathanael Pringsheim.

INHALTS-VERZEICHNIS

PERSONEN- UND SACHREGISTER

ANDREAS DEUTSCH: URFORMEN DER SEXUALITÄT.
WIE NATHANAEL PRINGSHEIM DEN ALGEN DIE UNSCHULD NAHM.
 →<HTTPS://DOI.ORG/10.47261/1581>.

A

B

— **Hervorgehobene Stichwörter**
verweisen auf die im Buch erläuterten Glossarbegriffe.

C

D

G

H

L

M

Q

R

S

T

U

V

W

Z

DIE WERKE DER INTERNATIONALEN REIHE SIND EINE HOMMAGE AN AUSGEZEICHNETE FORSCHUNG, ERZÄHLEN LEHRREICH UND ANREGEND, WIE SIE GELANG, UND WOLLEN DIE NÄCHSTEN GENERATIONEN FÜR DIE ZUKUNFT INSPIRIEREN.

DIE BUCHREIHE „LEBENSWERKE IN DER CHEMIE“ ERHIELT EINE GOLDPRÄMIERUNG DER STIFTUNG BUCHKUNST UND GEHÖRT DAMIT ZU DEN „SCHÖNSTEN DEUTSCHEN BÜCHERN“.

L—C· LEBENSWERKE IN DER CHEMIE

L-I-C.ORG

BISLANG IN DER REIHE ERSCHIENEN:

GÜNTHER MAIER
DAS WAR'S – ERINNERUNGEN EINES DOKTORVATERS (2021)

GERHARD ERTL
MEIN LEBEN MIT DER WISSENSCHAFT (2021)

HENRI BRUNNER
BILD UND SPIEGELBILD: KLEINER UNTERSCHIED – GROSSE AUSWIRKUNGEN (2021)

DIETER OESTERHELT UND MATHIAS GROTE
LEBEN MIT LICHT UND FARBE – EIN BIOCHEMISCHES GESPRÄCH (2022)

STEPHEN B. H. KENT
INVENTING SYNTHETIC METHODS TO DISCOVER HOW ENZYMES WORK (2022)

FRANZ EFFENBERGER
VON AROMATEN UND HETEROCYCLEN ZUR BIO- UND NANOTECHNOLOGIE (2023)

GERHARD ERTL
MY LIFE WITH SCIENCE (2023)

HORST KESSLER
NMR: MEIN KOMPASS IN DER ORGANISCHEN UND MEDIZINISCHEN CHEMIE (2024)

Reaktionen

Aber wie kam Günther Maier darauf, … auf den ersten Blick „nutzlose“ Moleküle zu erforschen? … All dies wird auf spannende und unterhaltsame Weise beschrieben. … Tatsächlich ist das Buch eine Hommage an die zahlreichen Doktoranden. … In seinem Buch schildert er, wie sich aus ersten Experimenten, ohne Unterstützung durch Spektroskopie und Computersimulation, ein reiches Arbeitsgebiet entwickelt hat.

Wolfram Sander, Bochum, in *Angewandte Chemie*

Dieses Buch ist ein *pageturner*. … Ist daher aus meiner Sicht eine exzellente, kurzweilige Lektüre nicht nur für all diejenigen, die sich für Wissenschaftsgeschichte im Allgemeinen und Gerhard Ertl im Besonderen interessieren.

Melanie Schnell, Hamburg, in *Angewandte Chemie*

Henri Brunner lässt den Leser sowohl an den Schwierigkeiten, ein eigenes Forschungsthema zu etablieren, teilhaben als auch an den Erfolgen, die ihn in Windeseile als Ordinarius an die Universität Regensburg führten. Er beschreibt die Chancen und Gestaltungsmöglichkeiten beim Aufbau des Chemiestudiengangs sowie die Sorgen und Freuden des Lehrstuhlinhabers.

Doris Kunz, Tübingen, in *Angewandte Chemie*

Das Bakteriorhodopsin (BR) steht im Mittelpunkt des neuesten Bands der wunderbaren Reihe „Lebenswerke in der Chemie“. … Oesterhelts Autobiografie schildert seinen Lebensweg, nicht nur den wissenschaftlichen, sondern auch den privaten. Aus allem spüren die Leser:innen den Enthusiasmus und die menschliche Wärme …

Ferdinand Hucho, Berlin, in *BIOspektrum*

Kents Motivation war es, einen Beitrag zum Verständnis der enzymatischen Katalyse zu leisten … Als Modell hierfür diente ihm die HIV-1-Protease, als Methode die von ihm entwickelte „Native Protein Ligation“. Ein Fest für jeden Chemiker, die entsprechenden Kapitel seiner Autobiografie zu lesen!

Ferdinand Hucho, Berlin, in *BIOspektrum*

Die Reihe will außerdem das Schöne und die Naturwissenschaften verbinden und die Leserschaft auch emotional packen. … Und das Ergebnis ist bestechend!

Silvia Werfel, Leipzig, in *bindereport*

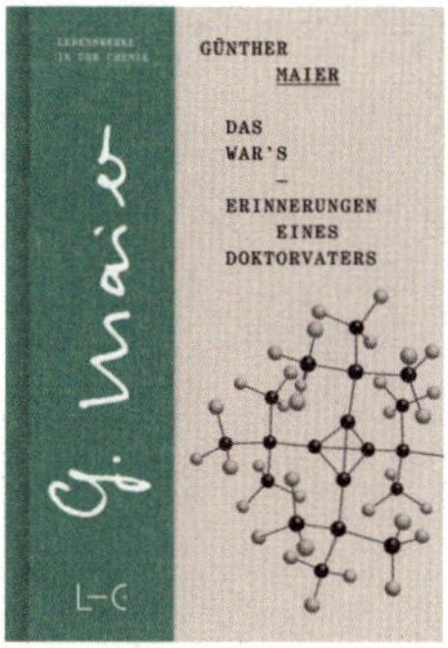

312 S.
170 ABB.
39,80 €
L-I-C.ORG/1125

172 S.
85 ABB.
34,80 €
L-I-C.ORG/1126

ausgezeichnet von der stiftung buchkunst · eines der schönsten deutschen bücher

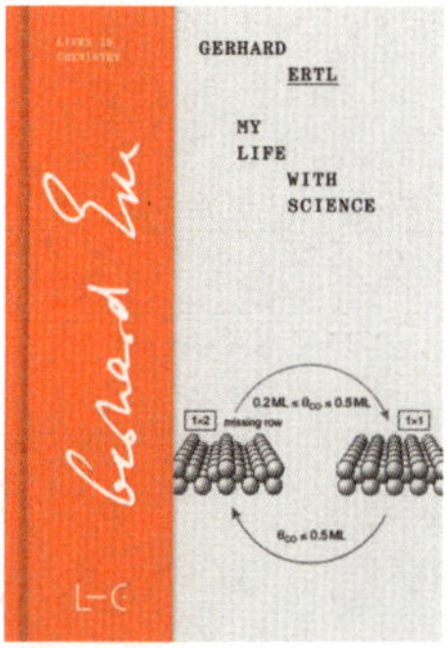

196 S.
98 ABB.
39,80 €
L-I-C.ORG/1131

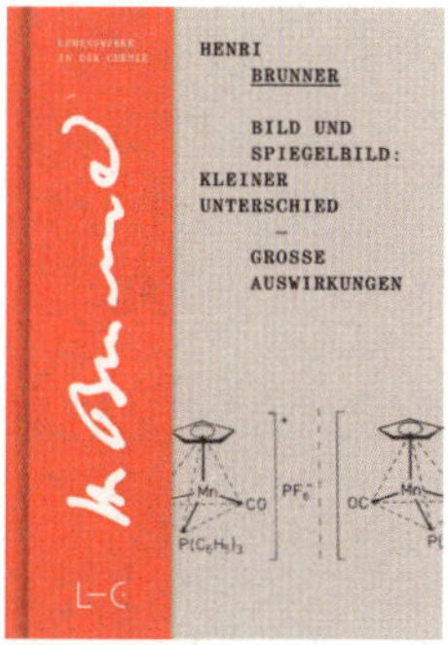

296 S.
261 ABB.
39,80 €
L-I-C.ORG/1127

288 S.
82 ABB.
39,80 €
L-I-C.ORG/1128

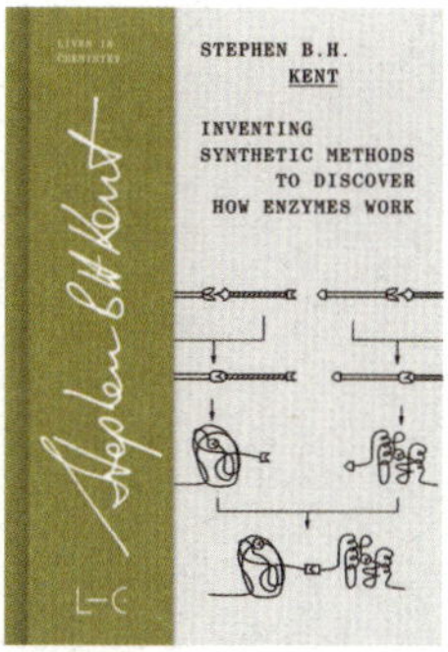

336 P.
267 FIG.
39,80 €
L-I-C.ORG/1129

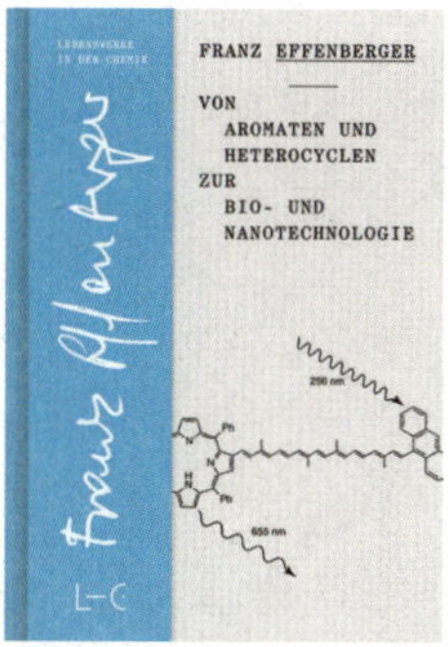

268 S.
231 ABB.
39,80 €
L-I-C.ORG/1130

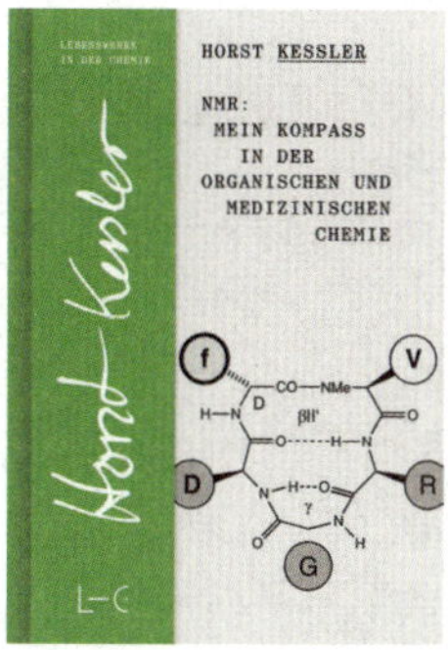

304 S.
234 ABB.
39,80 €
L-I-C.ORG/1132

BESTELLUNGEN

direkt beim Verlag, über jede Buchhandlung oder online.

GNT Publishing GmbH
Lasiuszeile 2, 13585 Berlin
Telefon +49 (0)30 375 88 571
Telefax +49 (0)5441 594 7979
info@gnt-verlag.de
www.gnt-verlag.de

Algae have played a crucial role in shaping our planet's atmosphere, as they transform CO_2 into the oxygen we breathe. They contribute to building a sustainable future by aiding in the fight against climate change, providing new energy sources and essential resources for nutrition. NATHANAEL PRINGSHEIM (1823–1894), a pioneer of modern botany and a contemporary of Charles Darwin, revolutionized the understanding of biology. In his research on algae, Pringsheim revealed that sexuality was a fundamental principle even in organisms previously classified as "lower" life forms.

This book offers readers:

exciting insights into the development of modern biology illustrated through Pringsheim's fascinating life and scientific achievements,

the first-ever account of the Pringsheim family, persecuted in the Third Reich, and their contributions to the natural sciences,

an enthralling narrative of the challenging journey to establish the first German marine biology research station on the island of Helgoland,

an appealing showcase of large-scale artistic interpretations of microscopic worlds, created by Pringsheim, also a master of scientific illustration

and last but not least, new perspectives on algae research, which is more relevant today than ever before.

Andreas Deutsch: Archetypes of Sex

Unmasking Algae's Innocence, the Nathanael Pringsheim Revolution

250 p., 130 Fig. ISBN 978-3-86225-143-8

ISBN 978-3-86225-143-8 doi.org/10.47261/1584

GNT
Andreas Deutsch
ARCHE
TYPES
OF
SEX
UNMASKING ALGAE'S INNOCENCE,
THE NATHANAEL PRINGSHEIM
REVOLUTION

Über Konzepte der Symmetrie in den Naturwissenschaften, subtile Beziehungen zwischen physikalischen Objekten, Modellen und Symbolen und deren Paradoxa für Leserinnen und Leser, die sich für die Philosophie und Geschichte der Wissenschaft, für die Naturwissenschaften im Allgemeinen und die Physik im Besonderen interessieren. In jedem Kapitel wird die Entwicklung der wichtigsten Konzepte anhand eines Fallbeispiels veranschaulicht.

Simon L. Altmann: Icons und Symmetrien.
Weshalb Naturwissenschaften spiegeln, drehen und wenden.
Aus dem Englischen von Hans Langhammer.
ca. 180 S., ca. 50 Abb. ISBN 978-3-86225-144-5
Erscheint im Frühjahr 2024 doi.org/10.47261/1587

Simon L. Altmann
AUS DEM ENGLISCHEN VON HANS LANGHAMMER
ICONS UND SYMMETRIEN
I see
I see
GNT
WESHALB NATURWISSENSCHAFTEN SPIEGELN, DREHEN UND WENDEN